W0254514

Computing Supplementum 1

Grundlagen der Computer-Arithmetik

Herausgegeben
von R. Albrecht und U. Kulisch

Springer-Verlag
Wien New York

Prof. Dr. Rudolf Albrecht

Institut für Informatik und Numerische Mathematik
Universität Innsbruck
Österreich

Prof. Dr. Ulrich Kulisch

Institut für Angewandte Mathematik
Universität Karlsruhe
Bundesrepublik Deutschland

Mit 13 Abbildungen

Library of Congress Cataloging in Publication Data. Main entry under title: Grundlagen der Computer-Arithmetik. (Computing: Supplementum; 1.) Diese Artikel stellen eine Auswahl von Vorträgen dar, die auf einer vom 4. bis 8. August 1975 im „Mathematischen Forschungsinstitut Oberwolfach" stattgefundenen Tagung gehalten wurden. 1. Algebra, Abstract — Addresses, essays, lectures. 2. Floating-point arithmetic — Addresses, essays, lectures. 3. Mathematics — Data processing — Addresses, essays, lectures. I. Albrecht, Rudolf, 1925— . II. Kulisch, Ulrich. III. Mathematisches Forschungsinstitut Oberwolfach. IV. Series: Computing (Wien): Supplementum; 1. QA162.G78. 512'.02. 76-57943.

ISBN-13: 978-3-211-81410-9 e-ISBN-13: 978-3-7091-8471-4

DOI: 10.1007/978-3-7091-8471-4

Herrn Professor Dr. Josef Heinhold
zum 65. Geburtstag gewidmet

Vorwort

Obwohl man annehmen kann, daß das gerundete Rechnen so alt ist wie das Rechnen mit Zahlen überhaupt, hat es eine ausgedehnte und systematische Anwendung erst durch die neuzeitlichen Digitalrechenanlagen gefunden. Die zwangsläufige Begrenzung sowohl des Gesamtspeichers wie der Bitanzahl der einzelnen Speicherzellen und Register bedingt bei jeder Zahldarstellung eine Einschränkung eines theoretischen, idealisierten, unendlichen Zahlenbereiches auf eine endliche Teilmenge, in der die realen arithmetischen Operationen konstruktiv erfolgen. Infolgedessen stimmen die Regeln für dieses „gerundete" Rechnen im realen Bereich mit denen des Rechnens im idealen Bereich nicht überein und verschiedene der klassischen Eigenschaften arithmetischer Verknüpfungen, beispielsweise im Körper der rationalen Zahlen die Assoziativität und Distributivität, gehen bei Rundung verloren. Der gerundete Bereich sowie die konstruktiv auszuführenden arithmetischen Operationen sind natürlich nicht Selbstzweck, sondern sie sollen in zu definierendem Sinne eine Approximation zum idealen Bereich und zu den idealen arithmetischen Operationen darstellen.

Seit einigen Jahren bestehen nun Versuche und Teilergebnisse zu einer axiomatischen Begründung und einer Theorie des gerundeten Rechnens. Diese beziehen sich einerseits auf die Konstruktionsvorschrift und deren Realisierung, nach der den idealen Zahlen bzw. einer konstruktiv darstellbaren Untermenge hiervon gerundete Zahlen zuzuordnen sind, um gewisse Kriterien zu erfüllen, z. B. Minimisierung der Abweichung des Näherungsergebnisses vom exakten Ergebnis bei Auswertung eines arithmetischen Ausdruckes mit verschiedenen Daten im statistischen Mittel, Ausgabe eines möglichst „kleinen" Zahlenbereiches, in dem das Ergebnis einer idealen Rechnung mit Sicherheit (Intervall-Arithmetik) oder mit vorgegebener Wahrscheinlichkeit liegt. Andererseits beziehen sich die einschlägigen Arbeiten auf die Untersuchung der Gesetzmäßigkeiten und die konstruktive Durchführung der gerundeten arithmetischen Verknüpfungen und die auftretenden Strukturen.

Die Arbeiten zeigen, daß für diese „Computer-Arithmetik", verstanden als Sammelbegriff für *alle* Formen des gerundeten arithmetischen Rechnens, die Grundstrukturen der klassischen Algebra, die durch ihren hohen Abstraktionsgrad und die dadurch bedingte Simplifikation die Schwierigkeiten des realen Rechnens eliminiert hat, nicht adäquat sind. Die Computer-Arithmetik benötigt vielmehr von Anfang an Begriffe, Strukturen und Ergebnisse aus der Algebra *und* der Verbandstheorie, Topologie und bei statistischer Interpretation der Maßtheorie.

In dem vorliegenden Band sind nun eine Reihe einschlägiger Artikel zusammengestellt, die sich sowohl mit theoretischen Grundlagen der Computer-Arithmetik als auch mit verschiedenen Anwendungen, so mit Genauigkeitsfragen und Fehlerabschätzungen bei Gleitkommarechnungen und mit einigen Problemen der Intervall-Arithmetik und Intervall-Analysis, befassen. Diese Artikel stellen eine Auswahl von Vorträgen dar, die auf einer vom 4. bis 8. August 1975 im „Mathematischen Forschungsinstitut Oberwolfach" stattgefundenen Tagung gehalten wurden. Für die Ermöglichung der Tagung in Oberwolfach möchten wir Herrn M. Barner sehr danken.

Die Arbeiten zeigen, daß sich der Theorie noch ein sehr weites Tätigkeitsfeld eröffnet, das in der Untersuchung der Analoga der höheren algebraischen Strukturen und deren Eigenschaften und in der Entwicklung einer „Analysis" in Räumen mit Rundung besteht. Die Anwendungen lassen u. a. wesentliche Fortschritte bezüglich der Genauigkeit und der Fehlerabschätzung von Rechenergebnissen, bezüglich der Kontrollierbarkeit und Programmierbarkeit der Topologie einer Rechenanlage und bezüglich der Erweiterung der zur approximativen Lösung einer Aufgabe mit vorgegebener Genauigkeit bekannten Menge von Algorithmen erwarten.

Innsbruck und Karlsruhe, im November 1976 R. Albrecht und U. Kulisch

Inhaltsverzeichnis

Computing, Suppl. 1, 1—14 (1977)

Grundlagen einer Theorie gerundeter algebraischer Verknüpfungen in topologischen Vereinen

R. Albrecht, Innsbruck

Zusammenfassung

Eine algebraische Verknüpfung auf einer Menge $\mathfrak{A}$ wird auf einen Teil $\mathfrak{U}$ ihrer Potenzmenge übertragen mittels einer Relationsfamilie R auf $\mathfrak{U}^2$. Ist $\mathfrak{B}$ eine geordnete Menge (ein Verein), so wird eine gerundete algebraische Verknüpfung auf $\mathfrak{B}$ dadurch hergestellt, daß jedem Element aus $\mathfrak{B}$ mittels einer Abbildung σ ein Element aus $\mathfrak{U}$ zugewiesen wird, zwei solche Elemente über eine Relation R verknüpft werden und das Ergebnis mit einer Abbildung ρ wieder in $\mathfrak{B}$ abgebildet wird. Die Abbildung $\rho\,\sigma$ von $\mathfrak{B}$ in sich entspricht nichtklassischen Topologien auf einem Paar $\mathfrak{B}$ überdeckender Teilmengen von $\mathfrak{B}$. Für die auftretenden Abbildungen werden einige Homomorphiesätze angegeben. Der algebraische Invertierungssatz für eine assoziative und kommutative Verknüpfung wird strukturverträglich auf den topologischen Verein $\mathfrak{B}$ erweitert. Schließlich werden gerundete Verknüpfungen betrachtet, bei denen den Elementen von $\mathfrak{B}$ Wahrscheinlichkeitsräume zugeordnet sind.

1. Übertragung einer algebraischen Verknüpfung auf einer Menge auf einen Teil ihrer Potenzmenge

Bei verschiedenen Formen des gerundeten Rechnens tritt anstelle einer elementeweisen algebraischen Verknüpfung auf dem zugrundegelegten Zahlenbereich eine Verknüpfung von Teilmengen dieses Zahlenbereiches. Der folgende Absatz ist Voraussetzungen, Definitionen und Beispielen derartiger Teilmengenverknüpfungen gewidmet.

Voraussetzung 1.1: Sei $\mathfrak{A}$ eine nichtleere Menge, $*$ eine innere Verknüpfung, $* : \mathfrak{A}^2 \to \mathfrak{A}$, sodaß $\bigwedge_{A,B \in \mathfrak{A}} (A,B) \mapsto A * B \in \mathfrak{A}$, und sei $\mathfrak{U} \subseteq \mathfrak{P}(\mathfrak{A})$, $\mathfrak{U} \neq \emptyset$. Dann sei R eine Abbildung $R : \mathfrak{U}^2 \to \mathfrak{P}(\mathfrak{A}^2)$, sodaß

$$\bigwedge_{U,V \in \mathfrak{U}} R(U,V) \subseteq U \times V \wedge \{A * B \mid (A,B) \in R(U,V)\} \in \mathfrak{U}.$$

Diese Voraussetzung ermöglicht

Definition 1.1: Als durch $*$ und R bestimmte innere Verknüpfung $\overset{R}{*} : \mathfrak{U}^2 \to \mathfrak{U}$ wird definiert:

$$\bigwedge_{U,V \in \mathfrak{U}} (U,V) \mapsto U \overset{R}{*} V =^{\text{def}} \{A * B \mid (A,B) \in R(U,V)\}.$$

Beispiele:

(1) Das bekannteste Beispiel ist die Komplexverknüpfung:

$$\mathfrak{U} = \mathfrak{P}(\mathfrak{A}), \quad \bigwedge_{U,V \in \mathfrak{U}} R(U,V) = U \times V.$$

(2) Ein Beispiel, das auf die Anwendung in der Intervallrechnung zielt, die sich der hier entwickelten Theorie des gerundeten Rechnens völlig unterordnet, ist folgendes: $\mathfrak{U} = \mathfrak{P}(\mathfrak{A})$, für R gelte

(a) $\bigwedge_{U \in \mathfrak{U}} R(U, U) = \operatorname{diag} U \times U.$

(b) In $(\mathfrak{A}, *)$ existiere ein neutrales Element N. Ferner sei für jedes invertierbare Element $A \in \mathfrak{A}$ ein eindeutiges inverses Element A^{-1} vorhanden und $\mathfrak{S} \subseteq \mathfrak{U}$ sei die Menge der Teile von $\mathfrak{A}$, die nur invertierbare Elemente enthalten. Ferner bezeichne $\bigwedge_{S \in \mathfrak{S}} S^{-1} =^{\text{def}} \{A^{-1} \mid A \in S\}$.

Dann sei $\bigwedge_{S \in \mathfrak{S}} R(S, S^{-1}) =^{\text{def}} \{(A, A^{-1}) \mid A \in S\}.$

(c) Für alle übrigen Fälle sei R beliebig.

Dann gilt $\bigwedge_{U \in \mathfrak{U}} U \overset{R}{*} U = \{A * A \mid A \in U\}$ („abhängige" Multiplikation) und $\bigwedge_{S \in \mathfrak{S}} S \overset{R}{*} S^{-1} = S^{-1} \overset{R}{*} S = \{N\}.$

(3) Klassisches gerundetes Rechnen mit Rundung auf Intervallmitte, z. B. Rundung von $r \in \mathbb{R}$ auf die r nächstgelegene ganze Zahl z:

$\mathfrak{A} = \mathbb{R}$, $*$ Multiplikation oder Addition,

$\mathfrak{U} =$ Menge der Intervalle $[z - 0.5,\ z + 0.5)$, $z \in \mathbb{Z}$,

$\bigwedge_{z', z'' \in \mathbb{Z}} R([z' - 0.5,\ z' + 0.5),\ [z'' - 0.5,\ z'' + 0.5)) = \{(z', z'')\}.$

Bemerkung 1.1: Voraussetzung 1.1 und Definition 1.1 lassen sich natürlich auf den Fall einer n-stelligen inneren Verknüpfung verallgemeinern: $n \in \mathbb{N}$, $n > 2$, $* : \mathfrak{A}^n \to \mathfrak{A}$, $R : \mathfrak{U}^n \to \mathfrak{P}(\mathfrak{A}^n)$, ferner auf den Fall einer äußeren Verknüpfung $* : \tilde{\mathfrak{A}} \times \mathfrak{A} \to \mathfrak{A}$ bzw. $* : \mathfrak{A} \times \tilde{\mathfrak{A}} \to \mathfrak{A}$ und mit $\tilde{\mathfrak{U}} \subseteq \mathfrak{P}(\tilde{\mathfrak{A}})$ $R : \tilde{\mathfrak{U}} \times \mathfrak{U} \to \mathfrak{P}(\mathfrak{A} \times \mathfrak{A})$ bzw. $R : \mathfrak{U} \times \tilde{\mathfrak{U}} \to \mathfrak{P}(\mathfrak{A} \times \tilde{\mathfrak{A}})$.

In vielen Anwendungen ist folgende Verträglichkeits- bzw. Monotonieeigenschaft wesentlich:

Definition 1.2: Mit Voraussetzung 1.1 gelte:

$$\bigwedge_{X, Y, U, V \in \mathfrak{U}} X \subseteq U \wedge Y \subseteq V \Rightarrow R(X, Y) \subseteq R(U, V).$$

Dann heißt „R mit $\subseteq$ verträglich" oder hat R die „Teilmengeneigenschaft".

Über die Fortsetzbarkeit algebraischer Eigenschaften von $(\mathfrak{A}, *)$ auf $(\mathfrak{U}, \overset{R}{*})$ gelten folgende Sätze:

Satz 1.1: *Ist* $\bigwedge_{U, V \in \mathfrak{U}} R(U, V) = \overset{-1}{R}(V, U)$[1] *und ist* $*$ *auf* $\mathfrak{A}$ *kommutativ, dann ist* $\overset{R}{*}$ *auf* $\mathfrak{U}$ *kommutativ. Speziell ist die Komplexverknüpfung kommutativ, falls* $*$ *kommutativ.*

---

[1] $\overset{-1}{R}(U, V)$ bedeutet die zur Relation $R(U, V)$ reziproke Relation (Spiegelung des Graphs an der Diagonalen).

Satz 1.2: *Es sei* $\bigwedge_{U,V,W \in \mathfrak{U}}$

$$\{(A,B,C) \mid A \in U, B \in V, C \in W, (B,C) \in R(V,W), (A,(B*C)) \in R(U, V \overset{R}{*} W)\} =$$

$$\{(A,B,C) \mid A \in U, B \in V, C \in W, (A,B) \in R(U,V), (A*B,C) \in R(U \overset{R}{*} V, W)\}.$$

Dann folgt aus der Assoziativität von $*$ *die Assoziativität von* $\overset{R}{*}$. *Speziell ist die Komplexverknüpfung assoziativ, falls* $*$ *assoziativ.*

Satz 1.3: *Seien* $N \in \mathfrak{A}$, N *neutral bezüglich* $*$, $\{N\} \in \mathfrak{U}$ *und* $\bigwedge_{U \in \mathfrak{U}} R(\{N\}, U) = \{N\} \times U \wedge R(U, \{N\}) = U \times \{N\}$. *Dann ist* $\{N\}$ *neutral in* $(\mathfrak{U}, \overset{R}{*})$. *Speziell ist* $\{N\}$ *neutral in* $\mathfrak{P}(\mathfrak{A})$ *bei Komplexverknüpfung.*

Die Beweise zu diesen Sätzen sind trivial.

2. Algebraische Verknüpfungen auf einem topologischen Verein

In allen praktischen Beispielen von gerundetem Rechnen liegt neben einer algebraischen Struktur eine topologische vor. Deshalb werden im folgenden allgemein algebraische Verknüpfungen auf topologischen Vereinen betrachtet. Zur verwendeten Terminologie siehe z. B. [1].

Voraussetzung 2.1: Es sei $\mathfrak{V}$ eine nichtleere Menge und $\leq$ eine Ordnungsrelation auf $\mathfrak{V}$, d. h. $(\mathfrak{V}, \leq)$ ist ein Verein, O bzw. E bezeichne das Null- bzw. Einselement, falls es in $\mathfrak{V}$ existiert.

Voraussetzung 2.2: Für $\mathfrak{A} \neq \emptyset$ seien $*$, $\mathfrak{U}$, R, $\overset{R}{*}$ nach Voraussetzung 1.1 bzw. Definition 1.1 erklärt.

Voraussetzung 2.3: σ sei eine injektive Abbildung $\sigma: \mathfrak{V} \to \mathfrak{U}$, sodaß (a) oder (b) gilt mit

(a) $\bigwedge_{U,V \in \mathfrak{V}} (U \leq V \Leftrightarrow \sigma(U) \subseteq \sigma(V)) \wedge O \in \mathfrak{V} \Rightarrow \sigma(O) = \emptyset \wedge E \in \mathfrak{V} \Rightarrow \sigma(E) = \mathfrak{A}$,

(b) $\bigwedge_{U,V \in \mathfrak{V}} (U \leq V \Leftrightarrow \sigma(U) \supseteq \sigma(V)) \wedge O \in \mathfrak{V} \Rightarrow \sigma(O) = \mathfrak{A} \wedge E \in \mathfrak{V} \Rightarrow \sigma(E) = \emptyset$.

Daraus folgt im Fall (a) $U < V \Leftrightarrow \sigma(U) \subset \sigma(V)$, im Fall (b) $U < V \Leftrightarrow \sigma(U) \supset \sigma(V)$.

Beispiel: $\mathfrak{V}$ sei ein eindeutig (a) atomarer bzw. (b) antiatomarer Vollverband, $\mathfrak{A}$ sei die Menge der (a) Atome bzw. (b) Antiatome von $\mathfrak{V}$, ferner sei $\mathfrak{U} = \mathfrak{P}(\mathfrak{A})$. Dann ist ein σ nach Voraussetzung 2.3 gegeben durch $\bigwedge_{V \in \mathfrak{V}} \sigma(V) =^{\text{def}}$ Menge der (a) Atome bzw. (b) Antiatome von V.

Definition 2.1: $\mathfrak{H} =^{\text{def}} \{\sigma(V) \mid V \in \mathfrak{V}\} \cup \{H' \overset{R}{*} H'' \mid H', H'' \in \mathfrak{H}\}$, d. h. $\mathfrak{H}$ sei die $\overset{R}{*}$-Hülle von $\sigma(\mathfrak{V})$. Daraus folgen $\mathfrak{H} \subseteq \mathfrak{U}$ und $\emptyset \in \mathfrak{H} \Rightarrow$ (a) $O \in \mathfrak{V}$ bzw. (b) $E \in \mathfrak{V}$ und $\mathfrak{A} \in \mathfrak{H} \Rightarrow$ (a) $E \in \mathfrak{V}$ bzw. (b) $O \in \mathfrak{V}$.

Voraussetzung 2.4: ρ sei eine Abbildung $\rho: \mathfrak{H} \to \mathfrak{V}$, sodaß gelten

(1) $\emptyset$ bzw. $\mathfrak{A} \in \mathfrak{H} \Rightarrow \rho(\emptyset) = O$ bzw. $\rho(\mathfrak{A}) = E$,

(2) $\bigwedge_{H \in \mathfrak{H}} H \subseteq \sigma\rho(H) \vee \sigma\rho(H) \subseteq H$,

(3) $\bigwedge_{H', H'' \in \mathfrak{H}} \quad H' \subseteq H'' \Rightarrow \rho(H') \leq \rho(H'')$,

(4) $\bigwedge_{V \in \rho(\mathfrak{H})} \quad \rho\,\sigma(V) = V$.

Definition 2.2: Mit Voraussetzung 2.4 (1) mit (3) heißt (ρ, σ) eine „mehrstufige Rundung", mit 2.4 (1) mit (4) eine „einstufige Rundung" auf $\mathfrak{V}$. Ist $V \in \mathfrak{V}$ und $\rho\,\sigma(V) \geq V$, so wird V durch (ρ, σ) „aufgerundet", ist $\rho\,\sigma(V) \leq V$, so wird V durch (ρ, σ) „abgerundet".

Voraussetzung 2.5: Im Folgenden sei (ρ, σ) eine einstufige Rundung.

Definition 2.3: Es seien

$$\mathfrak{V}_T =^{\text{def}} \{V \mid V \in \mathfrak{V}, \sigma\,\rho\,\sigma(V) \supseteq \sigma(V)\},$$

$$\mathfrak{V}_\perp =^{\text{def}} \{V \mid V \in \mathfrak{V}, \sigma\,\rho\,\sigma(V) \subseteq \sigma(V)\},$$

$$T: \mathfrak{V}_T \to \mathfrak{V} \text{ definiert durch } \bigwedge_{V \in \mathfrak{V}_T} \quad T\,V =^{\text{def}} \rho\,\sigma(V),$$

$$\perp: \mathfrak{V}_\perp \to \mathfrak{V} \text{ definiert durch } \bigwedge_{V \in \mathfrak{V}_\perp} \quad \perp V =^{\text{def}} \rho\,\sigma(V),$$

$$\Gamma\,\mathfrak{V} =^{\text{def}} \mathfrak{V}_T \cap \mathfrak{V}_\perp.$$

Daraus folgt: $\mathfrak{V} = \mathfrak{V}_T \cup \mathfrak{V}_\perp$, $\Gamma\,\mathfrak{V} = T\,\mathfrak{V}_T = \perp\mathfrak{V}_\perp = \rho(\mathfrak{H})$.

Über die durch $\rho\,\sigma$ definierten Abbildungen T bzw. $\perp$ gilt

Satz 2.1: T bzw. $\perp$ sind einstufige Topologien auf $\mathfrak{V}_T$ bzw. $\mathfrak{V}_\perp$.

Beweis: Nach den Voraussetzungen 2.3 und 2.4 gilt

(1) für beliebige $U, V \in \mathfrak{V}_T$

$$V \mapsto T\,V \in \mathfrak{V}_T,\ V \leq T\,V,\ U \leq V \Rightarrow T\,U \leq T\,V,\ T\,T\,V = T\,V,$$

(2) für beliebige $U, V \in \mathfrak{V}_\perp$

$$V \mapsto \perp V \in \mathfrak{V}_\perp,\ \perp V \leq V,\ U \leq V \Rightarrow \perp U \leq \perp V,\ \perp\perp V = \perp V.$$

Bemerkungen 2.1:

1. T und $\perp$ sind im allgemeinen sogenannte „nichtklassische" Topologien.
2. T und $\perp$ sind im allgemeinen nicht dual.

Damit können nun „gerundete" algebraische Verknüpfungen erklärt werden:

Definition 2.4: Mit $*, R, \sigma, \rho$ gemäß Voraussetzungen 1.1, 2.3, 2.4 ist $\underset{(\rho,\sigma)}{\overset{R}{*}} : \mathfrak{V}^2 \to \mathfrak{V}$, definiert durch $\bigwedge_{U, V \in \mathfrak{V}} \quad (U, V) \mapsto U \underset{(\rho,\sigma)}{\overset{R}{*}} V =^{\text{def}} \rho\,(\sigma(U) \overset{R}{*} \sigma(V))$ eine „gerundete innere Verknüpfung" auf $\mathfrak{V}$.

Definition 2.5: Gemäß Bemerkung 1.1 sei $* : \tilde{\mathfrak{A}} \times \mathfrak{A} \to \mathfrak{A}$ eine äußere Verknüpfung mit dem Linksoperatorenbereich $\tilde{\mathfrak{A}} \neq \emptyset$, $\tilde{\mathfrak{U}} \subseteq \mathfrak{P}(\tilde{\mathfrak{A}})$, $\tilde{\mathfrak{U}} \neq \emptyset$, $\mathfrak{U} \subseteq \mathfrak{P}(\mathfrak{A})$, $\mathfrak{U} \neq \emptyset$, $R : \tilde{\mathfrak{U}} \times \mathfrak{U} \to \mathfrak{P}(\tilde{\mathfrak{A}} \times \mathfrak{A})$, $\overset{R}{*} : \tilde{\mathfrak{U}} \times \mathfrak{U} \to \mathfrak{U}$, und es sei $\tilde{\mathfrak{V}} \neq \emptyset$, $(\tilde{\mathfrak{V}}, \tilde{\leq})$ ein

Verein, $\tilde{\sigma}: \tilde{\mathfrak{B}} \to \tilde{\mathfrak{A}}$ eine Abbildung gemäß Voraussetzung 2.3. Dann ist $\underset{(\rho,\tilde{\sigma},\sigma)}{\overset{R}{*}} : \tilde{\mathfrak{B}} \times \mathfrak{B} \to \mathfrak{B}$ definiert durch $\bigwedge_{\tilde{U} \in \tilde{\mathfrak{B}}, V \in \mathfrak{B}} (\tilde{U}, V) \mapsto \tilde{U} \underset{(\rho,\tilde{\sigma},\sigma)}{\overset{R}{*}} V =^{\text{def}} \rho\,(\tilde{\sigma}(\tilde{U}) \overset{R}{*} \sigma(V))$ eine „gerundete äußere Verknüpfung" auf $\mathfrak{B}$ mit dem Linksoperatorenbereich $\tilde{\mathfrak{B}}$. Entsprechend sei eine gerundete Verknüpfung $\underset{(\rho,\sigma,\tilde{\sigma})}{\overset{R}{*}}$ mit Rechtsoperatorenbereich definiert.

Bemerkung 2.2: In praktischen Fällen kann die konstruktive Realisierung von $\sigma(U) \overset{R}{*} \sigma(V)$ bzw. $\tilde{\sigma}(\tilde{U}) \overset{R}{*} \sigma(V)$ unmöglich sein. $\mathfrak{B} \times \mathfrak{B}$ bzw. $\tilde{\mathfrak{B}} \times \mathfrak{B}$ werden dann einer vorangehenden Abbildung φ bzw. $\tilde{\varphi}$ in sich unterworfen, sodaß $\varphi(U, V) = (\hat{U}, \hat{V})$ bzw. $\tilde{\varphi}(\tilde{U}, V) = (\hat{\tilde{U}}, \hat{V})$. Damit wird die innere bzw. äußere Verknüpfung durch $\rho\,(\sigma(\hat{U}) \overset{R}{*} \sigma(\hat{V}))$ bzw. $\rho\,(\tilde{\sigma}(\hat{\tilde{U}}) \overset{R}{*} \sigma(\hat{V}))$ erklärt.

Beispiel:

$\hat{U} = \rho\,\sigma(U)$, $\hat{V} = \rho\,\sigma(V)$, $\hat{\tilde{U}} = \tilde{\rho}\,\tilde{\sigma}(\tilde{U})$, wenn $(\tilde{\rho}, \tilde{\sigma})$ eine Rundung auf $\tilde{\mathfrak{B}}$ ist.

Es gelten folgende leicht beweisbare Sätze:

Satz 2.3: *$\Gamma\,\mathfrak{B}$ ist stabil bezüglich* $\underset{(\rho,\sigma)}{\overset{R}{*}}, \underset{(\rho,\tilde{\sigma},\sigma)}{\overset{R}{*}}, \underset{(\rho,\sigma,\tilde{\sigma})}{\overset{R}{*}}$.

Satz 2.4: *Ist* $\overset{R}{*}$ *kommutativ, so ist* $\underset{(\rho,\sigma)}{\overset{R}{*}}$ *kommutativ.*

Satz 2.5: *Ist* $\overset{R}{*}$ *assoziativ und* $\mathfrak{G} \subseteq \Gamma\,\mathfrak{B}$ $\underset{(\rho,\sigma)}{\overset{R}{*}}$*-stabil, dann ist* $\underset{(\rho,\sigma)}{\overset{R}{*}}$ *auf* $\mathfrak{G}$ *assoziativ.*

Satz 2.6: *R habe Teilmengeneigenschaft und es gelte die Voraussetzung* 2.3 (a). *Dann ist*

$$\bigwedge_{U, V \in \mathfrak{B}_T} \sigma(U) \overset{R}{*} \sigma(V) \subseteq \sigma(TU) \overset{R}{*} \sigma(TV) \wedge U \underset{(\rho,\sigma)}{\overset{R}{*}} V \leq TU \underset{(\rho,\sigma)}{\overset{R}{*}} TV,$$

$$\bigwedge_{U, V \in \mathfrak{B}_\perp} \sigma(U) \overset{R}{*} \sigma(V) \supseteq \sigma(\perp U) \overset{R}{*} \sigma(\perp V) \wedge U \underset{(\rho,\sigma)}{\overset{R}{*}} V \geq \perp U \underset{(\rho,\sigma)}{\overset{R}{*}} \perp V.$$

Ein analoger Satz gilt bei Voraussetzung 2.3 (b).

Satz 2.7: *R habe Teilmengeneigenschaft und es gelte Voraussetzung* 2.3 (a). *Dann folgt*

$\bigwedge_{U, V, W \in \mathfrak{B}} U \leq V \Rightarrow U \underset{(\rho,\sigma)}{\overset{R}{*}} W \leq V \underset{(\rho,\sigma)}{\overset{R}{*}} W \wedge W \underset{(\rho,\sigma)}{\overset{R}{*}} U \leq W \underset{(\rho,\sigma)}{\overset{R}{*}} V$, *d. h.* $\underset{(\rho,\sigma)}{\overset{R}{*}}$ *ist mit* $\leq$ *verträglich.*

Ein analoger Satz gilt bei Voraussetzung 2.3 (b).

Bemerkung 2.3: Im Falle wiederholter innerer Verknüpfung gilt, falls R die Teilmengeneigenschaft hat, z. B. für $U, V, W \in \mathfrak{B}_T$, daß

$$\rho\,((\sigma(U) \overset{R}{*} \sigma(V)) \overset{R}{*} \sigma(W)) \leq \rho\,(\sigma(U \underset{(\rho,\sigma)}{\overset{R}{*}} V) \overset{R}{*} \sigma(W)),$$

was praktisch zur Genauigkeitssteigerung benützt werden kann.

Bemerkung 2.4: Ist $\mathfrak{B}$ vollständig geordnet, so ist für jedes $U \in \Gamma\,\mathfrak{B}$ die Menge $\{V \mid V \in \mathfrak{B},\ \rho\,\sigma(V) = U\}$ ein Intervall. Ist $\mathfrak{A}$ durch $\leq_{\mathfrak{A}}$ vollständig geordnet, so induziert $\leq_{\mathfrak{A}}$ auf jedem $U \in \mathfrak{U}$ eine vollständige Ordnung. Z. B. bei Voraussetzung 2.3 (a) folgt dann

$$\bigwedge_{U, V \in \mathfrak{V}} U \leq V \Leftrightarrow \sigma(U) \subseteq \sigma(V) \Leftrightarrow \inf \sigma(V) \leq_{\mathfrak{A}} \inf \sigma(U) \wedge \sup \sigma(U) \leq_{\mathfrak{A}} \sup \sigma(V).$$

Beispiel:

$$\mathfrak{V} = \mathfrak{U} = \{M \mid M \subseteq \mathbb{R}, M \neq \emptyset, |M| < \infty\},$$

$$\mathfrak{A} = \mathbb{R}, * \text{ Multiplikation oder Addition,}$$

$\bigwedge_{U \in \mathfrak{V}} \sigma(U) = U$, $\overset{R}{*}$ sei die Komplexverknüpfung, damit $\mathfrak{H} = \mathfrak{V}$, $\bigwedge_{H \in \mathfrak{H}} \rho(H) = [a, b]$ mit $a = \inf_{\mathbb{R}} H$ und $b = \sup_{\mathbb{R}} H$, somit $\Gamma \mathfrak{V} = \mathbb{I}\mathbb{R}$ (Menge der Intervalle der Intervallairthmetik in $\mathbb{R}$).

3. Homomorphismen

Es soll nun auf einige Fragen der Existenz von Homomorphismen bei gerundeten inneren Verknüpfungen eingegangen werden.

Die Abbildungen

$$\sigma: (\mathfrak{V}, \underset{(\rho,\sigma)}{\overset{R}{*}}) \to (\mathfrak{H}, \overset{R}{*})$$

bzw.

$$\rho: (\mathfrak{H}, \overset{R}{*}) \to (\Gamma \mathfrak{V}, \underset{(\rho,\sigma)}{\overset{R}{*}})$$

sind, vom Trivialfall $\sigma \rho = \iota$ (Identität) abgesehen, keine Homomorphismen. Auf $\sigma(\Gamma \mathfrak{V})$ gilt $\sigma \rho = \iota$.

Damit folgt

Satz 3.1: *Ist* $\sigma(\Gamma \mathfrak{V})$ $\overset{R}{*}$*-stabil, so sind* $(\Gamma \mathfrak{V}, \underset{(\rho,\sigma)}{\overset{R}{*}})$ *und* $(\sigma(\Gamma \mathfrak{V}), \overset{R}{*})$ *isomorph.*

Sind $\tilde{\mathfrak{A}} \subseteq \Gamma \mathfrak{V}$, $\tilde{\mathfrak{A}}$ $\underset{(\rho,\sigma)}{\overset{R}{*}}$-stabil, $(\mathfrak{V}_1, \leq_1)$ ein Verein, $\mathfrak{A}_1$ eine Menge, $*_1 : \mathfrak{A}_1^2 \to \mathfrak{A}_1$, sodaß $(\tilde{\mathfrak{A}}, \underset{(\rho,\sigma)}{\overset{R}{*}})$ isomorph $(\mathfrak{A}_1, *_1)$ ist bezüglich der Bijektion $\kappa : \mathfrak{A}_1 \to \tilde{\mathfrak{A}}$, und ist auf $\mathfrak{V}_1$ ebenfalls eine gerundete innere Verknüpfung $\underset{(\rho_1,\sigma_1)}{\overset{R_1}{*1}}$ mit $\mathfrak{U}_1$, R_1, σ_1, $\mathfrak{H}_1$, ρ_1 nach Absatz 2 erklärt, so kann die durch κ bedingte Koppelung von $(\mathfrak{H}_1, \overset{R_1}{*1})$ und $(\mathfrak{H}, \overset{R}{*})$ untersucht werden.

Definition 3.1:

$$\bigwedge_{H \in \mathfrak{H}_1} \tilde{\sigma}(H) =^{\text{def}} \bigcup_{A_1 \in H} \{\sigma \kappa(A_1)\},$$

$$\hat{R} : \{\tilde{\sigma}(H) \mid H \in \mathfrak{H}_1\}^2 \to \mathfrak{P}((\mathfrak{P}(\mathfrak{A}))^2),$$

$$\hat{*} =^{\text{def}} \overset{R}{*} \text{ auf } \mathfrak{U}.$$

$\tilde{\sigma}$ ist injektiv.

Voraussetzung 3.1:

$$\bigwedge_{U, V \in \mathfrak{B}_1} (A, B) \in R_1 (\sigma_1 (U), \sigma_1 (V)) \Rightarrow$$
$$\sigma \rho (\sigma \kappa (A) \overset{R}{*} \sigma \kappa (B)) = (\sigma \kappa (A) \overset{R}{*} \sigma \kappa (B)).$$

Voraussetzung 3.2:

$$\bigwedge_{U, V \in \mathfrak{B}_1} \bigcup_{(A, B) \in R_1 (\sigma_1 (U), \sigma_1 (V))} \{\sigma \kappa (A) \overset{R}{*} \sigma \kappa (B)\} = \tilde{\sigma} \sigma_1 (U) \overset{\hat{R}}{\hat{*}} \tilde{\sigma} \sigma_1 (V).$$

Damit erhält man für alle $U, V \in \mathfrak{B}_1$:

$$\tilde{\sigma} (\sigma_1 (U) \overset{R_1}{*1} \sigma_1 (V)) =$$
$$\tilde{\sigma} \bigcup_{(A, B) \in R_1 (\sigma_1 (U), \sigma_1 (V))} \{\kappa^{-1} \rho (\sigma \kappa (A) \overset{R}{*} \sigma \kappa (B))\} =$$
$$\bigcup_{(A, B) \in R_1 (\sigma_1 (U), \sigma_1 (V))} \{\sigma \kappa \kappa^{-1} \rho (\sigma \kappa (A) \overset{R}{*} \sigma \kappa (B))\} =$$
$$\bigcup_{(A, B) \in R_1 (\sigma_1 (U), \sigma_1 (V))} \{\sigma \kappa (A) \overset{R}{*} \sigma \kappa (B)\}$$

nach Voraussetzung 3.1 und weiter

$$\tilde{\sigma} (\sigma_1 (U) \overset{R_1}{*1} \sigma_1 (V)) = \tilde{\sigma} \sigma_1 (U) \overset{\hat{R}}{\hat{*}} \tilde{\sigma} \sigma_1 (V)$$

nach Voraussetzung 3.2, d. h. $\tilde{\sigma}$ ist ein Isomorphismus von $(\mathfrak{H}_1, \overset{R_1}{*1})$ auf $(\tilde{\sigma} (\mathfrak{H}_1), \overset{\hat{R}}{\hat{*}})$. Bei Anwendung von $\rho_1 \tilde{\sigma}^{-1}$ auf die vorige Gleichung erhält man

$$\rho_1 (\sigma_1 (U) \overset{R_1}{*1} \sigma_1 (V)) = \rho_1 \tilde{\sigma}^{-1} (\tilde{\sigma} \sigma_1 (U) \overset{\hat{R}}{\hat{*}} \tilde{\sigma} \sigma_1 (V)),$$

mit

Definition 3.2: $\hat{\sigma} =^{\text{def}} \tilde{\sigma} \sigma_1$, $\hat{\rho} =^{\text{def}} \rho_1 \tilde{\sigma}^{-1}$

also den

Satz 3.2: $(\mathfrak{B}_1, \underset{(\rho_1, \sigma_1)}{\overset{R_1}{*1}})$ *und* $(\mathfrak{B}_1, \underset{(\hat{\rho}, \hat{\sigma})}{\overset{\hat{R}}{\hat{*}}})$ *sind isomorph,* $\underset{(\hat{\rho}, \hat{\sigma})}{\overset{\hat{R}}{\hat{*}}}$ *ist eine gerundete innere Verknüpfung auf* $\mathfrak{B}_1$.

Beispiel: Es seien $\mathfrak{B}$, $\mathfrak{U}$, $\mathfrak{A}$, σ, R, $\mathfrak{H}$, ρ wie im vorigen Beispiel und $* =$ Addition. Dann seien $\mathfrak{A}_1 = \tilde{\mathfrak{A}} = \{[a, b] \mid a, b \in \mathbb{Z},\ a \leq b\}$, $\mathfrak{B}_1 = \mathfrak{U}_1 = \mathfrak{P}(\tilde{\mathfrak{A}})$, $\leq_1 \, = \, \subseteq$, $\bigwedge_{A, B \in \mathfrak{A}_1} A *_1 B = A \underset{(\rho, \sigma)}{\overset{R}{*}} B$, $\bigwedge_{U \in \mathfrak{B}_1} \sigma_1 (U) = U$, $\bigwedge_{U, V \in \mathfrak{B}_1} R_1 (\sigma_1 (U), \sigma_1 (V)) = \sigma_1 (U) \times \sigma_1 (V)$.

Es gilt

$$\bigwedge_{[a, b], [c, d]} \sigma \rho (\sigma ([a, b]) \overset{R}{*} \sigma ([c, d])) = (\sigma ([a, b]) \overset{R}{*} \sigma ([c, d]))$$

und

$$\mathfrak{H}_1 = \sigma_1(\mathfrak{V}_1) = \mathfrak{V}_1 .$$

Schließlich seien

$$\bigwedge_{H \in \mathfrak{H}_1} \tilde{\sigma}(H) = H, \quad \bigwedge_{H, G \in \mathfrak{H}_1} \hat{R}(\tilde{\sigma}(H), \tilde{\sigma}(G)) = \tilde{\sigma}(H) \times \tilde{\sigma}(G).$$

Damit gilt die Voraussetzung 3.2. ρ_1 ist beliebig, z. B.

$$\bigwedge_{H \in \mathfrak{H}_1} \rho_1(H) = \{[a,b] \mid [a,b] \in \mathfrak{A}_1, \bigvee_{[c,d] \in H} [a,b] \subseteq [c,d]\}.$$

4. Invertierung

Im Falle einer kommutativen, assoziativen inneren Verknüpfung auf einer Menge mit neutralem Element existiert nach einem fundamentalen Satz eine isomorphe Einbettung dieser Menge in eine kleinste Menge, in der zu jedem regulären Element ein inverses Element existiert (siehe z. B. [2]). In diesem Absatz werden dieser Satz auf einen Verein mit einer gerundeten inneren Verknüpfung verallgemeinert und dabei die Abbildungen ρ, σ, R sowie die Relation $\leq$ strukturverträglich fortgesetzt.

Satz 4.1: *Es seien $\tilde{N} \in \mathfrak{A}$, $\tilde{N}$ neutral in $(\mathfrak{A}, *)$, $\{\tilde{N}\}$ neutral in $(\mathfrak{U}, \overset{R}{*})$ (siehe Satz 1.3), $N \in \Gamma\,\mathfrak{V}$, $\sigma(N) = \{\tilde{N}\}$.*

Dann ist N neutral in $(\Gamma\,\mathfrak{V}, \underset{(\rho,\sigma)}{\overset{R}{*}})$.

Beweis:

$$\bigwedge_{X \in \Gamma \mathfrak{V}} \rho\big(\sigma(N) \overset{R}{*} \sigma(X)\big) = \rho\big(\{\tilde{N}\} \overset{R}{*} \sigma(X)\big) = \rho\big(\sigma(X) \overset{R}{*} \{\tilde{N}\}\big) =$$

$$\rho\big(\sigma(X) \overset{R}{*} \sigma(N)\big) = \rho\big(\sigma(X)\big) = X .$$

Satz 4.2: *Es seien $\underset{(\rho,\sigma)}{\overset{R}{*}}$ auf $\Gamma\,\mathfrak{V}$ assoziativ, N neutrales Element in $(\Gamma\,\mathfrak{V}, \underset{(\rho,\sigma)}{\overset{R}{*}})$ und $\leq$ mit $\underset{(\rho,\sigma)}{\overset{R}{*}}$ verträglich. Dann gilt $\bigwedge_{X, Y \in \Gamma \mathfrak{V}}$ (X^{-1} invers zu $X \wedge Y^{-1}$ invers zu Y) $\wedge\ X \leq Y \Rightarrow Y^{-1} \leq X^{-1}$.*

Beweis:

$$X \leq Y \Rightarrow (X^{-1} \underset{(\rho,\sigma)}{\overset{R}{*}} X) \underset{(\rho,\sigma)}{\overset{R}{*}} Y^{-1} \leq (X^{-1} \underset{(\rho,\sigma)}{\overset{R}{*}} Y) \underset{(\rho,\sigma)}{\overset{R}{*}} Y^{-1},$$

entsprechend bei Vertauschung der Faktoren X^{-1} und Y^{-1}.

Bekannt ist folgender

Satz 4.3 (Algebraischer Invertierungssatz):

Seien $\mathfrak{G} \subseteq \Gamma\,\mathfrak{V}$, $\mathfrak{G}$ stabil bezüglich $\underset{(\rho,\sigma)}{\overset{R}{*}}$, $N \in \mathfrak{G}$, N neutral, $\underset{(\rho,\sigma)}{\overset{R}{*}}$ kommutativ und assoziativ. Dann kann ein bis auf Isomorphie eindeutig bestimmter Bereich $\bar{\mathfrak{G}}$ mit einer kommutativen und assoziativen inneren Verknüpfung $\bar{*}$ konstruiert werden, sodaß ein Isomorphismus κ von $(\mathfrak{G}, \underset{(\rho,\sigma)}{\overset{R}{*}})$ auf $(\kappa(\mathfrak{G}), \bar{*})$ besteht, der jedem *regulären Element $X \in \mathfrak{G}$ ein in $\mathfrak{G}$ invertierbares Element $\bar{X} = \kappa(X)$ zuordnet und sodaß $\mathfrak{G}$ erzeugt wird von $\kappa(\mathfrak{G}) \cup \{\bar{X}^{-1} \mid \bar{X} \in \kappa(\mathfrak{G}), X \text{ regulär}\}$. Jedes reguläre Element von $\mathfrak{G}$ ist invertierbar.*

Zur Vereinfachung sei nun $* =^{\text{def}} \underset{(\rho,\sigma)}{\overset{R}{*}}$ gesetzt, ferner

$$\bigwedge_{X \in \mathfrak{G}} \bar{X} =^{\text{def}} \kappa(X).$$

Es gilt

$$\bigwedge_{X \in \mathfrak{G}} (X \text{ regulär}) \Rightarrow (X^{-1})^{-1} = X,$$

$$\bigwedge_{X, Y \in \mathfrak{G}} \bar{X} \mathbin{\bar{*}} \bar{Y} = \overline{X * Y},$$

$$\bigwedge_{X, Y \in \mathfrak{G}} (X, Y \text{ regulär}) \Rightarrow (\overline{X * Y})^{-1} = \bar{Y}^{-1} \mathbin{\bar{*}} \bar{X}^{-1},$$

$$\bigwedge_{Q \in \mathfrak{G}} \bigvee_{X, Y \in \mathfrak{G}} (Y \text{ regulär}) \wedge Q = \bar{X} \mathbin{\bar{*}} \bar{Y}^{-1}.$$

Voraussetzung 4.1: Mit den Voraussetzungen von Satz 4.3 gelte

(1) $*$ sei mit $\leq$ verträglich,

(2) $\mathfrak{A} \subseteq \mathfrak{G}$, $\bigwedge_{A \in \mathfrak{A}} \sigma(A) = \{A\}$,

(3) $\mathfrak{G}_{\text{reg}} =^{\text{def}} \{U \mid U \in \mathfrak{G},\ U \text{ regulär}\}$,

$\mathfrak{H}_{\text{reg}} =^{\text{def}} \overset{R}{*}$-Hülle von $\sigma(\mathfrak{G}_{\text{reg}})$,

$\bigwedge_{H \in \mathfrak{H}_{\text{reg}}} \varphi(H) =^{\text{def}} \{A \mid A \in H,\ A \text{ regulär}\}$,

$\bigwedge_{U, V \in \mathfrak{G}_{\text{reg}} \setminus \mathfrak{A}} U \neq V \Rightarrow \varphi\,\sigma(U) \neq \varphi\,\sigma(V)$,

(4) $\bigwedge_{U \in \mathfrak{G}_{\text{reg}}} \tau\,\kappa(U) =^{\text{def}} (\kappa(U))^{-1}$,

$\mathfrak{A}_{\text{sym}} =^{\text{def}} \{A \mid A \in \mathfrak{A},\ A \text{ in } \mathfrak{A} \text{ invertierbar}\}$,

$\kappa(\mathfrak{G}) \cap \tau\,\kappa(\mathfrak{G}_{\text{reg}} \setminus \mathfrak{A}_{\text{sym}}) = \emptyset$,

(5) $\bigwedge_{H_1, H_2 \in \mathfrak{H}_{\text{reg}}} \varphi(H_1 \overset{R}{*} H_2) = \varphi(H_1) \overset{R}{*} \varphi(H_2)$.

Zufolge Voraussetzung 4.1 (2) ist die ursprünglich auf $\mathfrak{A}$ definierte innere Verknüpfung mit $*$ zu identifizieren. Voraussetzung 4.1 (4) besagt, daß die Inversen von Bildern regulärer Elemente von $\mathfrak{G}$ nicht im Bild von $\mathfrak{G}$ liegen, ausgenommen die in $\mathfrak{A}$ symmetrisierbaren Elemente. Es ist also $N \in \mathfrak{A}$.

Mit Voraussetzung 4.1 werden nun Fortsetzungen $\bar{\leq}$ von $\leq$, $\bar{\sigma}$ von σ, $\bar{R}$ von R, $\bar{\rho}$ von ρ erklärt, sodaß $\bar{*}$ auf $\mathfrak{G}$ durch $\underset{(\bar{\rho},\bar{\sigma})}{\overset{\bar{R}}{*}}$, $\bar{*}$ eingeschränkt auf $\kappa(\mathfrak{A}) \cup \tau\,\kappa(\mathfrak{A}_{\text{reg}})$, für „Zähler" und „Nenner" gedeutet werden kann.

Definition 4.1:

$$\bigwedge_{\substack{X,Y\in\mathfrak{G}\\ U,V\in\mathfrak{G}_{reg}}} (V * X \leq Y * U) \Leftrightarrow^{def} (\bar{X} \bar{*} \bar{U}^{-1} \lesssim \bar{V}^{-1} \bar{*} \bar{Y}).$$

Damit folgt für

$$U = V = N\colon\ X \leq Y \Leftrightarrow \bar{X} \lesssim \bar{Y},$$

$$X = Y = N\colon\ V \leq U \Leftrightarrow \bar{U}^{-1} \lesssim \bar{V}^{-1},$$

$$\bigwedge_{\substack{Z\in\mathfrak{G}\\ W\in\mathfrak{G}_{reg}}} \bar{X} \bar{*} \bar{U}^{-1} \lesssim \bar{V}^{-1} \bar{*} \bar{Y} \Rightarrow$$

$$Z * W * V * X \leq Z * W * Y * U \text{ (Voraussetzung 4.1 (1))} \Rightarrow$$

$$\bar{Z} \bar{*} \bar{X} \bar{*} (\bar{W} \bar{*} \bar{U})^{-1} \lesssim \bar{Z} \bar{*} \bar{Y} \bar{*} (\bar{W} \bar{*} \bar{V})^{-1} \Rightarrow$$

$$(\bar{Z} \bar{*} \bar{W}^{-1}) \bar{*} (\bar{X} \bar{*} \bar{U}^{-1}) \lesssim (\bar{Z} \bar{*} \bar{W}^{-1}) \bar{*} (\bar{V}^{-1} \bar{*} \bar{Y}),$$

wobei die Assoziativität und Kommutativität von $\bar{*}$ benützt wurde. Insgesamt gilt also

Satz 4.4: *κ ist isoton, $\lesssim$ und $\bar{*}$ sind verträglich.*

Definition 4.2:

(1) $\bigwedge_{U\in\mathfrak{G}} \bar{\sigma}\,\kappa(U) =^{def} \kappa\,\sigma(U)$,

(2) $\bigwedge_{U\in\mathfrak{G}_{reg}\setminus\mathfrak{A}_{sym}} \bar{\sigma}\,\tau\,\kappa(U) =^{def} \tau\,\kappa\,\varphi\,\sigma(U)$.

Auf $\mathfrak{A}_{sym}$ sind Definition 4.2 (1) und (2) identisch wegen Voraussetzung 4.1 (2). Damit gilt infolge Voraussetzung 2.3 und 4.1 (3)

Satz 4.5:

$$\bigwedge_{U,V\in\mathfrak{G}} \bar{U} \lesssim \bar{V} \Leftrightarrow \begin{cases}\text{(a) } \bar{\sigma}(\bar{U}) \subseteq \bar{\sigma}(\bar{V})\\ \text{(b) } \bar{\sigma}(\bar{U}) \supseteq \bar{\sigma}(\bar{V})\end{cases},$$

$$\bigwedge_{U,V\in\mathfrak{G}_{reg}} \bar{V}^{-1} \lesssim \bar{U}^{-1} \Leftrightarrow \begin{cases}\text{(a) } \bar{\sigma}(\bar{U}^{-1}) \subseteq \bar{\sigma}(\bar{V}^{-1})\\ \text{(b) } \bar{\sigma}(\bar{U}^{-1}) \supseteq \bar{\sigma}(\bar{V}^{-1})\end{cases}.$$

Durch Definition 4.2 (1) bzw. (2) ist $\bar{\sigma}$ auf den infolge Voraussetzung 4.1 (4) elementefremden Mengen $\kappa(\mathfrak{G})$ bzw. $\tau\,\kappa(\mathfrak{G}_{reg}\setminus\mathfrak{A}_{sym})$ definiert. Dieser Aufteilung entsprechend soll nun R auf $\bar{R}$ fortgesetzt werden.

Definition 4.3:

$$\mathfrak{H}_{\mathfrak{G}} =^{def} \overset{R}{*}\text{-Hülle von } \sigma(\mathfrak{G}),$$

(1) $\bigwedge_{H_1,H_2\in\mathfrak{H}_{\mathfrak{G}}} \bigwedge_{A_1\in H_1,A_2\in H_2} (\bar{A}_1, \bar{A}_2) \in \bar{R}\,(\kappa(H_1), \kappa(H_2)) \Leftrightarrow^{def} (A_1, A_2) \in R\,(H_1, H_2)$,

(2) $\bigwedge_{H_1,H_2\in\mathfrak{H}_{\mathfrak{G}}} \bigwedge_{\substack{A_1\in H_1,A_2\in H_2\\ A_1,A_2\in\mathfrak{A}_{reg}\setminus\mathfrak{A}_{sym}}} (\bar{A}_1^{-1}, \bar{A}_2^{-1}) \in \bar{R}\,(\kappa\,\varphi(H_1), \kappa\,\varphi(H_2))$

$\Leftrightarrow^{def} (A_1, A_2) \in R\,(H_1, H_2)$,

(3) $\bigwedge_{U\in\mathfrak{G}_{reg}\setminus\mathfrak{A}_{sym}} \bar{R}\,(\kappa\,\varphi\,\sigma(U), \tau\,\kappa\,\varphi\,\sigma(U)) =^{def} \{(\bar{A}, \bar{A}^{-1}) \mid A \in \varphi\,\sigma(U)\} \wedge$

$\bar{R}\,(\tau\,\kappa\,\varphi\,\sigma(U), \kappa\,\varphi\,\sigma(U)) =^{def} \{(\bar{A}^{-1}, \bar{A}) \mid A \in \varphi\,\sigma(U)\}$.

Zufolge dieser Definition und Voraussetzung 4.1 (5) gilt

Satz 4.6: $(\mathfrak{H}, \overset{R}{*})$ *und* $(\kappa(\mathfrak{H}), \overset{\bar{R}}{*})$,

$(\mathfrak{H}_{reg}, \overset{R}{*})$ *und* $(\tau\,\kappa\,\varphi(\mathfrak{H}_{reg}), \overset{\bar{R}}{*})$

sind jeweils isomorph. Hat R die Teilmengeneigenschaft, so hat $\bar{R}$ *die Teilmengeneigenschaft.*

Definition 4.4:

(1) $\bigwedge_{H \in \mathfrak{H}_{\mathfrak{G}}} \bar{\rho}\,\kappa(H) =^{\text{def}} \kappa\,\rho(H)$,

(2) $\bigwedge_{H \in \mathfrak{H}_{reg}} \bar{\rho}\,\tau\,\kappa\,\varphi(H) =^{\text{def}} \tau\,\kappa\,\rho(H)$.

Nach Definition 4.2 und Satz 4.6 ist damit $\bar{\rho}$ auf der $\overset{\bar{R}}{*}$-Hülle von $\bar{\sigma}\,\kappa(\mathfrak{G})$ bzw. $\bar{\sigma}\,\tau\,\kappa(\mathfrak{G}_{reg}\backslash\mathfrak{A}_{sym})$ erklärt. Damit folgt

Satz 4.7:

(1) $\bigwedge_{\bar{U}, \bar{V} \in \kappa(\mathfrak{G})} \bar{U} \,\bar{*}\, \bar{V} = \bar{\rho}\left(\bar{\sigma}(\bar{U}) \overset{\bar{R}}{*} \bar{\sigma}(\bar{V})\right)$,

(2) $\bigwedge_{\bar{U}^{-1}, \bar{V}^{-1} \in \tau\,\kappa(\mathfrak{G}_{reg}\backslash\mathfrak{A}_{sym})} \bar{U}^{-1} \,\bar{*}\, \bar{V}^{-1} = \bar{\rho}\left(\bar{\sigma}(\bar{U}^{-1}) \overset{\bar{R}}{*} \bar{\sigma}(\bar{V}^{-1})\right)$,

(3) $\bigwedge_{\bar{U} \in \kappa(\mathfrak{G}_{reg})} \bar{U} \,\bar{*}\, \bar{U}^{-1} = \bar{\rho}\left(\bar{\sigma}(\bar{U}) \overset{\bar{R}}{*} \bar{\sigma}(\bar{U}^{-1})\right) \wedge \bar{U}^{-1} \,\bar{*}\, \bar{U} = \bar{\rho}\left(\bar{\sigma}(\bar{U}^{-1}) \overset{\bar{R}}{*} \bar{\sigma}(\bar{U})\right)$.

Beweis:

(1) $\bar{U}, \bar{V} \in \kappa(\mathfrak{G}) \Rightarrow \bigvee_{\substack{U, V \in \mathfrak{G} \\ \text{eindeutig}}} \bar{U} = \kappa(U) \wedge \bar{V} = \kappa(V) \Rightarrow$

$\bar{U} \,\bar{*}\, \bar{V} = \kappa(U * V) = \kappa\,\rho\left(\sigma(U) \overset{R}{*} \sigma(V)\right) =$

$\bar{\rho}\,\kappa\left(\sigma(U) \overset{R}{*} \sigma(V)\right) = \bar{\rho}\left(\kappa\,\sigma(U) \overset{\bar{R}}{*} \kappa\,\sigma(\bar{V})\right) =$

$\bar{\rho}\left(\bar{\sigma}\,\kappa(U) \overset{\bar{R}}{*} \bar{\sigma}\,\kappa(V)\right) = \bar{\rho}\left(\bar{\sigma}(\bar{U}) \overset{\bar{R}}{*} \bar{\sigma}(\bar{V})\right)$,

(2) $\bar{U}^{-1}, \bar{V}^{-1} \in \tau\,\kappa(\mathfrak{G}_{reg}\backslash\mathfrak{A}_{sym}) \Rightarrow \bigvee_{\substack{U, V \in \mathfrak{G}_{reg}\backslash\mathfrak{A}_{sym} \\ \text{eindeutig}}} \bar{U}^{-1} = \tau\,\kappa(U) \wedge \bar{V}^{-1} = \tau\,\kappa(V) \Rightarrow$

$\bar{U}^{-1} \,\bar{*}\, \bar{V}^{-1} = \tau\,\kappa(U * V) = \tau\,\kappa\,\rho\left(\sigma(U) \overset{R}{*} \sigma(V)\right) =$

$\bar{\rho}\,\tau\,\kappa\,\varphi\left(\sigma(U) \overset{R}{*} \sigma(V)\right) = \bar{\rho}\left(\tau\,\kappa\,\varphi\,\sigma(U) \overset{\bar{R}}{*} \tau\,\kappa\,\varphi\,\sigma(V)\right) =$

$\bar{\rho}\left(\bar{\sigma}\,\tau\,\kappa(U) \overset{\bar{R}}{*} \bar{\sigma}\,\tau\,\kappa(V)\right) = \bar{\rho}\left(\bar{\sigma}(\bar{U}^{-1}) \overset{\bar{R}}{*} \bar{\sigma}(\bar{V}^{-1})\right)$,

(3) $\bar{U} \in \kappa(\mathfrak{G}_{reg}) \Rightarrow \bigvee_{\substack{U \in \mathfrak{G}_{reg} \\ \text{eindeutig}}} \bar{U} = \kappa(U) \wedge \bar{U}^{-1} = \tau\,\kappa(U) \Rightarrow$

$\bar{U} \,\bar{*}\, \bar{U}^{-1} = \kappa\,\rho\,\sigma(U) \,\bar{*}\, \tau\,\kappa\,\rho\,\sigma(U) =$

$\bar{\rho}\,\kappa\,\sigma(U) \,\bar{*}\, \bar{\rho}\,\tau\,\kappa\,\varphi\,\sigma(U) = \bar{\rho}\left(\bar{\sigma}\,\kappa(U) \overset{\bar{R}}{*} \bar{\sigma}\,\tau\,\kappa(U)\right) =$

$\bar{\rho}\left(\bar{\sigma}(\bar{U}) \overset{\bar{R}}{*} \bar{\sigma}(\bar{U}^{-1})\right) = \bar{\rho}\left(\{\kappa(N)\}\right) = \kappa(N)$,

entsprechend für $\bar{U}^{-1} \,\bar{*}\, \bar{U}$.

Beispiel:

$$\mathfrak{A} = \mathbb{N}_0 =^{\text{def}} \{0,1,2,\dots\} \text{ mit der üblichen Multiplikation,}$$

$$\mathfrak{B} = \mathfrak{U} = \{M \subseteq \mathbb{N}_0, M \neq \emptyset, |M| < \infty\},$$

$$\mathfrak{A}_{\text{reg}} = \mathbb{N},\ \tilde{N} = 1,\ \mathfrak{A}_{\text{sym}} = \{1\},$$

$$\mathfrak{G} = \mathbb{I}\,\mathbb{N}_0 =^{\text{def}} \{[A_1, A_2] =^{\text{def}} \{A \mid A_1 \le A \le A_2 \wedge A \in \mathbb{N}_0\} \mid A_1, A_2 \in \mathbb{N}_0,\ A_1 \le A_2\},$$

$\mathfrak{A}$ sei mit $\{[A, A] \mid A \in \mathfrak{A}\}$ identifiziert, $\overset{R}{*}$ auf $\mathfrak{U}$ sei die Komplexmultiplikation, $\le$ sei durch $\subseteq$ erklärt, $\sigma =$ Identität, $\bigwedge_{U \in \mathfrak{U}} \rho(U) =^{\text{def}} [A_1, A_2]$ mit $A_1 = \min U$ und $A_2 = \max U$. Die nichtregulären Elemente sind von der Form $[0, X]$. Es ist z. B. $[2, 5] \underset{(\rho,\sigma)}{\overset{R}{*}} [3,4] = \rho(\{2, 3, 4, 5\} \overset{R}{*} \{3, 4\}) = \rho\,\{6, 8, 9, 12, 15, 16, 20\} = [6, 20]$. Ferner kann auf $\mathfrak{G}\,\kappa =$ Identität gesetzt werden.

$\tau\,\kappa(\mathfrak{A}_{\text{reg}}) = \{1, 1/2, 1/3, \dots\}$. Dann ist z. B. $[2,5]^{-1} = \{1/2,\ 1/3,\ 1/4,\ 1/5\}$ und $[2, 5]^{-1} \,\bar{*}\, [3, 4]^{-1} = [6, 20]^{-1} = \{1/6, 1/7, \dots 1/20\}$, $[2, 5]^{-1} \,\bar{*}\, [2, 5] = [1, 1]$.

Bemerkung 4.1: $\mathfrak{A} \subseteq \mathfrak{G}$ in Voraussetzung 4.1 (2) ist zur formalen Vereinfachung angenommen worden und kann andernfalls durch Adjunktion von $\mathfrak{A} \setminus \mathfrak{G}$ zu $\mathfrak{G}$ und geeigneter Erweiterung von $\le$, σ, ρ erreicht werden.

5. Wahrscheinlichkeitstheoretische Rundungstheorie

Bereits die klassische Intervallrechnung in $\mathbb{I}\,\mathbb{R}$ legt intuitiv die Vorstellung nahe, daß in einem betrachteten Intervall jeder darin liegende Wert „mit gleicher Wahrscheinlichkeit" der „richtige" Argument- bzw. Funktionswert sein kann. Man erkennt jedoch leicht, daß diese Vorstellung nicht adäquat ist. Anschließend an die Definitionen und Voraussetzungen in Absatz 1 und 2 wird deshalb folgender Weg eingeschlagen:

Voraussetzung 5.1: Für alle $V \in \mathfrak{B}$ seien

(1) $A(V) =^{\text{def}} \{\sigma(U) \mid U \le V\}$ eine Algebra in $\sigma(V)$,

(2) $\Sigma(V)$ die von $A(V)$ erzeugte σ-Algebra in $\sigma(V)$,

(3) $\Lambda(V)$ eine Menge von σ-endlichen Prämaßen λ_V auf $A(V)$.

Die Prämaße λ_V können dann bekanntlich eindeutig auf Maße μ_V auf $\Sigma(V)$ fortgesetzt werden.

Definition 5.1: Für alle $V \in \mathfrak{B}$ und alle $\lambda_V \in \Lambda(V)$ bezeichne μ_V die Fortsetzung von λ_V auf $\Sigma(V)$ und $M(V)$ die Menge der dadurch erhaltenen Maße auf $\Sigma(V)$.

Für alle $U, V \in \mathfrak{B}$ kann nun das Produkt $\sigma(U) \times \sigma(V)$ der Mengen $\sigma(U)$, $\sigma(V)$ und das Produkt $\Sigma(U) \otimes \Sigma(V)$ der σ-Algebren $\Sigma(U)$, $\Sigma(V)$ betrachtet werden. Infolge Voraussetzung 5.1 sind für alle $\mu_U \in M(U)$ und $\mu_V \in M(V)$ die Maßräume $(\sigma(U), \Sigma(U), \mu_U)$ und $(\sigma(V), \Sigma(V), \lambda_V)$ σ-endlich, d.h. das Produktmaß $\mu_U \otimes \mu_V$ ist eindeutig bestimmt und σ-endlich.

Voraussetzung 5.2: Für alle $U, V \in \mathfrak{V}$ sei

$$\overset{R}{\underset{(\rho,\sigma)}{*}} : (\sigma(U) \times \sigma(V), \Sigma(U) \otimes \Sigma(V)) \rightarrow$$

$$(\sigma(U \overset{R}{\underset{(\rho,\sigma)}{*}} V), \Sigma(U \overset{R}{\underset{(\rho,\sigma)}{*}} V))$$

meßbar.

Dann gilt nach bekannten Definitionen und Sätzen der Maßtheorie

Satz 5.1:

$$\bigwedge_{U, V \in \mathfrak{V}} \bigwedge_{\substack{\mu_U \in M(U) \\ \mu_V \in M(V)}} \bigwedge_{\sigma(W) \in A(U \overset{R}{\underset{(\rho,\sigma)}{*}} V)} \mu_U \otimes \mu_V ((\overset{R}{\underset{(\rho,\sigma)}{*}})^{-1} \sigma(W))$$

ist ein σ-endliches Prämaß auf $A(U \overset{R}{\underset{(\rho,\sigma)}{*}} V)$. Sind speziell $(\sigma(U), \Sigma(U), \mu_U)$ und $(\sigma(V), \Sigma(V), \mu_V)$ Wahrscheinlichkeitsräume und gilt die Teilmengeneigenschaft für R, so ist R $(\sigma(U), \sigma(V))$ $\mu_U \otimes \mu_V$-meßbar und bei von Null verschiedenem Maß läßt sich durch Normierung mit diesem Maß mittels der Zufallsvariablen $\overset{R}{\underset{(\rho,\sigma)}{*}}$ eine normierte Verteilung auf $(\sigma(U \overset{R}{\underset{(\rho,\sigma)}{*}} V), A(U \overset{R}{\underset{(\rho,\sigma)}{*}} V))$ eindeutig herleiten.

Beispiel:

Wir betrachten $\mathbb{I}\,\mathbb{N}_0$ mit $\overset{R}{\underset{(\rho,\sigma)}{*}}$ wie im letzten Beispiel von Abs. 4. Sind z.B. $[1,5]$ mit $\mu(1) = \mu(2) = \ldots = \mu(5) = 1/5$ und $[3,6]$ mit $\mu(3) = \mu(4) = \mu(5) = = \mu(6) = 1/4$ gegeben, so ist $[1,5] \overset{R}{\underset{(\rho,\sigma)}{*}} [3,6] = [3,30]$ mit $\mu(Z) = 1/20$ für $Z \in \{3, 4, 5, 8, 9, 10, 16, 18, 24, 25, 30\}$, $\mu(Z) = 1/10$ für $Z \in \{6, 15, 20\}$, $\mu(12) = 3/20$, $\mu(Z) = 0$ ansonsten.

6. Allgemeine gerundete Abbildungen

Bei den bisherigen Betrachtungen war sowohl zur Herleitung des Paares $(T, \perp)$ von Topologien wie zur Definition einer inneren Verknüpfung auf dem Verein $\mathfrak{V}$ die Menge $\mathfrak{A}$ wesentlich. Bei vielen Beispielen ist eine derartige Bezugsmenge nicht explizit gegeben. Man kann dann eine Rundung auf einem Verein $\mathfrak{X}$ durch ein Topologienpaar $(T_{\mathfrak{X}}, \perp_{\mathfrak{X}})$ mit zu $(T, \perp)$ analogen Eigenschaften erklären.

Definition 6.1: Sind $\mathfrak{X}$ bzw. $\mathfrak{Y}$ Vereine mit Rundungen $(T_{\mathfrak{X}}, \perp_{\mathfrak{X}})$ bzw. $(T_{\mathfrak{Y}}, \perp_{\mathfrak{Y}})$ und ist f: $\mathfrak{X} \rightarrow \mathfrak{Y}$, dann heißt $\Gamma_{\mathfrak{Y}} \cdot f \cdot \Gamma_{\mathfrak{X}}$ mit $\Gamma_{\mathfrak{X}} \in \{T_{\mathfrak{X}}, \perp_{\mathfrak{X}}\}$, $\Gamma_{\mathfrak{Y}} \in \{T_{\mathfrak{Y}}, \perp_{\mathfrak{Y}}\}$ eine gerundete Abbildung zu f.

Beispiel: $\mathfrak{X} = \mathbb{R}^2$, $\mathfrak{Y} = \mathbb{R}$, $f =$ Addition auf $\mathbb{R}$, gerundete Addition zweier Zahlen dadurch, daß jeder Summand auf die nächstgelegene ganze Zahl gerundet wird und die ganzen Zahlen addiert werden ($\Gamma_{\mathfrak{Y}} =$ Identität).

Beispiel: $\mathfrak{X} = \mathbb{R}^2$, $\mathfrak{Y} = \mathbb{R}$, $f =$ Addition auf $\mathbb{R}$, $\Gamma_{\mathfrak{X}} =$ Rundung von $(r_1, r_2) \in \mathbb{R}^2$ auf $(\bar{r}_1, \bar{r}_2) \in (1/10\, \mathbb{Z})^2$, so daß $\bar{r}_1$ zu r_1, $\bar{r}_2$ zu r_2 nächstgelegene Zehntelwerte sind, Additionen von $\bar{r}_1$ und $\bar{r}_2$, $\Gamma_{\mathfrak{Y}} =$ Rundung auf nächstgelegene ganze Zahl, $z := \Gamma_{\mathfrak{Y}}(r_1 + r_2)$. Dann ist

$$z - 0.5 \leq r_1 + r_2 < z + 0.5,$$

$$\bar{r}_i - 0.05 \leq r_i < \bar{r}_i + 0.05, \quad i = 1, 2,$$

$$r_1 + r_2 - 0.1 < \bar{r}_1 + \bar{r}_2 \leq r_1 + r_2 + 0.1,$$

$$z - 0.6 < \bar{r}_1 + \bar{r}_2 < z + 0.6,$$

$$\text{d. h. } z - 0.5 \leq \bar{r}_1 + \bar{r}_2 \leq z + 0.5.$$

Ist also nicht

$$r_1 + r_2 < \bar{r}_1 + \bar{r}_2 = z + 0.5,$$

so ist

$$\Gamma_{\mathfrak{Y}}(r_1 + r_2) = \Gamma_{\mathfrak{Y}}(\bar{r}_1 + \bar{r}_2).$$

Literatur

[1] Nöbeling, G.: Grundlagen der analytischen Topologie. Berlin-Göttingen-Heidelberg: Springer 1954.
[2] Bourbaki, N.: Algèbre, Kapitel 1. Paris: Hermann-Verlag 1970.

Prof. Dr. R. Albrecht
Institut für Informatik und
Numerische Mathematik
Universität Innsbruck
Innrain 52
Österreich

Computing, Suppl. 1, 15—19 (1977)

Über die Durchführbarkeit des Gaußschen Algorithmus bei Gleichungen mit Intervallen als Koeffizienten

G. Alefeld, Karlsruhe

Zusammenfassung

Ist für eine Intervallmatrix $\mathfrak{A}$ und einen Intervallvektor $\mathfrak{b}$ der Gaußsche Algorithmus durchführbar, so liefert er einen Intervallvektor $\mathfrak{x}$ mit der Eigenschaft $\{\underset{\cdot}{\mathfrak{x}} \mid \underset{\cdot}{\mathfrak{A}}\, \underset{\cdot}{\mathfrak{x}} = \underset{\cdot}{\mathfrak{b}},\ \underset{\cdot}{\mathfrak{A}} \in \mathfrak{A},\ \underset{\cdot}{\mathfrak{b}} \in \mathfrak{b}\} \subset \mathfrak{x}$. In dieser Arbeit wird eine Klasse von Intervallmatrizen angegeben, für die der Gaußsche Algorithmus stets (ohne Zeilen- und Spaltenvertauschung) durchführbar ist. Die angegebenen Aussagen sind Verallgemeinerungen von Resultaten aus [1].

1.

Gegeben sei eine Intervallmatrix $\mathfrak{A} = (A_{ij})$ und ein Intervallvektor $\mathfrak{b} = (B_i)$. Bei der Anwendung der Formeln des Gaußschen Algorithmus (siehe etwa [1], Seite 218 ff.) wird in einem ersten Schritt aus der Intervallmatrix $\mathfrak{A}$ und dem Intervallvektor $\mathfrak{b}$ unter der Voraussetzung $0 \notin A_{11}$ eine neue Intervallmatrix $\mathfrak{A}' = (A'_{ij})$ und ein Intervallvektor $\mathfrak{b}' = (B'_i)$ berechnet nach der Vorschrift

$$\begin{aligned}
&\text{(a)} \quad A'_{1j} = A_{1j},\ 1 \leqq j \leqq n,\ B'_1 = B_1 \\
&\text{(b)} \quad A'_{ij} = A_{ij} - A_{1j} \frac{A_{i1}}{A_{11}},\ 2 \leqq i, j \leqq n \\
&\text{(c)} \quad B'_i = B_i - B_1 \frac{A_{i1}}{A_{11}}, \qquad 2 \leqq i \leqq n \\
&\text{(d)} \quad A'_{i1} = 0, \qquad\qquad\quad 2 \leqq i \leqq n.
\end{aligned} \tag{1}$$

Durch $(n-1)$ malige Anwendung dieser Formeln auf Intervallmatrizen mit immer kleiner werdender Ordnung erhält man schließlich eine obere Dreiecksmatrix $\tilde{\mathfrak{A}} = (\tilde{A}_{ij})$ und einen Intervallvektor $\tilde{\mathfrak{b}} = (\tilde{B}_i)$, aus denen mit Hilfe der Formeln

$$\begin{aligned}
X_n &= \tilde{B}_n / \tilde{A}_{nn}, \\
X_i &= \left(\tilde{B}_i - \sum_{j=i+1}^{n} \tilde{A}_{ij} X_j \right) \Big/ \tilde{A}_{ii},\ 1 \leqq i \leqq n-1,
\end{aligned} \tag{2}$$

ein Intervallvektor $\mathfrak{x} = (X_i)$ berechnet wird, für welchen gilt

$$\{\underset{\cdot}{\mathfrak{x}} \mid \underset{\cdot}{\mathfrak{A}}\, \underset{\cdot}{\mathfrak{x}} = \underset{\cdot}{\mathfrak{b}},\ \underset{\cdot}{\mathfrak{A}} \in \mathfrak{A},\ \underset{\cdot}{\mathfrak{b}} \in \mathfrak{b}\} \subset \mathfrak{x}.$$

Voraussetzung zur wiederholten Anwendbarkeit des Formelsatzes (1) zur Herstellung der oberen Dreiecksmatrix $\tilde{\mathfrak{A}}$ ist allerdings, daß jeweils (eventuell durch Zeilen oder Spaltenvertauschungen) ein Pivotelement gefunden werden kann, welches nicht die Null enthält. Wie in [1], Seite 218 ff., dargelegt wurde, ist dies allein unter der Voraussetzung, daß die ursprünglich gegebene Intervallmatrix $\mathfrak{A}$ keine singuläre Punktmatrix enthält, nicht gesichert.

Obwohl der Gaußsche Algorithmus wiederholt auf Intervallgleichungssysteme angewandt wurde (siehe etwa [4], [5] und [6]), ist die Frage seiner Durchführbarkeit gewöhnlich nicht explizit angeschnitten worden.

Eine Klasse von Intervallgleichungssystemen, bei denen diese Frage positiv beantwortet werden konnte, wurde in [1], Seite 223 ff., angegeben. Es handelt sich dabei um die Verallgemeinerung der bekannten Aussage, daß bei strengdiagonaldominanten Punktmatrizen der Gaußsche Algorithmus stets, und zwar ohne Zeilen- und Spaltenvertauschungen, durchführbar ist (siehe etwa [9]), auf entsprechende Intervallgleichungssysteme. In dieser Note werden die Ergebnisse aus [1] auf eine allgemeinere Klasse von Intervallgleichungssystemen übertragen.

Im folgenden werden für die Elemente der Intervallmatrix $\mathfrak{A}$ und des Intervallvektors $\mathfrak{b}$ entweder reelle Intervalle oder Kreisintervalle zugelassen. Beide Arten von Intervallen lassen sich in der Form $A=\langle a, r\rangle$ durch Mittelpunkt a und Radius r darstellen. Für den Betrag $|A|$ eines Intervalles $A=\langle a, r\rangle$ gilt dann $|A|=|a|+r=\sup_{\tilde{a}\in A} |\tilde{a}|$.

Bezüglich der verwendeten Terminologie und der intervallarithmetischen Hilfsmittel wird auf [1] verwiesen.

Unter einer M-Matrix versteht man nach Ostrowski [7] eine reelle Matrix $\mathfrak{B}=(b_{ij})$ für die gilt:

1) $b_{ij}\leqq 0,\ i\neq j$

2) $\mathfrak{B}^{-1}\geqq\mathfrak{O}$.

Nach Fan [3] kann in der Definition einer M-Matrix 2) ersetzt werden durch

2)′ Es existiert ein reeller Vektor $\mathfrak{u}=(u_i)$ mit $u_i>0,\ i=1\,(1)\,n$, so daß $\mathfrak{B}\,\mathfrak{u}>\mathfrak{o}$ gilt.

Dies wird nachfolgend verwendet.

Bei einer M-Matrix sind die Diagonalelemente notwendig positiv.

2.

Satz: *Es sei* $\mathfrak{A}=(A_{ij})$ *mit* $A_{ij}=\langle a_{ij}, r_{ij}\rangle$, $1\leqq i,j\leqq n$, *eine Intervallmatrix und* $\mathfrak{B}=(b_{ij})$ *eine reelle Matrix, deren Elemente definiert sind durch*

$$b_{ij}=\begin{cases} |a_{ii}|-r_{ii}, & i=j \\ -|A_{ij}|, & \text{sonst}. \end{cases}$$

Falls $\mathfrak{P}$ eine M-Matrix ist, so ist der Gaußsche Algorithmus mit der Intervallmatrix $\mathfrak{A}$ durchführbar und zwar ohne Zeilen- und Spaltenvertauschungen.

Beweis: Da $\mathfrak{P}$ nach Voraussetzung eine M-Matrix ist, gibt es einen reellen Vektor $\mathfrak{u} = (u_i)$ mit positiven Komponenten, so daß $\mathfrak{P}\,\mathfrak{u} > \mathfrak{o}$, d. h.

$$(|a_{ii}| - |r_{ii}|)\,u_i > \sum_{\substack{j=1\\ j\neq i}}^{n} |A_{ij}|\,u_j, \quad 1 \leqq i \leqq n$$

gilt. Außerdem ist wegen $|a_{11}| - r_{11} > 0$ die Bedingung $0 \notin A_{11}$ erfüllt und die Formeln (1) sind anwendbar.

Wir zeigen nun, daß für die durch die Formeln (1)(b) festgelegte $(n-1)\times(n-1)$ Intervallmatrix $\tilde{\mathfrak{A}}' = (\tilde{A}'_{ij})$ mit $\tilde{A}'_{ij} = A'_{ij} = \langle a'_{ij}, r'_{ij}\rangle$, $2 \leqq i, j \leqq n$, die Voraussetzungen des Satzes erfüllt sind, womit die Behauptung dieses Satzes durch vollständige Induktion bewiesen ist.

Für $i \geqq 2$ gilt unter Verwendung von (1)

$$\sum_{\substack{j=2\\ j\neq i}}^{n} |A'_{ij}|\,u_j = \sum_{\substack{j=2\\ j\neq i}}^{n} \left| A_{ij} - A_{1j}\frac{A_{i1}}{A_{11}} \right| u_j$$

$$\leqq \sum_{\substack{j=2\\ j\neq i}}^{n} |A_{ij}|\,u_j + |A_{i1}| \left|\frac{1}{A_{11}}\right| \sum_{\substack{j=2\\ j\neq i}}^{n} |A_{1j}|\,u_j.$$

Wegen

$$\sum_{\substack{j=2\\ j\neq i}}^{n} |A_{1j}|\,u_j < (|a_{11}| - r_{11})\,u_1 - |A_{1i}|\,u_i,$$

was nach Voraussetzung gilt, kann dies weiter abgeschätzt werden durch

$$\sum_{\substack{j=2\\ j\neq i}}^{n} |A'_{ij}|\,u_j \leqq$$

$$\sum_{\substack{j=2\\ j\neq i}}^{n} |A_{ij}|\,u_j + |A_{i1}|\,\frac{1}{|a_{11}| - r_{11}}\,\{(|a_{11}| - r_{11})\,u_1 - |A_{1i}|\,u_i\}$$

$$= \sum_{j=1}^{n} |A_{ij}|\,u_j - \frac{|A_{i1}|\,|A_{1i}|}{|a_{11}| - r_{11}}\,u_i$$

$$< u_i \left(|a_{ii}| - r_{ii} - \frac{|A_{i1}|\,|A_{1i}|}{|a_{11}| - r_{11}} \right)$$

$$\leqq (|a'_{ii}| - r'_{ii})\,u_i.$$

Das letzte $\leqq$-Zeichen gilt dabei aufgrund von Lemma 1 in [1], Seite 224.

Damit ist der Beweis abgeschlossen.

Bemerkungen

1. Kann man im Beweis des Satzes $\mathfrak{u}=(u_i)$ mit $u_i=1$, $1\leqq i\leqq n$, wählen, so ist die Intervallmatrix $\mathfrak{A}$ streng diagonaldominant im Sinne von Definition 2 in [1], Seite 225, und das hier bewiesene Resultat ist mit Satz 3 in [1], Seite 226, identisch.

2. Sind die Elemente der Intervallmatrix $\mathfrak{A}$ reelle Intervalle und ist jede Punktmatrix $\mathfrak{A}\in\mathfrak{A}$ selbst eine M-Matrix, so sind die Voraussetzungen des obigen Satzes trivialerweise stets erfüllt. Die Durchführbarkeit des Gaußschen Algorithmus wurde für diesen Sonderfall in etwas anderem Zusammenhange bereits in [2] nachgewiesen.

3. Gegeben sei ein Intervallgleichungssystem in iterationsfähiger Gestalt,

$$\mathfrak{x}=\mathfrak{C}\,\mathfrak{x}+\mathfrak{c},$$

mit einer Intervallmatrix $\mathfrak{C}=(C_{ij})$, $C_{ij}=\langle c_{ij}, r_{ij}\rangle$, $1\leqq i,j\leqq n$ und einem Intervallvektor $\mathfrak{c}$.

Das Verfahren

$$\mathfrak{x}^{k+1}=\mathfrak{C}\,\mathfrak{x}^k+\mathfrak{c},\quad k=0,1,2,\ldots,$$

konvergiert bekanntlich genau dann für jeden Intervallvektor $\mathfrak{x}^0$ gegen den eindeutigen Fixpunkt $\mathfrak{x}^*$ der Gleichung $\mathfrak{x}=\mathfrak{C}\,\mathfrak{x}+\mathfrak{c}$, wenn der Spektralradius ρ der reellen Matrix $|\mathfrak{C}|=(|C_{ij}|)$ kleiner als 1 ist. (Siehe etwa [1], Satz 1, Seite 178.) Wir wollen zeigen, daß in diesem Falle auch *stets* die Voraussetzungen des obigen Satzes für die Matrix $\mathfrak{A}=\mathfrak{E}-\mathfrak{C}=(A_{ij})$ erfüllt sind ($\mathfrak{E}$ Einheitsmatrix).

Es gilt

$$A_{ij}=\begin{cases}\langle 1-c_{ii}, r_{ii}\rangle & i=j\\ -C_{ij} & \text{sonst}.\end{cases}$$

Aus $\rho(|\mathfrak{C}|)<1$ folgt notwendig $|C_{ii}|=|c_{ii}|+r_{ii}<1$, $1\leqq i\leqq n$.

Die in obigem Satz definierte, zu $\mathfrak{A}=\mathfrak{E}-\mathfrak{C}$ gehörige Matrix $\mathfrak{B}=(b_{ij})$ besitzt die Elemente

$$b_{ij}=\begin{cases}|1-c_{ii}|-r_{ii}, & i=j,\\ -|C_{ij}| & \text{sonst}.\end{cases}$$

Wir betrachten nun die reelle Matrix $\mathfrak{B}_1=\mathfrak{E}-|\mathfrak{C}|$. Wegen $\rho(|\mathfrak{C}|)<1$ existiert nach Theorem 3.8 in [8] die Inverse von $\mathfrak{B}_1$ und es gilt $\mathfrak{B}_1^{-1}\geqq\mathfrak{O}$.

Wir betrachten weiter die Zerlegung $\mathfrak{B}_1=\mathfrak{M}_1-\mathfrak{N}_1$ von $\mathfrak{B}_1$ mit

$$\mathfrak{M}_1=\operatorname{diag}(1-|C_{ii}|),$$

$$\mathfrak{N}_1=-(\mathfrak{B}_1-\mathfrak{M}_1)=\mathfrak{M}_1-\mathfrak{B}_1.$$

Es ist $\mathfrak{M}_1^{-1}\geqq\mathfrak{O}$, $\mathfrak{N}_1\geqq\mathfrak{O}$. Daher folgt $\rho(\mathfrak{M}_1^{-1}\mathfrak{N}_1)<1$ nach Theorem 3.13 in [8].

Wir betrachten schließlich die Zerlegung $\mathfrak{B}=\mathfrak{M}-\mathfrak{N}$ von $\mathfrak{B}$ mit

$$\mathfrak{M} = \operatorname{diag}(|1 - c_{ii}| - r_{ii}),$$

$$\mathfrak{N} = -(\mathfrak{B} - \mathfrak{M}) = \mathfrak{M} - \mathfrak{B}.$$

Es gilt

$$|1 - c_{ii}| - r_{ii} \geqq 1 - |c_{ii}| - r_{ii} = 1 - |C_{ii}| > 0, \; 1 \leqq i \leqq n,$$

und daher

$$\mathfrak{M} \geqq \mathfrak{M}_1, \quad \text{d. h.} \quad \mathfrak{M}_1^{-1} \geqq \mathfrak{M}^{-1}.$$

Wegen $\mathfrak{N} = \mathfrak{N}_1$ folgt somit $\mathfrak{M}^{-1}\mathfrak{N} \leqq \mathfrak{M}_1^{-1}\mathfrak{N}_1$.

Aufgrund des Satzes von Perron-Frobenius ([8], Theorem 2.7) folgt jetzt $\rho(\mathfrak{M}^{-1}\mathfrak{N}) \leqq \rho(\mathfrak{M}_1^{-1}\mathfrak{N}_1)$, also $\rho(\mathfrak{M}^{-1}\mathfrak{N}) < 1$. Theorem 3.10 in [8] liefert nun die Behauptung, daß $\mathfrak{B}$ eine M-Matrix ist.

Literatur

[1] Alefeld, G., Herzberger, J.: Einführung in die Intervallrechnung. Mannheim: Bibliographisches Institut 1974.

[2] Barth, W., Nuding, E.: Optimale Lösung von Intervallgleichungssystemen. Computing *12*, 117—125 (1974).

[3] Fan, K.: Topological proof for certain theorems on matrices with nonnegative elements. Monatsh. Math. *62*, 219—237 (1958).

[4] Hansen, E. R.: Interval arithmetic in matrix computations, Part I. SIAM J. Numer. Anal. *2*, 308—320 (1965).

[5] Hansen, E. R., Smith, R.: Interval arithmetic in matrix computations, Part II. SIAM J. Numer. Anal. *4*, 1—9 (1967).

[6] Hebgen, M.: Eine scaling-invariante Pivotsuche für Intervallmatrizen. Computing *12*, 99—106 (1974).

[7] Ostrowski, A. M.: Über die Determinanten mit überwiegender Hauptdiagonale. Comment. Math. Helv. *10*, 69—96 (1937).

[8] Varga, R. S.: Matrix iterative analysis. Englewood Cliffs, N. J.: Prentice-Hall 1962.

[9] Wilkinson, J. H.: Error analysis of direct methods of matrix inversion. J. A.C.M. *8*, 281—330 (1961).

Prof. Dr. G. Alefeld
Fachbereich Mathematik
Technische Universität Berlin
Straße des 17. Juni 135
D-1000 Berlin

$$\mathfrak{B} = \operatorname{diag}(1 - |\alpha_{11}|, \ldots, 1 - |\alpha_{nn}|),$$

$$\mathfrak{A} = (\mathfrak{E} - \mathfrak{A}_1) = \mathfrak{B} - \mathfrak{C}.$$

Es gilt

$$1 \geq \alpha_{ii}(1 - \eta_i) \geq 1 - |\alpha_{ii}| \geq \eta_i = 1 - |c_{ii}| \geq 0, \quad 1 \leq i \leq n,$$

und daher

$$\mathfrak{B}^{-1} \leq \mathfrak{A}_1^{-1} \operatorname{diag}(\ldots)\, \mathfrak{B}_1^{-1} \geq \mathfrak{A}^{-1}.$$

Wegen $\mathfrak{A} = \mathfrak{A}_1$ folgt somit $\mathfrak{B}^{-1}\mathfrak{C} \leq \mathfrak{A}_1^{-1} \ldots$

Aufgrund des Satzes von Perron-Frobenius ([8], Theorem 2.7) folgt jetzt $\rho(\mathfrak{B}^{-1}\mathfrak{C}) \leq \rho(\mathfrak{A}_1^{-1}\mathfrak{B}_1)$, also $\rho(\mathfrak{B}^{-1}\mathfrak{C}) < 1$. Theorem 3.10 in [8] liefert nun die Behauptung, daß $\mathfrak{B}$ eine M-Matrix ist.

Literatur

[1] Alefeld, G., Herzberger, J.: Einführung in die Intervallrechnung. Mannheim: Bibliographisches Institut 1974.

[2] Barth, W., Nuding, E.: Optimale Lösung von Intervallgleichungssystemen. Computing 12, 117–125 (1974).

[3] Fan, K.: Topological proof for certain theorems on matrices with non-negative elements. Monatsh. Math. 62, 219–237 (1958).

[4] Hansen, E. R.: Interval arithmetic in matrix computations, Part I. SIAM J. Numer. Anal. 2, 308–320 (1965).

[5] Hansen, E. R., Smith, R.: Interval arithmetic in matrix computations, Part II. SIAM J. Numer. Anal. 4, 1–9 (1967).

[6] Hebgen, M.: Eine scaling-invariante Pivotsuche für Intervallmatrizen. Computing 12, 99–106 (1974).

[7] Ostrowski, A. M.: Über die Determinanten mit überwiegender Hauptdiagonale. Comment. Math. Helv. 10, 69–96 (1937).

[8] Varga, R. S.: Matrix iterative analysis. Englewood Cliffs, N. J.: Prentice-Hall 1962.

[9] Wilkinson, J. H.: Error analysis of direct methods of matrix inversion. J. ACM 8, 281–330 (1961).

Prof. Dr. G. Alefeld
Fachbereich Mathematik
Technische Universität Berlin
Straße des 17. Juni 135
D-1000 Berlin 12

Computing, Suppl. 1, 21—32 (1977)

Genaue Summation von Gleitkommazahlen

G. Bohlender, Karlsruhe

Zusammenfassung

Der angegebene Algorithmus liefert die genauestmögliche Näherung und das kleinste Einschließungsintervall für die Summe von n Gleitkommazahlen. Dadurch erhält man sehr einfache Fehlerformeln. Die Ergebnisse werden auf Skalarprodukte und Matrixprodukte übertragen.

1. Einleitung

Für natürliche Zahlen $b, l \in \mathbb{N}$, $b \geqq 2$, $l \geqq 1$, wird das Gleitkommasystem $T_{b,l}$ mit Basis b und l-ziffriger Mantisse wie folgt definiert:

$$T_{b,l} := \{0\} \cup \{x = * \, m \cdot b^e;\ * \in \{+1, -1\},\ m = \sum_{i=1}^{l} m[i]\, b^{-i}, \quad m[i] \in \{0, 1, \ldots, b-1\}, m[1] \neq 0, e \in \mathbb{Z}\}. \tag{1}$$

x heißt dann Gleitkommazahl mit Vorzeichen $\operatorname{sgn}(x) = *$, Mantisse $\operatorname{mant}(x) = m$ und Exponent $\exp(x) = e$. Obwohl in der Praxis nur ein endlicher Exponentenbereich zur Verfügung steht, lassen wir hier beliebige ganzzahlige Exponenten zu, um komplizierte Überlauf- und Unterlaufbetrachtungen zu vermeiden. Stattdessen geben wir in einer Bemerkung zum Algorithmus den Exponentenbereich an, der bei den Zwischenergebnissen auftreten kann.

Die bestmögliche Approximation für $\sum_{i=1}^{n} x_i$ auf einem Gleitkommasystem $T = T_{b,l}$ ist $\square \sum_{i=1}^{n} x_i$, wobei $\square : \mathbb{R} \to T$ eine Rundung[1] bezeichnet. Wir wollen uns hier auf die Rundungen ∇, $\triangle$ und $\square_\mu$ $(\mu = 0(1)b)$ beschränken, die folgendermaßen definiert sind:

$$\bigwedge_{x \in \mathbb{R}} \nabla x := \max\{y \in T;\ y \leqq x\}, \tag{2}$$

$$\bigwedge_{x \in \mathbb{R}} \triangle x := \min\{y \in T;\ x \leqq y\} = -\nabla(-x), \tag{3}$$

[1] Für allgemeine Definitionen sei auf Kulisch [4] verwiesen.

$$\bigwedge_{x \geqq 0} \square_b x := \nabla x \wedge \bigwedge_{x<0} \square_b x := \triangle x, \tag{4}$$

$$\bigwedge_{x \geqq 0} \square_0 x := \triangle x \wedge \bigwedge_{x<0} \square_0 x := \nabla x, \tag{5}$$

und für $\mu = 1(1)b-1$:

$$\begin{aligned} &\bigwedge_{x \geqq 0} \square_\mu x := \begin{cases} \nabla x & \text{für } x \in [\nabla x, S_\mu(x)), \\ \triangle x & \text{für } x \in [S_\mu(x), \triangle x] \end{cases}, \\ &\bigwedge_{x<0} \square_\mu x := -\square_\mu(-x), \end{aligned} \tag{6}$$

wobei die Funktion $S_\mu : \mathbb{R} \to \mathbb{R}$ durch

$$S_\mu(x) := \nabla x + (\triangle x - \nabla x) \cdot \frac{\mu}{b}$$

definiert ist.

∇, $\triangle$, $\square_b$ und $\square_0$ heißen dann nach unten, oben, innen und außen gerichtete Rundung. Falls b eine gerade Zahl ist, so ist $\bigcirc := \square_{b|2}$ die Rundung zur nächstgelegenen Gleitkommazahl.

Mit diesen Rundungen ist $[\nabla \Sigma x_i, \triangle \Sigma x_i]$ das kleinste Gleitkommaintervall, das Σx_i enthält; falls b gerade ist, so ist $\square_{b|2} \Sigma x_i$ eine Näherung von Σx_i mit maximaler Genauigkeit. Daher kann die Bestimmung von Einschließungsintervallen und genauestmöglichen Näherungen für Σx_i durch die allgemeinere Aufgabe ersetzt werden, $\square \Sigma x_i$ für alle Rundungen $\square \in \{\nabla, \triangle, \square_\mu \ (\mu = 0(1)b)\}$ zu berechnen.

Mit der üblichen Gleitkommaarithmetik ist es nicht möglich, Summen so genau zu berechnen, weil die Rundungsfehler durch Auslöschung sehr rasch anwachsen können.

Beispiel: Im Gleitkommasystem $T_{10,1}$ werde eine Addition $\oplus$ definiert durch $x \oplus y := \bigcirc(x+y)$ für alle $x, y \in T_{10,1}$. Dann gilt

$$(1 \oplus 100) \oplus (-100) = 0 \neq 1 = 1 + 100 - 100.$$

Die einfachste Methode, die Rundungsfehler zu verkleinern, ist die doppeltlange Summation. Man kann auch die kleinsten Summanden zuerst addieren (Wilkinson [10]) oder die x_i paarweise aufaddieren (Linz [7]). Alle drei Verfahren ändern jedoch nichts am Ergebnis des Beispiels. Auch bei den Verfahren von Kahan [3], Wolfe [11] und Caprani [1] kann Auslöschung auftreten. Die Algorithmen von Malcolm [8] und Pichat [9] erlauben es, die Summe bis auf eine Einheit der letzten Mantissenstelle zu berechnen. Der Algorithmus von Malcolm benötigt eine ganze Reihe von Akkumulatoren, und er spaltet jeden Summanden in Teilsummanden auf. Beim Algorithmus von Pichat fehlt ein Abbruchkriterium. Erst der Algorithmus von Kulisch/Bohlender [6] liefert $\square \Sigma x_i$ für alle Rundungen $\square \in \{\nabla, \triangle, \square_\mu\}$. Allerdings erfordert er, daß die Summanden x_i zuerst nach fallenden Exponenten geordnet werden. Da der Aufwand für das Ordnen von n Zahlen mindestens proportional zu $n \cdot \log_2 n$ anwächst, kann dieser Algorithmus für große n zeitraubend sein.

Der folgende Algorithmus beruht auf dem von Pichat [9]. Er bricht ab, sobald $\square \Sigma x_i$ für $\square \in \{\nabla, \triangle, \square_\mu\}$ bestimmt werden kann.

2. Die Summe von *n* Gleitkommazahlen

Für die Berechnung der gerundeten Summe $\square \Sigma x_i$ von n Gleitkommazahlen x_i brauchen wir die exakte Summe Σx_i nicht zu kennen. Statt dessen können wir eine einfachere Approximation $\widetilde{\Sigma x_i}$ bestimmen mit der Eigenschaft

$$\bigwedge_{(x_i) \in T^*_{b,l}} \bigwedge_{\square \in \{\nabla, \triangle, \square_\mu\}} \square \widetilde{\Sigma x_i} = \square \Sigma x_i . \tag{7}$$

Wir geben einen Algorithmus für eine solche Approximation an; Algorithmen für die Rundungen ∇, $\triangle$, $\square_\mu$ $(\mu = 0,(1)b)$ findet man bei Kulisch [5].

In den folgenden beiden Lemmata führen wir die Schreibweise und das Iterationsverfahren ein, die wir für den Summationsalgorithmus brauchen.

Zuerst definieren wir eine binäre Relation $\prec$ auf der Menge $T^*_b := \bigcup_{l=1}^{\infty} T_{b,l}$:

$$\bigwedge_{x, y \in T^*_b} \left(x \prec y :\Leftrightarrow x = 0 \vee y = 0 \vee \left(\exp(y) > \exp(x) \wedge \right.\right.$$
$$\left.\left. \wedge\ y \in T_{b, \exp(y) - \exp(x)}\right)\right). \tag{8}$$

Eingeschränkt auf $T^*_b \setminus \{0\}$ ist $\prec$ eine antireflexive Ordnung und $x \prec y$ gilt genau dann, wenn alle Ziffern von x kleineren Exponenten als alle Ziffern $\neq 0$ von y haben, d. h. wenn gilt

$$\operatorname{mant}(y) = \sum_{i=1}^{\exp(y) - \exp(x)} m[i] b^{-i}, \ m[i] \in \{0, 1, \ldots, b-1\}, \ m[1] \neq 0.$$

Lemma 1: *Sei* $T = T_{b,l}$ *ein Gleitkommasystem und* $\bigcirc : \mathbb{R} \to T$ *die Rundung zur nächstgelegenen Gleitkommazahl. Für zwei Gleitkommazahlen* $x, y \in T$ *definieren wir* $s := \bigcirc(x+y)$, $r := (x+y) - s$. *Dann gilt*:

(a) $s, r \in T$,

(b) $r \prec s,\ r \neq 0 \Rightarrow \exp(s) - \exp(r) \geqq l$,

(c) $\bigwedge_{z \in T} (z \prec x \wedge z \prec y \Rightarrow z \prec r \wedge z \prec s)$,

(d) $\bigwedge_{z \in T} (x \prec z \vee y \prec z \Rightarrow r \prec z)$.

Beweis: Ist $x = 0$ oder $y = 0$, so auch $r = 0$. Dann sind (a), (b), (c), (d) offenbar erfüllt. Andernfalls definieren wir $d := \exp(x) - \exp(y)$ und nehmen o.B.d.A. an, daß $d \geqq 0$ gilt.

Fall 1: $d > l \Rightarrow s = x \Rightarrow r = y \Rightarrow$ (a), (b), (c), (d).

Fall 2: $d \leqq l \wedge x + y = 0 \Rightarrow s = r = 0 \Rightarrow$ (a), (b), (c), (d).

Fall 3: $d \leqq l \wedge x+y \neq 0 \Rightarrow x+y \in T_{b,2l} \backslash \{0\} \Rightarrow x+y = * \sum_{i=1}^{2l} m[i] \cdot b^{-i} \cdot b^e$, mit $* \in \{+1, -1\}$, $m[i] \in \{0,1,\ldots,b-1\}$, $m[1] \neq 0$, $e \in \mathbb{Z}$. Für r und s gilt dann entweder

$$s = * \sum_{i=1}^{l} m[i] \cdot b^{-i} b^e \wedge r = * \sum_{i=l+1}^{2l} m[i] \cdot b^{-i} \cdot b^e$$

oder

$$s = * \left(\sum_{i=1}^{l} m[i] \cdot b^{-i} + b^{-l} \right) \cdot b^e \wedge r = * \left(\sum_{i=l+1}^{2l} m[i] \cdot b^{-i} - b^{-l} \right) \cdot b^e$$

Dabei können r und s denormalisiert sein, r kann sogar Null sein. In beiden Fällen gelten (a) und (b) offensichtlich; (c) folgt aus

$$z \prec x \wedge z \prec y \Rightarrow z \prec x+y;$$

(d) schließlich folgt aus

$$r = 0 \vee \exp(r) \leqq \min\{\exp(x), \exp(y)\}.$$

Schreiben wir kurz $(s,r) := x+y$ für $s := \bigcirc(x+y)$, $r := (x+y)-s$, so können wir das Iterationsverfahren formulieren, das dem Summationsalgorithmus zugrunde liegt:

Lemma 2: *Sei $T = T_{b,l}$ ein Gleitkommasystem. Ausgehend von einem n-Tupel von Gleitkommazahlen $x^{(0)} \in T^n$ werde eine Folge $(x^{(k)})_{k=0,1,2,\ldots}$, $x^{(k)} = (x_1^{(k)}, \ldots, x_n^{(k)}) \in T^n$, rekursiv definiert durch:*

$$\left.\begin{array}{l} s_1 := x_1^{(k)}, \\ (s_{p+1}, x_p^{(k+1)}) := s_p + x_{p+1}^{(k)}, \; p = 1(1)n-1 \\ x_n^{(k+1)} := s_n. \end{array}\right\} \; k = 0,1,2,\ldots \tag{9}$$

Dabei sind $s_p \in T$ Hilfsvariablen. Die Folge $(x^{(k)})_{k=0,1,2,\ldots}$ hat dann folgende Eigenschaften:

(a) $\bigwedge_{k \in \mathbb{N}} \sum_{i=1}^{n} x_i^{(k)} = \sum_{i=1}^{n} x_0^{(k)}$,

(b) $\bigwedge_{k \in \mathbb{N}} \bigwedge_{i,j \in \{1,\ldots,n\}} (n-k \leqq i < j \Rightarrow x_i^{(k)} \prec x_j^{(k)})$.

Beweis: (a) folgt sofort aus Lemma 1, (a).

(b) wird durch Induktion über k bewiesen. Es ist klar für $k=0$, gelte es daher für irgendein $k \in \mathbb{N}$.

Fall 1: Ist $k < n-1$, dann gilt $x_i^{(k)} \prec x_j^{(k)}$ falls $n-k \leqq i < j$. Für $p = n-k-1(1)n$ können wir die folgenden Eigenschaften wiederum induktiv beweisen:

$$n-k-1 \leqq i < j \leqq p-1 \Rightarrow x_i^{(k+1)} \prec x_j^{(k+1)}, \tag{10}$$

$$n-k-1 \leqq i \leqq p-1 \Rightarrow x_i^{(k+1)} \prec s_p, \tag{11}$$

$$n-k-1 \leqq i \leqq p-1 \wedge p+1 \leqq j \leqq n \Rightarrow x_i^{(k+1)} \prec x_j^{(k)}, \tag{12}$$

$$p+1 \leqq i < j \leqq n \Rightarrow x_i^{(k)} \prec x_j^{(k)}. \tag{13}$$

Die Eigenschaften (10), (11), (12) sind klar für $p=n-k-1$ und die Eigenschaft (13) ist klar für alle $p=n-k-1(1)n$. Gelten also (10), (11), (12) für irgendein $p \in \{n-k-1, \ldots, n-1\}$; dann werden (10), (11), (12) für $p+1$ folgendermaßen bewiesen:

$$(\alpha)\ (11), (12) \text{ für } p \Rightarrow \bigwedge_{n-k-1 \leqq i \leqq p-1} (x_i^{(k+1)} \prec s_p \wedge x_i^{(k+1)} \prec x_{p+1}^{(k)}) \Rightarrow$$

$$\underset{\text{Lemma 1, (c)}}{\Rightarrow} \bigwedge_{n-k-1 \leqq i \leqq p-1} (x_i^{(k+1)} \prec s_{p+1} \wedge x_i^{(k+1)} \prec x_p^{(k+1)}) \Rightarrow$$

$$\underset{\text{Lemma 1, (b), (d); (10) für } p}{\Rightarrow} \Bigg(\bigwedge_{n-k-1 \leqq i \leqq p} x_i^{(k+1)} \prec s_{p+1} \wedge$$

$$\wedge \bigwedge_{n-k-1 \leqq i < j \leqq p} x_i^{(k+1)} \prec x_j^{(k+1)} \Bigg) \Leftrightarrow (10), (11) \text{ für } p+1.$$

$$(\beta)\ (13) \text{ für } p \Rightarrow \bigwedge_{p+2 \leqq j \leqq n} x_{p+1}^{(k)} \prec x_j^{(k)} \underset{\text{Lemma 1, (d)}}{\Rightarrow} \bigwedge_{p+2 \leqq j \leqq n} x_p^{(k+1)} \prec x_j^{(k)}$$

$$\underset{(12) \text{ für } p}{\Rightarrow} (12) \text{ für } p+1.$$

Damit gelten (10), (11), (12) für alle $p=n-k-1(1)n$. Im Fall $p=n$ folgt aus (10) und (11):

$$n-(k+1) \leqq i < j \leqq n \Rightarrow x_i^{(k+1)} \prec x_j^{(k+1)},$$

womit der Induktionsschritt von k auf $k+1$ beendet ist.

Fall 2: Ist $k \geqq n-1$, so gilt $x_i^{(k)} \prec x_j^{(k)}$ falls $2 \leqq i < j \leqq n$. Es gilt also dieselbe Aussage wie für $k=n-2$, und der Schluß von k auf $k+1$ erfolgt wie in Fall 1.

Im Algorithmus für die Summe von n Gleitkommazahlen wird das Verfahren aus Lemma 2 in $T_{b,2l}$ angewendet. Die Variable t entspricht dabei $n-k$ aus der Behauptung (b) des Lemmas; Nullen werden eliminiert; das Verfahren wird abgebrochen, wenn $\square \Sigma x_i$ für alle $\square \in \{\nabla, \triangle, \square_\mu\}$ aus den Summanden abgelesen werden kann.

Satz 1: *Sei $T_{b,l}$ ein Gleitkommasystem mit $l \geqq 3$, seien $x_i \in T_{b,2l}$ $(i=1(1)n)$ n doppeltlange Gleitkommazahlen und seien ∇, $\triangle$, $\square_\mu : \mathbb{R} \to T_{b,l}$ Rundungen zu einfachlangen Gleitkommazahlen. Dann bestimmt der Summationsalgorithmus eine Näherung $s = \widetilde{\sum_{i=1}^{n}} x_i \in T_{b,2l}$ von $\sum_{i=1}^{n} x_i$ mit der Eigenschaft*

(a) $\bigwedge_{(x_i) \in T_{b,2l}^n} \bigwedge_{\square \in \{\nabla, \triangle, \square_\mu\}} \square \sum_{i=1}^{n} x_i = \square s.$

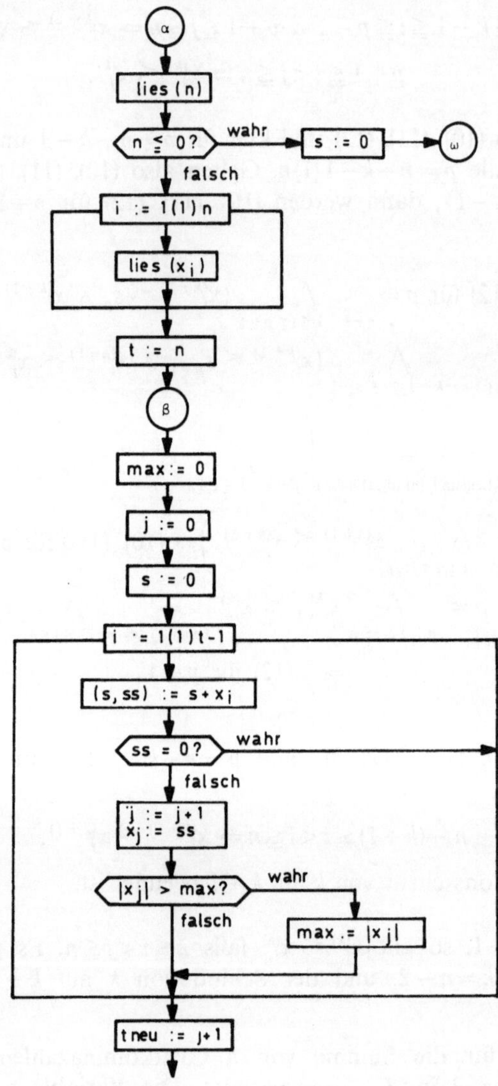
α
lies (n)
n ≤ 0?
wahr
s := 0
ω
falsch
i := 1(1) n
lies (x_i)
t := n
β
max := 0
j := 0
s := 0
i := 1(1) t-1
(s, ss) := s + x_i
ss = 0?
wahr
falsch
j := j+1
x_j := ss
|x_j| > max?
wahr
falsch
max := |x_j|
tneu := j+1

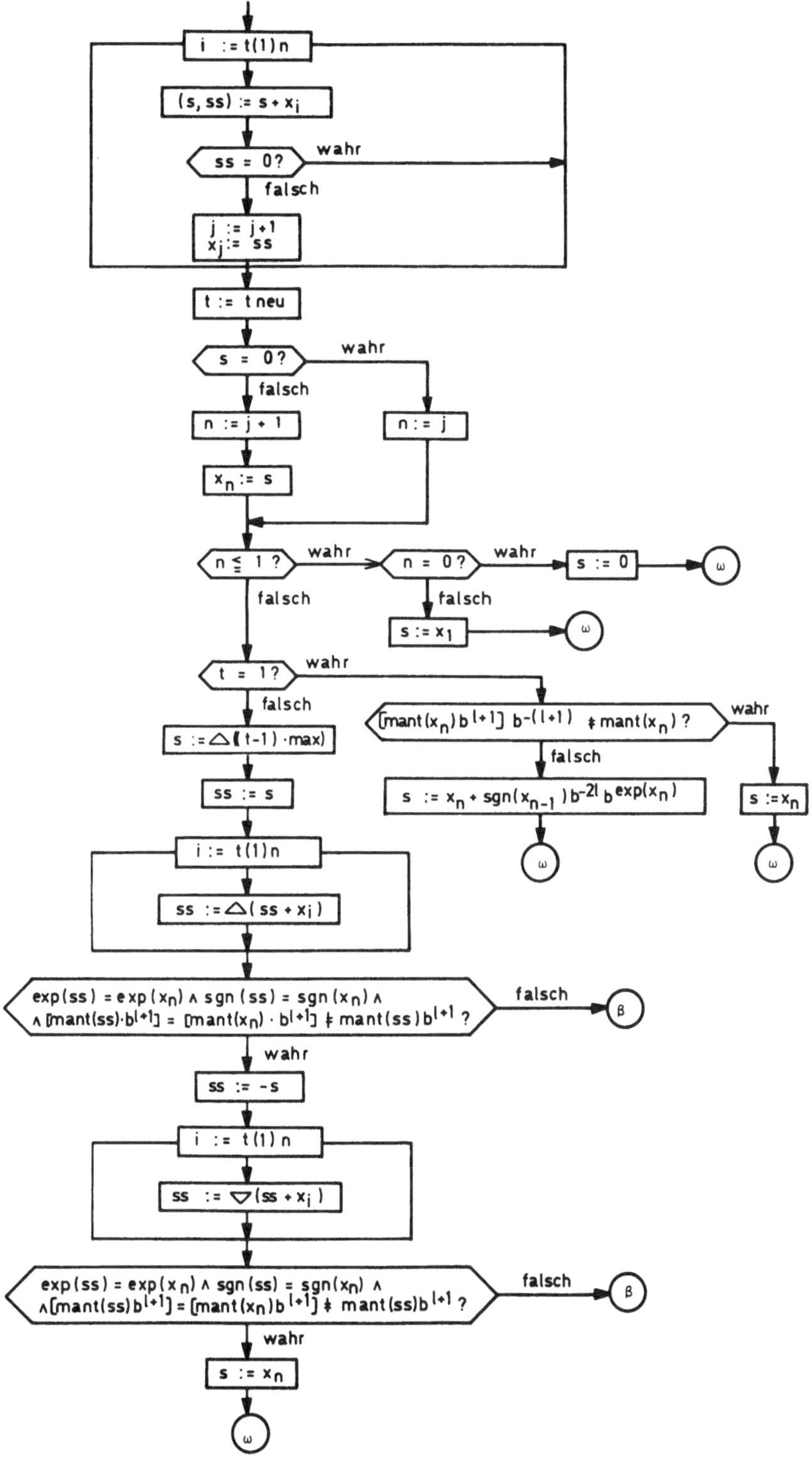

Algorithmus: Summe von *n* Gleitkommazahlen

Ferner gilt dann:

(b) $$\bigwedge_{(x_i)\in T_{b,2l}^n} \bigwedge_{\square\in\{\nabla,\triangle,\square_\mu\}} \left(\sum_{i=1}^n x_i \in T_{b,l} \Rightarrow \square \sum_{i=1}^n x_i = \sum_{i=1}^n x_i\right),$$

(c) $$\bigwedge_{(x_i),(y_i)\in T_{b,2l}^n} \bigwedge_{\square\in\{\nabla,\triangle,\square_\mu\}} \left(\sum_{i=1}^n x_i \leqq \sum_{i=1}^n y_i \Rightarrow \square \sum_{i=1}^n x_i \leqq \square \sum_{i=1}^n y_i\right),$$

(d) $$\bigwedge_{(x_i)\in T_{b,2l}^n} \bigwedge_{\square\in\{\square_\mu (\mu=0(1)b)\}} \square \sum_{i=1}^n (-x_i) = -\square \sum_{i=1}^n x_i,$$

$$\bigwedge_{(x_i)\in T_{b,2l}^n} \left(\nabla \sum_{i=1}^n (-x_i) = -\triangle \sum_{i=1}^n x_i \wedge \triangle \sum_{i=1}^n (-x_i) = -\nabla \sum_{i=1}^n x_i\right),$$

(e) $$\bigwedge_{(x_i),(y_i)\in T_{b,2l}^n} \bigwedge_{\square\in\{\nabla,\triangle,\square_\mu\}} \left|\sum_{i=1}^n x_i - \square \sum_{i=1}^n x_i\right| \leqq \varepsilon^* \cdot \left|\sum_{i=1}^n x_i\right|,$$

mit $\varepsilon^* := \begin{cases} \frac{1}{2} b^{1-l}, \textit{falls } \square \textit{ die Rundung zur nächstgelegenen Gleitkommazahl ist,} \\ b^{1-l}, \textit{ sonst} \end{cases}$

(f) $$\bigwedge_{(x_i)\in T_{b,2l}^n} \bigwedge_{\square\in\{\nabla,\triangle,\square_\mu\}} \left|\sum_{i=1}^n x_i - \square \sum_{i=1}^n x_i\right| \leqq \varepsilon^* \cdot \left|\square \sum_{i=1}^n x_i\right|.$$

Beweis: Aus Lemma 2 folgt, daß die x_i allmählich bezüglich der Relation $\prec$ geordnet werden und daß sich ihre Summe dabei nicht ändert. Der Algorithmus bricht nach höchstens $n-1$ Iterationsschritten mit $t=1$ ab.

Um (a) zu beweisen, muß gezeigt werden, daß s mit Σx_i in Vorzeichen, Exponent und ersten $l+1$ Ziffern übereinstimmt, und daß die restlichen $l-1$ Ziffern von s genau dann alle Null sind, wenn $s=\Sigma x_i$ gilt. Wir unterscheiden jetzt die drei Fälle, mit denen der Summationsalgorithmus abbrechen kann:

Fall 1: $n \leqq 1 \Rightarrow s = \Sigma x_i \Rightarrow$ (a).

Fall 2: $t=1 \underset{\text{Lemma 2, (b)}}{\Rightarrow} \bigwedge_{i,j\in\{1,\ldots,n\}} (i<j \Rightarrow x_i \prec x_j) \underset{x_i \neq 0}{\Leftrightarrow} x_1 \prec x_2 \prec \ldots \prec x_n.$

Lemma 1, (b) $\Rightarrow \exp(x_n) - \exp(x_{n-1}) \geqq 2l.$

Folglich ist x_n im allgemeinen schon die gesuchte Näherungssumme s. Nur wenn die letzten $l-1$ Ziffern der Mantisse von x_n alle Null sind, muß noch $\operatorname{sign}(x_{n-1})$ zu der letzten Stelle der Mantisse addiert werden. Wegen $l \geqq 3$ ist dann in allen Fällen eine der letzten $l-1$ Ziffern von s von Null verschieden.

Fall 3: Haben die restlichen x_i keinen Einfluß auf Vorzeichen, Exponent und erste $l+1$ Ziffern der Mantisse von x_n und können sie die letzten $l-1$ Ziffern der Mantisse von x_n nicht zu Null machen, dann ist x_n die gesuchte Näherungssumme s.

Die Behauptungen (b) bis (f) folgen unmittelbar aus den Eigenschaften der Rundungen ∇, $\triangle$, $\square_\mu$, die von Kulisch [5] untersucht werden.

Bemerkungen

1. In fast allen Fällen ist das Resultat nach dem ersten Schritt bereits genau genug und es tritt keine Iteration auf. Dann ist die Bearbeitungszeit proportional zu n.

2. In der Definition der Operation $(s, r) := x + y$ treten 3 Additionen auf. Bei Programmierung in Assembler benötigt man jedoch nur eine Addition und einige Abfragen und Verschiebungen.

3. Falls die Exponenten der Eingangsvariablen x_i durch Konstanten $e1, e2$ beschränkt sind, d. h. falls
$$\bigwedge_{i=1(1)n} \exp(x_i) \in \{e1, e1+1, \ldots, e2\},$$
dann werden Exponenten im Bereich $\{e1 - 2 \cdot l + 1, \ldots, e2 \cdot \lceil \log_b(n) \rceil\}$ für Zwischenergebnisse x_i und für s gebraucht. Den Speicherplatz hierfür erhält man durch Dekomposition der x_i in Exponent und vorzeichenbehaftete Mantisse.

4. Damit für alle Rundungen $\square$ Behauptung (a) gilt, muß s mindestens $l + 1$ Ziffern und ein Bit besitzen, welches anzeigt, ob noch von Null verschiedene Ziffern folgen. Daher kann der Algorithmus für $l = 1$ nicht richtig arbeiten. Für $l = 2$ versagt der Algorithmus nur, wenn er mit $t = 1$ abbricht, $\text{mant}(x_n) = 0.1000$ ist und die Vorzeichen von x_n und x_{n-1} verschieden sind. Der Algorithmus ließe sich also für $l = 2$ ausführen, wenn man diesen Sonderfall getrennt bearbeitet.

5. Der Summationsalgorithmus ist hauptsächlich zur Berechnung von Skalarprodukten gedacht. Benötigt man nur die Summe von n einfachlangen Gleitkommazahlen, so wird Speicherplatz verschwendet. Dies könnte auf Kosten komplizierterer Abbruchkriterien vermieden werden.

3. Skalarprodukte und Matrixprodukte

Sind $x_i, y_i \in T_{b,l}$ $(i = 1(1)n)$ Gleitkommazahlen und wendet man den Summationsalgorithmus auf die Produkte $x_i \cdot y_i \in T_{b,2l}$ an, so erhält man das Skalarprodukt $\square \sum_{i=1}^{n} x_i \cdot y_i$ für alle Rundungen $\square \in \{\nabla, \triangle, \square_\mu \ (\mu = 0(1)b)\}$. Da Matrixprodukte und lineare Abbildungen komponentenweise als Skalarprodukte definiert sind, können die folgenden Funktionen im Gleitkommasystem $T = T_{b,l}$ berechnet werden:

$$T^n \times T^n \ni (x, y) \longmapsto \square\,(x \cdot y) \in T \qquad \text{(Skalarprodukt)},$$

$$T^{m \times n} \times T^{n \times p} \ni (A, B) \longmapsto \square\,(A \cdot B) \in T^{m \times p} \qquad \text{(Matrixprodukt)},$$

$$T^n \ni x \longmapsto \square\,(C \cdot x + c) \in T^m \qquad \text{(lineare Abbildung)},$$

wobei $C \in T^{m \times n}$ eine feste Gleitkommamatrix und $c \in T^m$ ein fester Gleitkommavektor ist.

Grüner [2] hat das Skalarprodukt auf mehrere Verfahren zur Inversion von Matrizen und zur Auflösung von linearen Gleichungssystemen angewendet. Dabei ergeben sich Fehlerabschätzungen, die etwa um den Faktor n besser sind als diejenigen für die übliche einfachgenaue Rechnung. Außerdem gelten diese Fehlerschranken in allen Fällen, wogegen bei üblicher einfachgenauer oder doppeltgenauer Rechnung zusätzliche Annahmen nötig sind.

Da die Matrixmultiplikation die interessanteste Anwendung des Summationsalgorithmus ist, wollen wir noch einige Eigenschaften erwähnen, die zum Teil von Kulisch und Bohlender [6] in abstrakten Räumen bewiesen wurden. In der vorliegenden Arbeit folgen sie sofort aus Satz 1. Rundungen, Absolutbetrag und Ordnungsrelation sind dabei für Matrizen komponentenweise zu verstehen.

Satz 2: *Sei $T = T_{b,l}$ ein Gleitkommasystem mit $l \geqq 3$. Auf der Menge $T^{n \times n}$ der $n \times n$-Matrizen über T werden Operationen $\boxast : T^{n \times n} \times T^{n \times n} \to T^{n \times n}$ eingeführt durch*:

$$\bigwedge_{A,B \in T^{n \times n}} A \boxast B := \Box (A * B), \quad * \in \{+, -, \cdot\}, \quad \Box \in \{\nabla, \triangle, \Box_\mu\}.$$

Dann gelten die folgenden Eigenschaften für alle $* \in \{+, -, \cdot\}$:

(a) $\bigwedge_{A,B \in T^{n \times n}} \bigwedge_{\Box \in \{\nabla, \triangle, \Box_\mu\}} (A * B \in T^{n \times n} \Rightarrow A \boxast B = A * B)$,

(b) $\bigwedge_{A,B,C,D \in T^{n \times n}} \bigwedge_{\Box \in \{\nabla, \triangle, \Box_\mu\}} (A * B \leqq C * D \Rightarrow A \boxast B \leqq C \boxast D)$,

(c) $\bigwedge_{A,B \in T^{n \times n}} \bigwedge_{\Box \in \{\Box_\mu (\mu = 0(1)b)\}} ((-A) \boxed{\pm} (-B) = -A \boxed{\pm} B \wedge (-A) \boxdot B = A \boxdot (-B) =$

$= -A \boxdot B), \quad \bigwedge_{A,B \in T^{n \times n}} ((-A) \overset{+}{\nabla} (-B) = -(A \overset{+}{\triangle} B) \wedge (-A) \overset{+}{\triangle} (-B) =$

$= -(A \overset{+}{\nabla} B) \wedge (-A) \dot{\nabla} B = A \dot{\nabla} (-B) = -A \dot{\triangle} B \wedge (-A) \dot{\triangle} B =$

$= A \dot{\triangle} (-B) = -A \dot{\nabla} B)$,

(d) $\bigwedge_{A,B \in T^{n \times n}} \bigwedge_{\Box \in \{\nabla, \triangle, \Box_\mu\}} | A * B - A \boxast B | \leqq \varepsilon^* \cdot | A * B |$,

(e) $\bigwedge_{A,B \in T^{n \times n}} \bigwedge_{\Box \in \{\nabla, \triangle, \Box_\mu\}} | A * B - A \boxast B | \leqq \varepsilon^* \cdot | A \boxast B |$.

Dabei ist ε^* dieselbe Konstante wie in Satz 1.

4. Numerische Ergebnisse

Der Summationsalgorithmus wurde in Assembler programmiert und auf der Rechenanlage Univac 1108 des Rechenzentrums der Universität Karlsruhe aus Algol-Hauptprogrammen aufgerufen. In der Tabelle sind die Laufzeiten für die Berechnung von $\sum_{i=1}^{n} x_i$ in Abhängigkeit von n dargestellt. Dabei bezeichnen

S1 bzw. S2 die einfachlange bzw. doppeltlange Summe mit Hilfe von Algol-Laufanweisungen,

SD die doppeltlange Summe mit Assembler-Unterprogramm,

SE die Summe aus Abschnitt 2 mit Assembler-Unterprogramm und

T1, T2, TD, TE die entsprechenden CPU-Zeiten in Einheiten von 100 μsec.

Tabelle 1. *CPU-Zeiten in* 100 μsec *für* $\sum_{i=1}^{n} x_i$, $x_i = 1/i$

n	T1	T2	TD	TE
1	4	4	2	4
3	4	4	4	6
10	6	6	4	10
30	6	12	6	18
100	22	30	8	52
300	68	78	26	146
1000	162	201	57	422

An den folgenden Beispielen sieht man, daß die Summe SE bei Auslöschung wesentlich genauer ist als die drei anderen Summen. Um Konvertierungsfehler zu vermeiden, wurden die Daten dual ein- und ausgegeben. Der besseren Lesbarkeit wegen sind in den Beispielen die Mantissen oktal und die Exponenten dezimal geschrieben.

Beispiele

1. $X(1) = +.40000000000000000000 \cdot 2^{1}$
$X(2) = +.40000000000000000000 \cdot 2^{-99}$
$X(3) = -.40000000000000000000 \cdot 2^{1}$

S1 $= +.00000000000000000000 \cdot 2^{-1024}$, T1 $= 6$
S2 $= +.00000000000000000000 \cdot 2^{-1024}$, T2 $= 8$
SD $= +.00000000000000000000 \cdot 2^{-1024}$, TD $= 2$
SE $= +.40000000000000000000 \cdot 2^{-99}$, TE $= 4$

2. $X(1) = +.40000000000000000000 \cdot 2^{101}$
$X(2) = +.40000000000000000000 \cdot 2^{1}$
$X(3) = -.40000000000000000000 \cdot 2^{101}$

S1 $= +.00000000000000000000 \cdot 2^{-1024}$, T1 $= 4$
S2 $= +.00000000000000000000 \cdot 2^{-1024}$, T2 $= 4$
SD $= +.00000000000000000000 \cdot 2^{-1024}$, TD $= 4$
SE $= +.40000000000000000000 \cdot 2^{1}$, TE $= 6$

3. $X(1) = +.40000000400000000000 \cdot 2^{1}$
$X(2) = -.40000000400000000000 \cdot 2^{-23}$
$X(3) = +.40000000400000000000 \cdot 2^{-47}$
$X(4) = -.40000000400000000000 \cdot 2^{-71}$
$X(5) = -.40000000000000000000 \cdot 2^{1}$

$$S1 = +.0000000000000000000 \cdot 2^{-1024}, \; T1 = 6$$
$$S2 = +.0000000000000000000 \cdot 2^{-1024}, \; T2 = 6$$
$$SD = +.0000000000000000000 \cdot 2^{-1024}, \; TD = 6$$
$$SE = -.4000000000000000000 \cdot 2^{-95}, \quad TE = 8$$

Literatur

[1] Caprani, O.: Rounding Errors in Floating-Point Summation. BIT *15*, 5—9 (1975).

[2] Grüner, K.: Fehlerschranken für lineare Gleichungssysteme. In diesem Band, S. 47—56.

[3] Kahan, W.: Further Remarks on Reducing Truncation Errors. Comm. ACM *8*, 1, 40 (1965).

[4] Kulisch, U.: An Axiomatic Approach to Rounded Computations. Numer. Math. *18*, 1—17 (1971).

[5] Kulisch, U.: Über die Arithmetik von Rechenanlagen. (Jahrbuch Überblicke der Mathematik 1975.) Mannheim: Bibliographisches Institut 1975.

[6] Kulisch, U., Bohlender, G.: Formalization and Implementation of Floating-Point Matrix Operations. Computing *16*, 239—261 (1976).

[7] Linz, P.: Accurate Floating-Point Summation. Comm. ACM *13*, 6, 361—362 (1970).

[8] Malcolm, M. A.: On Accurate Floating-Point Summation. Comm. ACM *14*, 11, 731—736 (1971).

[9] Pichat, M.: Correction d'une somme en arithmétique à virgule flottante. Numer. Math. *19*, 400—406 (1972).

[10] Wilkinson, J. H.: Rounding Errors in Algebraic Processes. Englewood Cliffs, N. J.: Prentice-Hall 1963.

[11] Wolfe, J. M.: Reducing Truncation Errors by Programming. Comm. ACM *7*, 6, 355—356 (1964).

Dipl.-Math. G. Bohlender
Institut für Angewandte Mathematik
Universität Karlsruhe
Englerstraße 2
D-7500 Karlsruhe
Bundesrepublik Deutschland

Computing, Suppl. 1, 33—46 (1977)

Produkte und Wurzeln von Gleitkommazahlen

G. Bohlender, Karlsruhe

Zusammenfassung

Das kleinste Gleitkommaintervall soll berechnet werden, welches das Produkt von n Gleitkommazahlen x_i $(i=1\ (1)\ n)$ bzw. die n-te Wurzel einer Gleitkommazahl x enthält. Der Algorithmus für die Wurzel benutzt eine Variante des Newton-Verfahrens, welche unter gewissen Voraussetzungen das kleinste Gleitkommaintervall liefert, in dem die Nullstelle einer gegebenen Funktion liegt.

1. Einleitung

Sind eine Funktion $f\colon \mathbb{R}^n \to \mathbb{R}$ und ein Gleitkommasystem

$$T_{b,l} := \{0\} \cup \{x = * \, m \cdot b^e;\ * \in \{+1, -1\},\ m = \sum_{i=1}^{l} m[i] b^{-i},$$
$$m[i] \in \{0, 1, \ldots, b-1\},\ m[1] \neq 0,\ e \in \mathbb{Z}\}$$

gegeben, so kann im allgemeinen $f(x)$ nicht mehr im Gleitkommasystem dargestellt werden, selbst wenn x ein n-tupel von Gleitkommazahlen ist. Bestenfalls kann man $\square f(x)$ berechnen, wobei $\square$ eine der Rundungen ∇ (monotone, nach unten gerichtete Rundung), $\triangle$ (monotone, nach oben gerichtete Rundung), $\square_\mu$ $(\mu = 0(1)b)$ ist[1]. Dann ist $[\nabla f(x), \triangle f(x)]$ das kleinste Gleitkommaintervall, welches $f(x)$ enthält, und falls b gerade ist, so ist $\square_{b/2} f(x)$ eine Näherung von $f(x)$ mit maximaler Genauigkeit.

In [2] findet man einen Algorithmus, der die Summe $\square \sum_{i=1}^{n} x_i$ von n Gleitkommazahlen x_i $(i = 1(1)n)$ für alle Rundungen $\square \in \{\nabla, \triangle, \square_\mu\ (\mu = 0(1)b)\}$ liefert. Yohe [5] gibt ein Newton-artiges Verfahren an, welches im Spezialfall $b = 2$ die Quadratwurzel $\nabla \sqrt{x}$, $\triangle \sqrt{x}$ berechnet. In der vorliegenden Arbeit

[1] Definitionen dieser Rundungen werden in [2] angegeben.

soll nun zunächst ein Algorithmus angegeben werden, der für alle Rundungen $\square \in \{\nabla, \triangle, \square_\mu (\mu = 0(1)b)\}$ und alle Gleitkommazahlen $x_i \in T\,(i = 1(1)n)$ das Produkt $\square \prod_{i=1}^{n} x_i$ bestimmt. Mit Hilfe eines Newton-Verfahrens kann dann für eine Gleitkommazahl $a \in T$ die Wurzel $\square \sqrt[n]{a}$ aus der Gleichung $x^n - a = 0$ berechnet werden.

2. Das Produkt von *n* Gleitkommazahlen

Sind $x_i \in T_{b,l}$ $(i = 1(1)n)$ n Gleitkommazahlen, so kann $\prod_{i=1}^{n} x_i$ in $T_{b,nl}$ exakt berechnet und anschließend gerundet werden. Dies erfordert allerdings $\frac{n \cdot (n-1)}{2}$ Multiplikationen einfachlanger Mantissen. Wir werden deshalb ein doppeltlanges Ersatzergebnis $\widetilde{\prod_{i=1}^{n}} x_i \in T_{b,2l}$ berechnen und auf $\prod_{i=1}^{n} x_i$ nur zurückgreifen, wenn die Genauigkeit dieses Ersatzergebnisses nicht ausreicht.

Wir benutzen folgende Voraussetzungen und Bezeichnungen:

(1) Die Gleitkommazahlen x_i seien von der Form

$$x_i = * \, m_i \cdot b^{e_i} \in T_{b,l}, \quad i = 1(1)n.$$

(2) Die Hilfsvariablen mögen folgendes Format haben:

$$m_i = {}^{0}_{1}, m_i[1] \ldots m_i[l], \; i = 1(1)n, \text{ genauso } ma, mb, mc, md,$$

$$m = 0, m[1] \ldots m[2 \cdot l].$$

(3) Das Ergebnis habe folgendes Format:

$$p = sp \cdot mp \cdot b^{ep},$$

$$sp = \pm 1, \; mp = 0, \; mp[1] \ldots mp[l+1] \, mp[l+2],$$

wobei $mp[l+2]$ eine duale Ziffer sein kann, $ep \in \mathbb{Z}$.

(4) Es gibt folgende Operationen:

$m := m_j \times m_i$:	exaktes Produkt der Mantissen m_j und m_i im doppeltlangen Akkumulator m, vorausgesetzt m_j und m_i haben keinen Übertrag;
$(ma, mb) := m$:	Aufspalten der doppeltlangen Mantisse m in die einfachlangen ma und mb;
$m[i]$:	liefert die i-te Ziffer der Mantisse m;
mant, sign, exp:	liefern Betrag der Mantisse, Vorzeichen und Exponent einer gegebenen Gleitkommazahl;

(5) $m \leqq b^{2l-2} + 2 \quad (\Leftrightarrow (n-2)\, b^{-(2l-1)} \leqq b^{-1})$.

Dann gliedert sich der Algorithmus in folgende Teile:

1. α: Aufspalten der Daten, Berechnen des Vorzeichens und des vorläufigen Exponenten des Produktes,
2. π_2: doppeltlanges Produkt der Mantissen,
   τ: Test, ob Genauigkeit ausreicht,
3. π_n: n-fachlanges Produkt,
   ν: Normalisierung.

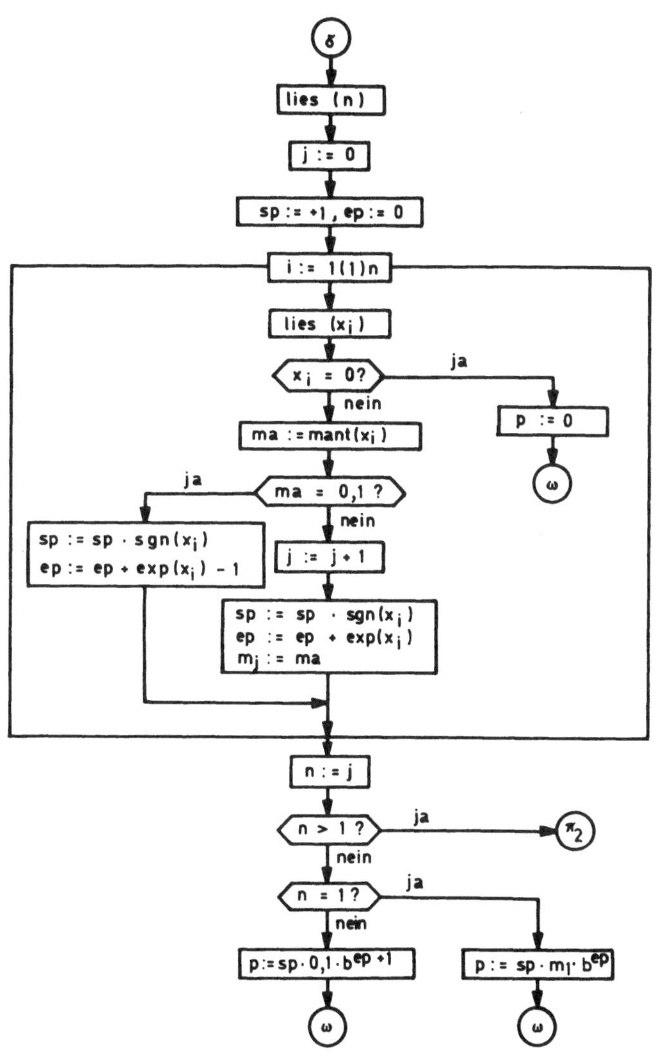

Abb. 1. Aufspalten der Daten

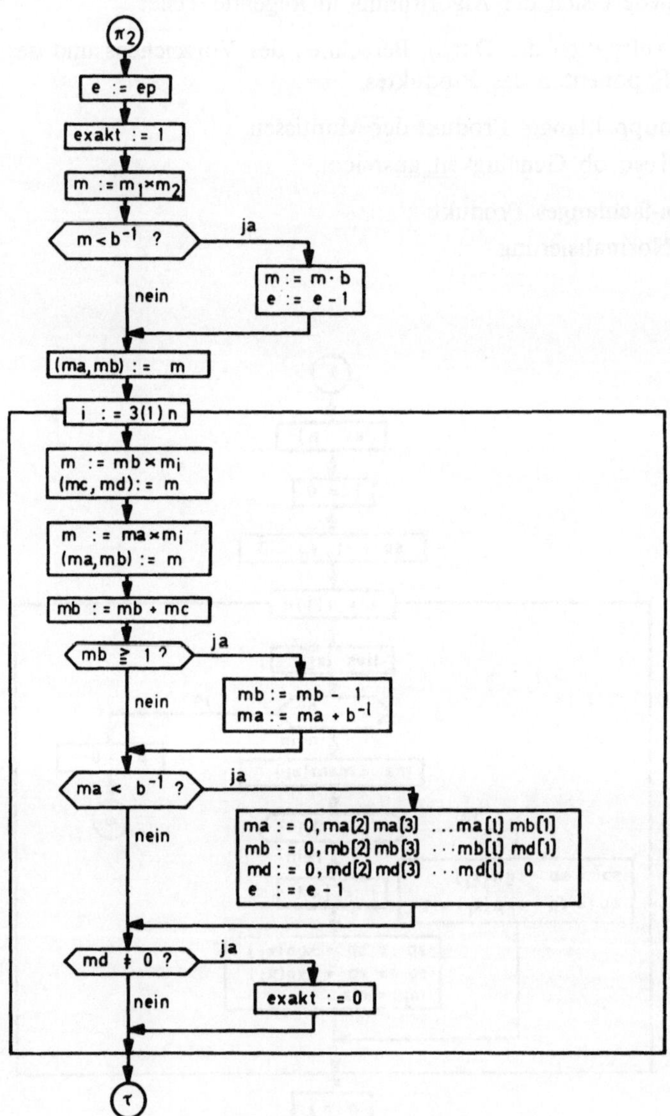

Abb. 2. Doppeltlanges Produkt

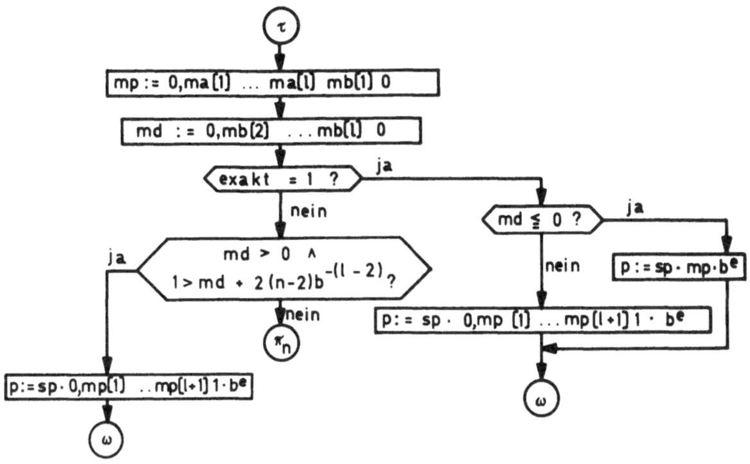

Abb. 3. Test, ob Genauigkeit von π_2 ausreicht

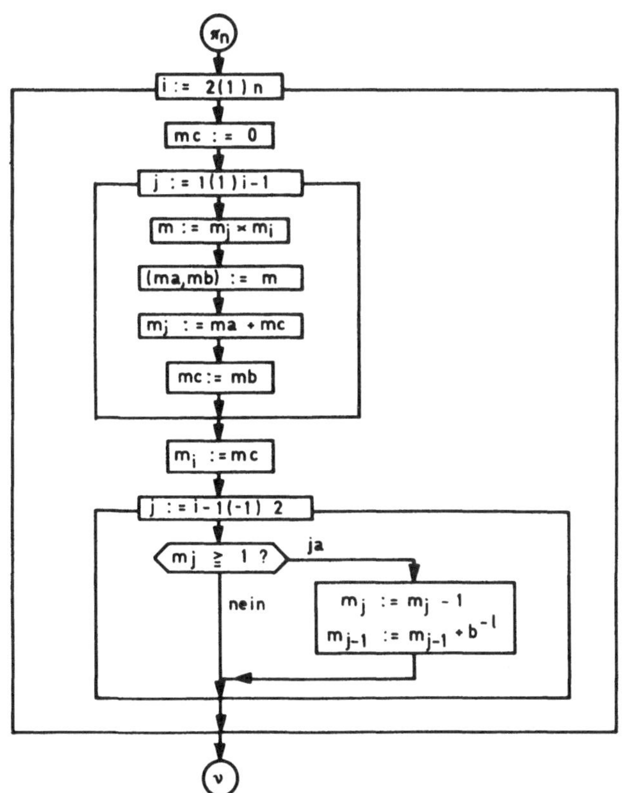

Abb. 4. Exaktes Produkt

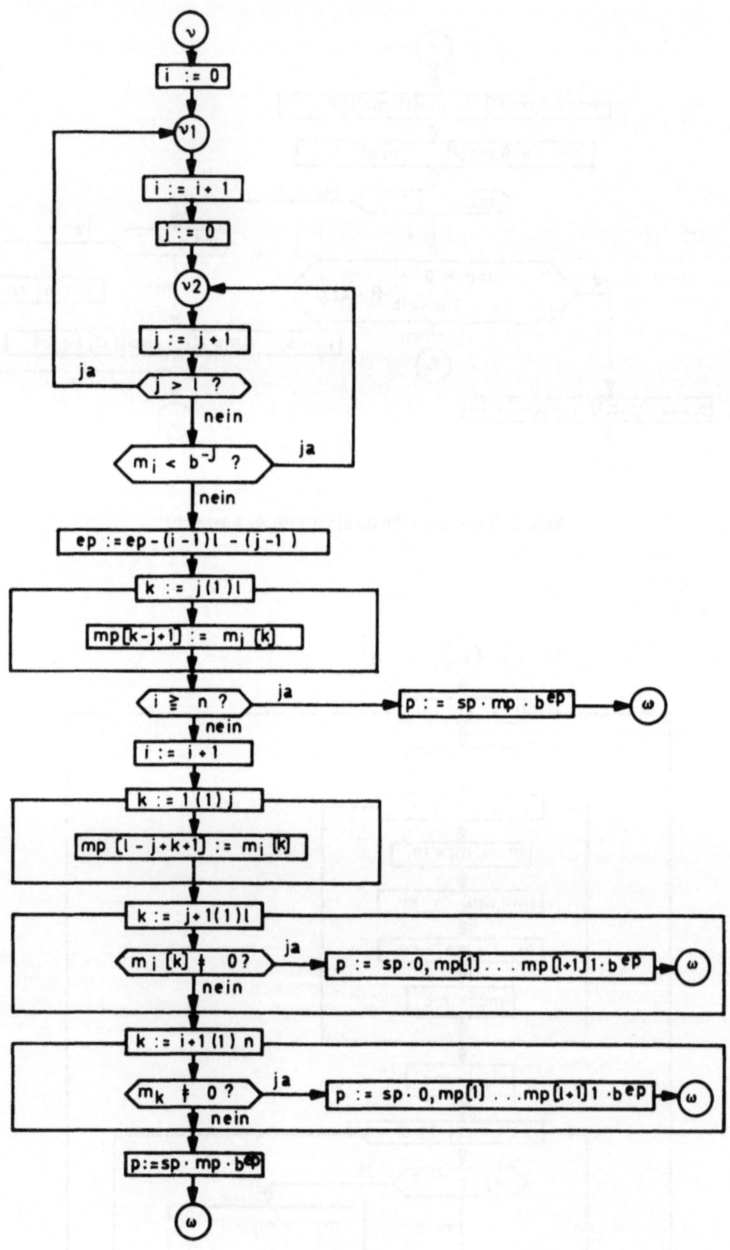

Abb. 5. Normalisierung

Bemerkungen

1. Ist $exakt = 1$, so ist in π_2 kein Rundungsfehler aufgetreten. In τ kann daher mp unmittelbar aus ma und mb bestimmt werden, wobei $mp[l+2]$ anzeigt, ob eine der Ziffern $mb[2], \ldots, mb[l]$ von Null verschieden ist.

2. Andernfalls wurde im Verlauf von π_2 eine Mantisse *md* vernachlässigt. Wir haben also $\widetilde{\Pi x_i}$ statt Πx_i berechnet. Da das erste Produkt $m_1 \times m_2$ im doppeltlangen Akkumulator *m* exakt ausgeführt wurde, gilt jetzt:

$$\prod_{i=1}^{n} |x_i| = \widetilde{\prod_{i=1}^{n}} |x_i| \cdot \prod_{i=3}^{n} (1+\varepsilon_i),\ 0 \leqq \varepsilon_i \leqq b^{-(2l-1)},\ i=3(1)n$$

$$\Rightarrow p_u := \widetilde{\prod_{i=1}^{n}} |x_i| \leqq \prod_{i=1}^{n} |x_i| \leqq \widetilde{\prod_{i=1}^{n}} |x_i| \cdot (1+b^{-(2l-1)})^{n-2} =: p_0.$$

Wegen dieser Abschätzung für den Betrag des exakten Ergebnisses kann das gerundete Ergebnis $\square\, \Pi x_i$, $\square \in \{\nabla, \triangle, \square_\mu\ (\mu = 0(1)b)\}$ sicher dann noch richtig bestimmt werden, wenn gilt

$$[p_u, p_0] \cap T_{b,l+1} = \emptyset. \tag{*}$$

Wegen Voraussetzung (5) gilt analog zu Wilkinson [4]:

$$(1+b^{-(2l-1)})^{n-2} \underset{\text{Bernoulli}}{\leqq} (1-(n-2)\, b^{-(2l-1)})^{-1} = 1 + \sum_{i=1}^{\infty} ((n-2)\, b^{-(2l-1)})^i \leqq$$

$$\leqq 1 + (n-2) b^{-(2l-1)} (1 + b^{-1} + b^{-2} + \ldots) \leqq 1 + 2 \cdot (n-2) b^{-(2l-1)}.$$

Deshalb ist (*) erfüllt, wenn die folgende Bedingung gilt, die in τ nachgeprüft wird:

$0, ma[1] \ldots ma[l]\, mb[1] < 0, ma[1] \ldots ma[l]\, mb[1] \ldots mb[l]$,

$0, ma[1] \ldots ma[l]\, (mb[1]+1) > 0, ma[1] \ldots ma[l]\, mb[1] \ldots mb[l] +$
$+ 2 \cdot (n-2) b^{-(2l-1)}$.

3. Tritt keiner der beiden ersten Fälle auf, so können wir im allgemeinen das Ergebnis nicht mehr exakt runden. Da im Verlauf von π_2 gewisse Werte *md* verlorengegangen sind, ist das Ergebnis wertlos und wird verworfen[2]. Der Algorithmus π_n berechnet dann das Produkt exakt. Der *i*-te Schritt geht dabei folgendermaßen vor sich:

   $m_1, \ldots, m_{i-1}$ enthalten die Mantisse von $\prod_{j=1}^{i-1} x_j$ als $(i-1)$-fach lange Zahl,

   $m_i, \ldots, m_n$ enthalten die Mantissen der restlichen Faktoren.

   Jedes der m_j $(j = 1(1)i-1)$ wird mit m_i zu einer doppeltlangen Mantisse multipliziert. Faßt man Glieder gleicher Größenordnung zusammen, so erhält man die Mantisse von $\prod_{j=1}^{i} x_j$ als *i*-fach lange Zahl. Diese wird in $m_1, \ldots, m_i$ gespeichert.

[2] Dies ließe sich vermeiden, wenn man die Werte der *md* in einem zusätzlichen Feld speichern würde. Dadurch erhöhen sich jedoch Speicher- und Programmieraufwand.

Wegen $m_j := ma + mc \leqq (1-b^{-l}) + (1-b^{-l}) \leqq 2 - 2 \cdot b^{-l}$ kann sich der Übertrag bei der Addition nicht nach vorne fortsetzen, und wegen $\prod_{j=1}^{i} m_j < 1$ braucht m_1 nicht normalisiert zu werden.

4. Die Doppelschleife im Normalisierungsalgorithmus wird nur endlich oft durchlaufen, weil $\prod_{i=1}^{n} x_i \neq 0$. Nach dieser Schleife ist die j-te Stelle von m_i die erste Ziffer $\neq 0$. Das Ergebnis kann dann aus den folgenden Mantissen abgelesen werden, wobei wieder $mp[l+2] = 1$ anzeigt, daß noch Ziffern $\neq 0$ folgen.

5. Aus den vorhergehenden Bemerkungen folgt, daß der Algorithmus für alle $n \in \mathbb{N}$ und alle Gleitkommazahlen $x_i \in T_{b,l}$, $i = 1(1)n$, eine Näherung p des Produktes $\prod_{i=1}^{n} x_i$ bestimmt, so daß gilt:

$$\bigwedge_{\square \in \{\nabla, \triangle, \square_\mu (\mu = 0(1)b)\}} \square p = \square \prod_{i=1}^{n} x_i .$$

Aus den Eigenschaften der Rundungen ∇, $\triangle$, $\square_\mu$ $(\mu = 0(1)b)$ folgt unmittelbar:

a) $$\bigwedge_{(x_i) \in T^n} \bigwedge_{\square \in \{\nabla, \triangle, \square_\mu\}} \left(\prod_{i=1}^{n} x_i \in T \Rightarrow \square \prod_{i=1}^{n} x_i = \prod_{i=1}^{n} x_i \right),$$

b) $$\bigwedge_{(x_i), (y_i) \in T^n} \bigwedge_{\square \in \{\nabla, \triangle, \square_\mu\}} \left(\prod_{i=1}^{n} x_i \leqq \prod_{i=1}^{n} y_i \Rightarrow \square \prod_{i=1}^{n} x_i \leqq \square \prod_{i=1}^{n} y_i \right),$$

c) $$\bigwedge_{(x_i) \in T^n} \bigwedge_{\square \in \{\nabla, \triangle, \square_\mu\}} \left| \prod_{i=1}^{n} x_i - \square \prod_{i=1}^{n} x_i \right| \leqq \varepsilon_\square \cdot \left| \prod_{i=1}^{n} x_i \right| ,$$

$$\text{mit } \varepsilon_\square := \begin{cases} \frac{1}{2} b^{1-l}, & \text{falls } \square \text{ die Rundung zur nächstgelegenen Gleitkommazahl ist} \\ b^{1-l}, & \text{sonst,} \end{cases}$$

d) $$\bigwedge_{(x_i) \in T^n} \bigwedge_{\square \in \{\nabla, \triangle, \square_\mu\}} \left| \prod_{i=1}^{n} x_i - \square \prod_{i=1}^{n} x_i \right| \leqq \varepsilon_\square \cdot \left| \square \prod_{i=1}^{n} x_i \right| .$$

6. Das doppeltlange Produkt π_2 reicht nicht in allen Fällen aus, um das Ergebnis exakt runden zu können. Zum Beispiel gilt in $T = T_{10,1}$

$$0{,}2 \in T,\ 0{,}5 \in T,\ 0{,}2^n \cdot 0{,}5^n \in T,$$

aber in π_2 treten die Werte $0{,}2^n$ und $0{,}5^n$ auf, die für großes n nicht mehr in $T_{10,2}$ liegen.

Dagegen kann man selbstverständlich π_2 und τ weglassen, ohne daß das Ergebnis verändert wird; im allgemeinen wird dann aber die Zahl der arithmetischen Operationen ansteigen.

3. Eine Variante des Newton-Verfahrens

Wir bezeichnen mit $\mathbb{I}\mathbb{R} := \{[a,b]; a,b \in \mathbb{R}, a \leqq b\}$ die Menge aller reellen abgeschlossenen Intervalle und mit $\mathbb{I}T := \{[a,b]; a,b \in T, a \leqq b\} \subseteq \mathbb{I}\mathbb{R}$ die Menge aller reellen abgeschlossenen Intervalle mit Schranken in einem Gleitkommasystem T. Dann definieren wir eine Rundung $\lozenge : \mathbb{I}\mathbb{R} \to \mathbb{I}T$ durch

$$\bigwedge_{X=[x_1,x_2]\in \mathbb{I}\mathbb{R}} \lozenge X = \lozenge\, [x_1,x_2] := [\nabla x_1, \triangle x_2]$$

(monotone, nach außen gerichtete Rundung)

und arithmetische Operationen $\circledast : \mathbb{I}T \times \mathbb{I}T \to \mathbb{I}T$ durch

$$\bigwedge_{X,\,Y\in \mathbb{I}T} X \circledast Y := \lozenge\,(X * Y), \quad * \in \{+,-,\cdot,/\}.$$

Dabei sei im Falle der Division $0 \notin Y$.

Außerdem wollen wir Punktintervalle $[x,x]$ kurz mit x bezeichnen. Wir suchen die Nullstelle einer Funktion mit Hilfe eines Newton-Verfahrens:

Seien $x_1^{(0)}, x_2^{(0)} \in T$, $0 < x_1^{(0)} < x_2^{(0)}$, zwei positive Gleitkommazahlen und sei $f : X^{(0)} := [x_1^{(0)}, x_2^{(0)}] \to \mathbb{R}$ eine reellwertige Funktion mit folgenden Eigenschaften:

(1) $\bigvee_{\xi \in X^{(0)}} f(\xi) = 0,$

(2) $f(x_1^{(0)}) < 0 < f(x_2^{(0)}),$

(3) $\bigvee_{m_1,m_2 \in T} \bigwedge_{x \in X^{(0)}\setminus\{\xi\}} 0 < m_1 \leqq \dfrac{f(x)-f(\xi)}{x-\xi} = \dfrac{f(x)}{x-\xi} \leqq m_2 < \infty,\ M := [m_1, m_2],$

(4) es gibt eine Funktion $F : X^{(0)} \cap T \to \mathbb{I}T$ mit

(a) $\bigwedge_{x \in X^{(0)} \cap T} f(x) \in F(x),$

(b) $\bigwedge_{x \in X^{(0)} \cap T} \big(F(x) \geqq 0 \vee F(x) \leqq 0\big),$

(c) $\xi \in T \Rightarrow F(\xi) = 0$ (ξ das Element aus (1)).

Aus (1) und (3) folgt, daß ξ einfache und einzige Nullstelle von f in $X^{(0)}$ ist und daß f an der Stelle ξ Lipschitz-stetig ist. Im übrigen braucht f weder stetig noch monoton zu sein.

Wir können dann — ausgehend von $X^{(0)}$ — folgendermaßen eine Folge von Gleitkommaintervallen $X^{(k)} = [x_1^{(k)}, x_2^{(k)}] \in \mathbb{I}T$ erzeugen, welche gegen $\lozenge\,\xi$ konvergiert.

(5) $X^{(k+1)} := \big(m(X^{(k)}) \ominus F\big(m(X^{(k)})\big) \oslash M\big) \cap X^{(k)},$

wobei $m(X^{(k)}) \in X^{(k)} \cap T$ so gewählt sei:

(6) (a) hat $X^{(k)} \cap T$ mindestens 3 Elemente, so sei

$m(X^{(k)}) \neq x_1^{(k)} \wedge m(X^{(k)}) \neq x_2^{(k)},$

(b) hat $X^{(k)} \cap T$ höchstens 2 Elemente, so sei

$$m(X^{(k)}) = \begin{cases} x_1^{(k)}, & \text{falls } k \text{ gerade,} \\ x_2^{(k)}, & \text{falls } k \text{ ungerade.} \end{cases}$$

Es gelten dann die folgenden Aussagen:

(7) $\bigwedge_{k \geq 0} \diamond \xi \subseteq X^{(k)}$,

(8) $\bigwedge_{k \geq 0} X^{(k)} \cap T \neq \emptyset$, d. h. (6) ist sinnvoll,

(9) $\bigvee_{k_0 \in \mathbb{N}} X^{(0)} \supset X^{(1)} \supset \ldots \supset X^{(k_0)} = X^{(k_0+1)} \supseteq X^{(k_0+2)} = X^{(k_0+3)} = \ldots$,

(10) $X^{(k_0+2)} = \diamond \xi$.

Beweis:

zu (7): Verfahren (5) geht aus dem üblichen Intervall-Newton-Verfahren (vgl. z. B.: Alefeld/Herzberger [1]) hervor, indem die reellen Intervalloperationen $-$ und $/$ durch die Gleitkommaoperationen $\diamond\!\!\!-$ und $\diamond\!\!\!/$ ersetzt und $f(x)$ zu $F(x)$ vergrößert wird. Daher gilt für alle $k \geq 0 : \xi \in X^{(k)}$. Da $X^{(k)} \in \mathbb{I}\, T$, folgt hiermit (7).

zu (8): Triviale Folge von (7).

zu (9) und (10): Definieren wir Funktionen $f_1, f_2 : X^{(0)} \cap T \to T$ durch $F(x) = : [f_1(x), f_2(x)]$, so können wir Verfahren (5) komponentenweise schreiben:

(11) (a) $$x_1^{(k+1)} = \begin{cases} \max \{x_1^{(k)}, m(X^{(k)}) \triangledown f_2(m(X^{(k)})) \triangle\!\!\!/\; m_1\}, & \text{falls } f_2(m(X^{(k)})) > 0 \\ m(X^{(k)}) \triangledown f_2(m(X^{(k)})) \triangle\!\!\!/\; m_2, & \text{falls } f_2(m(X^{(k)})) \leq 0. \end{cases}$$

(11) (b) $$x_2^{(k+1)} = \begin{cases} m(X^{(k)}) \triangle f_1(m(X^{(k)})) \triangledown\!\!\!/\; m_2, & \text{falls } f_1(m(X^{(k)})) \geq 0 \\ \min \{x_2^{(k)}, m(X^{(k)}) \triangle f_1(m(X^{(k)})) \triangledown\!\!\!/\; m_1\}, & \text{falls } f_1(m(X^{(k)})) < 0. \end{cases}$$

Wir unterscheiden nun die beiden Fälle von (6):

Fall 1: $X^{(k)} \cap T$ hat mindestens drei Elemente.

Dann gilt: $x_1^{(k)} < m(X^{(k)}) < x_2^{(k)}$.

Wegen (4) (b) gilt:

(a) $F(m(X^{(k)})) \geq 0 \Rightarrow f_1(m(X^{(k)})) \geq 0 \Rightarrow x_2^{(k+1)} = m(X^{(k)}) \triangle f_1(m(X^{(k)})) \triangledown\!\!\!/\; m_2 \leq$
$\leq m(X^{(k)}) < x_2^{(k)}$, oder

(b) $F(m(X^{(k)})) \leq 0 \Rightarrow f_2(m(X^{(k)})) \leq 0 \Rightarrow x_1^{(k+1)} = m(X^{(k)}) \triangledown f_2(m(X^{(k)})) \triangle\!\!\!/\; m_2 \geq$
$\geq m(X^{(k)}) > x_1^{(k)}$.

In jedem Fall gilt $d(X^{(k+1)}) : = x_2^{(k+1)} - x_1^{(k+1)} < x_2^{(k)} - x_1^{(k)} = : d(X^{(k)})$. Da $X^{(0)} \cap T$ eine endliche Menge ist, muß ein k_0' existieren, so daß $X^{(k_0')} \cap T$ nur noch höchstens zwei Elemente hat.

Fall 2: $X^{(k)} \cap T$ hat höchstens zwei Elemente.

Dann gilt einer der zwei Fälle:

(a) $X^{(k)} \cap T$ hat genau ein Element. Dann gilt $X^{(k+1)} = X^{(k)} = \Diamond\, \xi = \xi$.

$X^{(k+1)} = X^{(k+2)} = \ldots = X^{(k)}$.

(b) $X^{(k)} \cap T$ hat genau zwei Elemente. Dann tritt einer der drei Fälle ein:

(α) $\xi = x_1^{(k)} \Leftrightarrow f(x_1^{(k)}) = 0 \underset{(4)}{\Leftrightarrow} F(x_1^{(k)}) = 0$,

(β) $\xi = x_2^{(k)} \Leftrightarrow f(x_2^{(k)}) = 0 \underset{(4)}{\Leftrightarrow} F(x_2^{(k)}) = 0$,

(γ) $x_1^{(k)} < \xi < x_2^{(k)} \Leftrightarrow f(x_1^{(k)}) < 0 < f(x_2^{(k)}) \underset{(4)\,(b),\,(c)}{\Leftrightarrow} F(x_1^{(k)}) < 0 < F(x_2^{(k)})$.

Im Falle (γ) gilt $X^{(k)} = X^{(k+1)} = \ldots = \Diamond\, \xi$, in den beiden anderen Fällen sieht man leicht aus (6) (b) und (11), daß entweder

$X^{(k)} \supset X^{(k+1)} = X^{(k+2)} = \ldots = \xi = \Diamond\, \xi$, oder

$X^{(k)} = X^{(k+1)} \supset X^{(k+2)} = \ldots = \xi = \Diamond\, \xi$.

Bemerkungen

1. Das Verfahren liefert $\Diamond\, \xi = [\nabla \xi, \triangle \xi]$, selbst wenn F die Funktion f nur schlecht approximiert (sofern (4) erfüllt ist) und unabhängig von der Wahl von $m(X^{(k)})$ (sofern (6) erfüllt ist). Bei ungeschickter Wahl von F und $m(X^{(k)})$ kann Verfahren (5) zu einem Probierverfahren ausarten.

2. Die Voraussetzungen (1), (2) und (3) wurden im Beweis nicht explizit gebraucht. Sie sind nötig für das zitierte reelle Intervallverfahren, das zum Beweis von Formel (7) angegeben wurde.

3. (4) ist die entscheidende zusätzliche Forderung gegenüber diesem Verfahren. (4) (b) erscheint zunächst eine sehr strenge Voraussetzung (es darf niemals $F(X) = [f_1(x), f_2(x)]$ mit $f_1(x) < 0 < f_2(x)$ sein). Gilt (4) (b) jedoch nicht, so können wir im allgemeinen nicht wissen, ob sich ein gegebenes $x \in T$ links oder rechts von der Nullstelle befindet. Daher dürfen wir ohne (4) (b) nicht mehr erwarten, daß (10) gilt.

   Läßt man (4) (c) fallen, so gilt (10) nur noch unter der Voraussetzung $\xi \in T$. Falls $\xi \in T$, so kann das Verfahren (5) mit einem Intervall $X^{(k_0+2)}$ abbrechen, für das gilt:

   $X^{(k_0+2)} \cap T$ hat genau zwei Elemente, eines davon ist $\xi = \Diamond\, \xi$.

4. Ein (5) entsprechendes Verfahren wurde von Herzberger [3] angegeben. Ohne die Voraussetzungen (4) (b), (c) und (6) konnte dort jedoch (10) nicht mehr bewiesen werden.

4. Die *n*-te Wurzel einer Gleitkommazahl

Für eine Gleitkommazahl $a \in T$ und eine natürliche Zahl $n \in \mathbb{N}$ kann dieses Newton-Verfahren verwendet werden, um $\square \sqrt[n]{a}$ für $\square \in \{\nabla, \triangle, \square_\mu\ (\mu = 0(1)b)\}$ zu berechnen. Dazu müssen drei Fälle unterschieden werden:

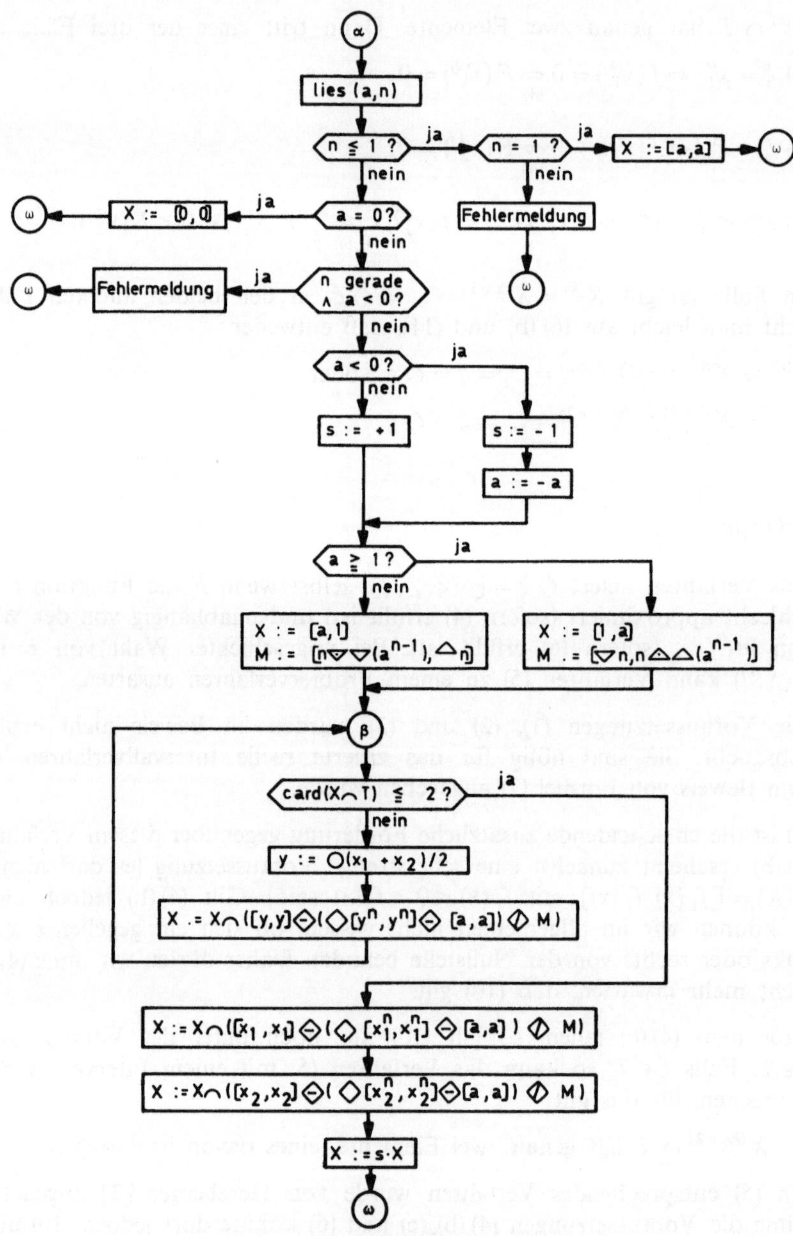

Abb. 6. Wurzel einer Gleitkommazahl

Fall 1: $a=0 \Rightarrow \square \sqrt[n]{a}=0$ für alle $\square \in \{\nabla, \triangle, \square_\mu\}$.

Fall 2: $a>0$. Dann wenden wir Verfahren (5) aus Abschnitt 3 auf die Funktion $f(x) := x^n - a$ an. Wählt man

$$X^{(0)} := \begin{cases} [1, a], & \text{falls } a \geqq 1 \\ [a, 1], & \text{falls } a < 1 \end{cases},$$

$$M := \begin{cases} [\nabla n, n \triangle \triangle (a^{n-1})], & \text{falls } a \geqq 1 \\ [n \nabla \nabla (a^{n-1}), \triangle n], & \text{falls } a < 1 \end{cases},$$

$$F(x) := \diamondsuit (x^n) \ominus a,$$

$$m(X^{(k)}) := \bigcirc \left((x_1^{(k)} + x_2^{(k)})/2\right)$$

wobei $\bigcirc : \mathbb{R} \to T$ die Rundung zur nächstgelegenen Gleitkommazahl bedeutet, so sind die Voraussetzungen des Verfahrens erfüllt. Folglich liefert es dann

$$X^{(k_0+2)} = \diamondsuit \sqrt[n]{a} = \left[\nabla \sqrt[n]{a}, \triangle \sqrt[n]{a}\right].$$

Fall 3: $a<0$. Dann existiert $\sqrt[n]{a} \in \mathbb{R}$ nur, wenn n ungerade ist. Dieser Fall läßt sich leicht auf Fall 2 zurückführen.

Bemerkungen

1. Der Ausdruck $\diamondsuit (x^n) = [\nabla (x^n), \triangle (x^n)]$, der in $F(x)$ auftritt, kann mit dem Algorithmus von Abschnitt 2 berechnet werden.
2. Der Algorithmus liefert das Intervall $X = \left[\nabla \sqrt[n]{a}, \triangle \sqrt[n]{a}\right]$. Wegen der Beziehungen

$$\bigwedge_{x \geqq 0} (\square_b x = \nabla x \wedge \square_0 x = \triangle x),$$

$$\bigwedge_{x<0} (\square_b x = \triangle x \wedge \square_0 x = \nabla x)$$

kann man $\nabla \sqrt[n]{a}$, $\triangle \sqrt[n]{a}$, $\square_0 \sqrt[n]{a}$ und $\square_b \sqrt[n]{a}$ unmittelbar aus X ablesen. Benötigt man $\square_\mu \sqrt[n]{a}$ für ein $\mu \in \{1, \ldots, b-1\}$, so muß der Algorithmus in $T_{b,l+1}$ ausgeführt werden.
3. Falls $\sqrt[n]{a} \in \mathbb{R}$ existiert, so folgt aus den Eigenschaften der Rundungen:

a) $\bigwedge_{a \in T} \bigwedge_{\square \in \{\nabla, \triangle, \square_\mu\}} (\sqrt[n]{a} \in T \Rightarrow \square \sqrt[n]{a} = \sqrt[n]{a})$,

b) $\bigwedge_{a, b \in T} \bigwedge_{\square \in \{\nabla, \triangle, \square_\mu\}} (a \leqq b \Rightarrow \square \sqrt[n]{a} \leqq \square \sqrt[n]{b})$,

c) $\bigwedge_{a \in T} \bigwedge_{\square \in \{\nabla, \triangle, \square_\mu\}} |\sqrt[n]{a} - \square \sqrt[n]{a}| \leqq \varepsilon_\square |\sqrt[n]{a}|$,

d) $\bigwedge_{a \in T} \bigwedge_{\square \in \{\nabla, \triangle, \square_\mu\}} |\sqrt[n]{a} - \square \sqrt[n]{a}| \leqq \varepsilon_\square |\square \sqrt[n]{a}|$.

Dabei ist $\varepsilon_\square$ dieselbe Konstante wie in Bemerkung 5 des zweiten Abschnitts.

Literatur

[1] Alefeld, G., Herzberger, J.: Einführung in die Intervallrechnung. Mannheim: Bibliographisches Institut 1974.

[2] Bohlender, G.: Genaue Summation von Gleitkommazahlen. In diesem Band, S. 21—32.

[3] Herzberger, J.: Über Nullstellenbestimmungen bei näherungsweise berechneten Funktionen. Computing *10,* 23—31 (1972).

[4] Wilkinson, J. H.: Rundungsfehler. Berlin-Heidelberg-New York: Springer 1969.

[5] Yohe, J. M.: Interval Bounds for Square Roots and Cube Roots. Computing *11,* 51—57 (1973).

Dipl.-Math. G. Bohlender
Institut für Angewandte Mathematik
Universität Karlsruhe
Englerstraße 2
D-7500 Karlsruhe
Bundesrepublik Deutschland

Computing, Suppl. 1, 47—55 (1977)

Fehlerschranken für lineare Gleichungssysteme

K. Grüner, Karlsruhe

Zusammenfassung

Fehlerschranken für die Lösung eines linearen Gleichungssystems sind abhängig von der Genauigkeit, mit der Summen und Skalarprodukte von Gleitkommazahlen berechnet werden können. In [1] und [6] wurde gezeigt, daß dies mit maximaler Genauigkeit möglich ist. Für verschiedene Algorithmen zur Auflösung linearer Gleichungssysteme lassen sich dann mittels der inversen Rundungsfehleranalyse absolute Fehlerschranken angeben, die besser sind als diejenigen, die sich bei Rechnung mit normaler Gleitkommaarithmetik ergeben. Weiterhin wird das Verhalten der Lösung bei iterativer Verbesserung sowie die Genauigkeit der Lösung bei Iterationsverfahren für lineare Gleichungssysteme untersucht.

1. Einleitung

Die Möglichkeit, Summen und Skalarprodukte mit maximaler Genauigkeit, das heißt bis auf eine Rundungsfehlereinheit genau, zu berechnen (vgl. [1], [6]), läßt sich vorteilhaft bei der Auflösung linearer Gleichungssysteme einsetzen. Bezeichnet $\tilde{x}$ die Lösung eines linearen Gleichungssystems $A\,x=b$, die in einem Gleitkommasystem mittels eines geeigneten Verfahrens berechnet wurde, so läßt sich bekanntlich mit Hilfe der inversen Rundungsfehleranalyse zeigen, daß $\tilde{x}$ einem gestörten Gleichungssystem $(A+\delta A)\,\tilde{x}=b$ genügt (vgl. [3], [9], [10]). Die hierbei gewonnenen Schranken für die Störung δA gelten jedoch oft nur in speziellen Fällen oder unter zusätzlichen Einschränkungen. Es wird in der Literatur schon verschiedentlich darauf hingewiesen, daß bei Rechnung mit höherer Genauigkeit auch bessere Fehlerschranken zu erwarten sind.

Im folgenden soll am Beispiel einiger Algorithmen für die Auflösung linearer Gleichungssysteme gezeigt werden, daß sich bei Berechnung der dabei auftretenden Skalarprodukte mit maximaler Genauigkeit die Fehleranalyse einfacher gestaltet und daß sich daraus exakte Fehlerschranken herleiten lassen, die schärfer sind als diejenigen, wie sie sich bei Rechnung mit normaler Gleitkommaarithmetik ergeben. Weiterhin wird das Fehlerverhalten bei einer iterativen Verbesserung der Lösung $\tilde{x}$ sowie die Genauigkeit bei Iterationsverfahren für lineare Gleichungssysteme untersucht. Hier läßt sich feststellen, daß erst aufgrund der Möglichkeit, Skalarprodukte mit maximaler Genauigkeit zu berechnen, eine sinnvolle Fehleranalyse überhaupt erst möglich ist.

Gegeben sei ein Gleitkommasystem $T=T(b, l, e\,1, e\,2)$, das bestimmt ist durch die Basis b, die Ziffernlänge l und den kleinsten bzw. größten Exponenten $e\,1$

bzw. $e2$. Eine Abbildung $\square: \mathbb{R} \to T$ heißt „Rundung", wenn gilt:

$$\bigwedge_{x \in T} \square x = x.$$

Ist $\square$ zusätzlich eine monotone Abbildung, so ist $\square$ eine „monotone Rundung". Besitzt eine Rundung $\square$ die Eigenschaft

$$\bigwedge_{x \in \mathbb{R}} \square(-x) = -\square x,$$

so heißt $\square$ eine „antisymmetrische Rundung". Mittels einer Rundung $\square$ lassen sich alle Gleitkommaoperationen $\boxast: T \times T \to T$, $* \in \{+, -, \cdot, /\}$, folgendermaßen definieren:

$$\bigwedge_{x, y \in T} x \boxast y := \square(x * y) \text{ mit } * \in \{+, -, \cdot, /\}.$$

Ausführliche Definitionen und weitergehende Eigenschaften der Rundungsfunktionen und der daraus abgeleiteten Gleitkommaoperationen sind in [4] und [5] dargelegt. Wir wollen hier stets voraussetzen, daß $\square$ eine monotone, antisymmetrische Rundung und $\boxast$, $* \in \{+, -, \cdot, /\}$, die dadurch definierte Gleitkommaoperation bezeichne. Für die Darstellung einer reellen Zahl $x \in \mathbb{R}$ in einem Gleitkommasystem T gilt die folgende Fehlerabschätzung:

$$\bigwedge_{x \in \mathbb{R}} (b^{e1-1} \leqq |x| < b^{e2} \Rightarrow \square x = x(1-\varepsilon) \text{ mit } |\varepsilon| < \varepsilon^* \Rightarrow |x - \square x| \leqq \varepsilon^* |x|), \text{ wobei}$$

$$\varepsilon^* := \begin{cases} \frac{1}{2} b^{1-l}, & \text{falls } \square \text{ Rundung zur nächstgelegenen Gleitkommazahl} \\ b^{1-l}, & \text{für alle anderen Rundungen.} \end{cases}$$

Für die Gleitkommaoperationen $\boxast$, $* \in \{+, -, \cdot, /\}$, gilt folgende Fehlerabschätzung:

$$\bigwedge_{x, y \in T} (b^{e1-1} \leqq |x * y| < b^{e2} \Rightarrow x \boxast y = (x * y) \cdot (1-\varepsilon) \text{ mit } |\varepsilon| < \varepsilon^* \Rightarrow$$
$$\Rightarrow |x * y - x \boxast y| \leqq \varepsilon^* \cdot |x * y|).$$

In [1] und [6] wurde gezeigt, daß sich ein Skalarprodukt $\sum_{i=1}^{n} x_i y_i$, $x_i, y_i \in T$, durch eine Näherung $\widetilde{\sum_{i=1}^{n} x_i y_i}$ so genau berechnen läßt, daß gilt: $\square\left(\sum_{i=1}^{n} x_i y_i\right) = \square\left(\widetilde{\sum_{i=1}^{n} x_i y_i}\right)$. Daraus ergibt sich die Fehlerabschätzung:

$$\left|\sum_{i=1}^{n} x_i y_i - \square\left(\sum_{i=1}^{n} x_i y_i\right)\right| \leqq \varepsilon^* \cdot \left|\sum_{i=1}^{n} x_i y_i\right|. \tag{1}$$

Hieraus ergibt sich nun folgende Fehlerabschätzung für Matrixoperationen über einem Gleitkommasystem. $M_n T$ bezeichne die Menge aller $n \times n$-Matrizen mit Elementen aus T, $Z = (z_{ij})$ sei das Verknüpfungsergebnis zweier Matrizen $X = (x_{ij})$, $Y = (y_{ij}) \in M_n T$, also $Z := X * Y$ mit $* \in \{+, -, \cdot\}$. Dann gilt:

$$\bigwedge_{X, Y \in M_n T} \Big(\bigwedge_{i, j} b^{e1-1} \leqq |z_{ij}| < b^{e2} \Rightarrow X \boxast Y = (z_{ij}(1-\varepsilon_{ij})) \text{ mit}$$
$$|\varepsilon_{ij}| < \varepsilon^* \Rightarrow |X * Y - X \boxast Y| \leqq \varepsilon^* \cdot |X * Y|\Big).$$

Die dabei auftretenden Beträge von Matrizen sind komponentenweise zu verstehen.

Sämtliche im folgenden angegebenen Fehlerabschätzungen für die Gauß-Elimination und für die Iterationsverfahren gehen, falls nicht ausdrücklich anders betont, im wesentlichen auf die Ungleichung (1) zurück.

2. Gauß-Elimination

T^n bezeichne die Menge aller n-Tupel über T. Gesucht ist die Lösung eines linearen Gleichungssystems $Ax=b$ mit $A \in M_n T$ und $x, b \in T^n$. Im folgenden sei stets vorausgesetzt, daß die Matrix A nichtsingulär und o. B. d. A. so geordnet ist, daß keine Pivotsuche mehr durchgeführt werden muß. Die Gauß-Elimination läßt sich bekanntlich in drei wesentliche Schritte unterteilen. Der erste Schritt ist die

a) Zerlegung von A in Dreiecksmatrizen

Für die Fehleranalyse wollen wir dabei folgende Bezeichnungsweise zugrunde legen: Man gewinnt bekanntlich in $n-1$ Schritten eine untere bzw. obere Dreiecksmatrix L bzw. $U \in M_n T$ durch die Berechnung der Matrizenfolge $A^{(1)}=A$, $A^{(2)}, \ldots, A^{(n)}$, so daß gilt $A=L \cdot U$. Dabei erhält man die Matrix $A^{(k)}=(a_{ij}^{(k)})$ aus der Matrix $A^{(k-1)}$, $k=2\,(1)\,n$, durch folgende Rechenregeln:

$$\begin{aligned} m_{ik} &:= a_{ik}^{(k)}/a_{kk}^{(k)} \qquad \text{für } i \geqq k+1,\ k=1\,(1)\,n-1 \\ a_{ij}^{(k+1)} &:= \left.\begin{cases} 0 & \text{für } i \geqq k+1,\ j=1 \\ a_{ij}^{(k)} - m_{ik}\, a_{kj}^{(k)} & \text{für } i \geqq k+1 \\ a_{ij}^{(k)} & \text{sonst} \end{cases}\right\} k=1\,(1)\,n-1 \end{aligned} \tag{2}$$

Dann gilt mit $L=\begin{pmatrix} 1 & & \\ & \ddots & 0 \\ m_{ij} & & \ddots \\ & & & 1 \end{pmatrix}$ und $U=A^{(n)}: A=L \cdot U$. Wir gebrauchen noch folgende Abkürzungen: $\alpha := \max_{i,j} |a_{ij}|$ und $\rho := \max_{i,j,k} |a_{ij}^{(k)}|$. Man sieht sofort, daß $|l_{ij}| \leqq 1$ und $|u_{ij}| \leqq \rho$ für alle $i, j=1\,(1)\,n$ ist.

Um nun die Berechnung des Skalarproduktes mit maximaler Genauigkeit wirkungsvoller einsetzen zu können, ist es sinnvoll, die Matrizen L und U nach dem Verfahren von Crout/Doolittle direkt zu berechnen. Es sind hierfür die beiden folgenden Gleichungen auszuwerten:

$$\left.\begin{aligned} u_{ik} &:= a_{ik} - \sum_{j=1}^{i-1} l_{ij} u_{jk}, \qquad k=i\,(1)\,n \\ l_{ki} &:= \left(a_{ki} - \sum_{j=1}^{i-1} l_{kj} u_{ji}\right)\Big/ u_{ii}, \quad k=i+1\,(1)\,n \end{aligned}\right\} i=1\,(1)\,n. \tag{3}$$

Die fehleranalytische Auswertung dieser Gleichungen gibt Auskunft über die Genauigkeit dieses Verfahrens beim gerundeten Rechnen.

Satz 1: *Die nach dem Verfahren von Crout/Doolittle berechneten Matrizen L und U genügen der Gleichung $L \cdot U = A + F$, $F \in M_n \mathbb{R}$. Werden die in (3) auftretenden Skalarprodukte mit maximaler Genauigkeit berechnet, so gilt für die Fehlermatrix F:*

$$|F| \leqq \varepsilon^* \cdot \begin{pmatrix} |a_{11}^{(1)}| & \dots & |a_{1n}^{(1)}| \\ 2 & |a_{22}^{(2)}| \dots & |a_{2n}^{(2)}| \\ \dots & \dots & \dots \\ 2 & \dots \; 2 & |a_{nn}^{(n)}| \end{pmatrix} \leqq \varepsilon^* \cdot \begin{pmatrix} \rho & \dots & \rho \\ 2\rho & \dots & \rho \\ \dots & \dots & \dots \\ 2 & \dots & 2\rho \end{pmatrix} \Rightarrow$$

$$\Rightarrow \| F \|_\infty \leqq n \, \sigma \, \varepsilon^* \quad mit \quad \sigma := \max \{2, \rho\}.$$

Beim Rechnen mit normaler Gleitkommaarithmetik bringen die Rechenregeln (3) keinen Vorteil gegenüber denen von (2). Es gilt dann: $\| F \|_\infty \leqq n^2 \rho \, \varepsilon^*$ (vgl. [3]).

Für einige spezielle Matrizen ergeben sich bessere Schranken für $\| F \|_\infty$:

i) *Bandmatrizen*: Eine Matrix $A \in M_n \mathbb{R}$ heißt „Bandmatrix mit der Bandbreite $2m+1$", wenn gilt: $a_{ij} = 0$ für alle i, j mit $|i-j| > m$. Eine Bandmatrix besitzt also höchstens $2m+1$ nicht verschwindende Diagonalen.

Korollar 1: *a) Ist $A \in M_n T$ Bandmatrix mit der Bandbreite $2m+1$, so gilt für die Fehlermatrix F (vgl. Satz 1) bei der Zerlegung in Dreiecksmatrizen: $\| F \|_\infty \leqq$ $\leqq (2m+1) \, \sigma \, \varepsilon^*$.*
b) Für den speziellen Fall, daß $A \in M_n T$ Tridiagonalmatrix ist, gilt: $\| F \|_\infty \leqq 6 \beta \varepsilon^*$ mit $\beta := \max \{1, \alpha\}$.

ii) *Symmetrische, positiv definite Matrizen*: Für Matrizen dieser Art ist eine Pivotsuche bekanntlich nicht notwendig. Die Zerlegung in Dreiecksmatrizen gewinnt man mit dem Verfahren von Cholesky:

$$l_{ii} := \left(a_{ii} - \sum_{k=1}^{i-1} l_{ik}^2 \right)^{\frac{1}{2}} \quad \text{für } i = 1\,(1)\,n, \tag{4}$$

$$l_{ij} := \left(a_{ij} - \sum_{k=1}^{i-1} l_{ik} \, l_{jk} \right) \Big/ l_{jj} \quad \text{für } j < i. \tag{5}$$

Dann gilt: $A = L \cdot L^T$ mit $l_{ii} > 0$ für $i = 1\,(1)\,n$. Da keine Pivotsuche notwendig, ergibt sich aus (4) und (5) sofort, daß das betragsgrößte Element von L durch $\sqrt{\alpha}$ nach oben beschränkt ist.

Ist A zusätzlich Bandmatrix mit der Bandbreite $2m+1$, so gehen die Rechenvorschriften (4) und (5) über in

$$l_{ii} := \left(a_{ii} - \sum_{k=i-m}^{i-1} l_{ik}^2 \right)^{\frac{1}{2}} \quad \text{für } i = 1\,(1)\,n, \tag{4'}$$

$$l_{ij} := \left(a_{ij} - \sum_{k=i-m}^{i-1} l_{ik} \, l_{jk} \right) \Big/ l_{jj} \quad \text{für } j = i-m\,(1)\,i-1. \tag{5'}$$

Die Auswertung der Gleichungen (4) und (5) bzw. (4') und (5') ergibt folgende Fehleranalyse:

Korollar 2: *a) Ist $A \in M_n T$ symmetrisch und positiv definit, dann genügt die nach dem Verfahren von Cholesky berechnete Matrix L der Gleichung: $A+F=L \cdot L^T$. Dabei gilt für die Fehlermatrix F: $\| F \|_\infty \leqq 2n\sqrt{\alpha} \cdot \varepsilon^*$.*
b) Ist A zusätzlich Bandmatrix, dann gilt: $\| F \|_\infty \leqq 2(m+1)\sqrt{\alpha} \cdot \varepsilon^*$.

Die Fehlerabschätzungen des Korollars 2 setzen voraus, daß die in (4) bzw. (4') auftretenden Wurzeln mit maximaler Genauigkeit berechnet wurden. Daß dies möglich ist, wurde in [2] gezeigt.

Der zweite Schritt des Gaußalgorithmus besteht in der Auflösung der gestaffelten Gleichungssysteme $Ly=b$ und $Ux=y$, wobei $L, U \in M_n T$ und $x, y \in T^n$. Wir betrachten zunächst ganz allgemein die

b) Auflösung von Dreiecksmatrizen

Satz 2: *Es sei $R \in M_n T$ eine nichtsinguläre, (o. B. d. A.) untere Dreiecksmatrix. Dann genügt die berechnete Lösung $\tilde{x}$ des Gleichungssystems $Rx=b$ der Gleichung $(R+\delta R)\tilde{x}=b$ mit $\delta R \in M_n \mathbb{R}$. Werden die dabei auftretenden Skalarprodukte mit maximaler Genauigkeit berechnet, dann gilt für die Fehlermatrix δR:*

$$|\delta R| \leqq \varepsilon^* \cdot \begin{pmatrix} |r_{11}| & 0 & \ldots\ldots & 0 \\ |r_{21}| & |r_{22}| & 0 \ \ldots & 0 \\ \ldots & \ldots & \ldots & \ldots \\ |r_{n1}| & \ldots & |r_{nn-1}| & |r_{nn}| \end{pmatrix} \Rightarrow \| \delta R \|_\infty \leqq n \cdot \varepsilon^* \cdot \max_{i,j} |r_{ij}|.$$

Zum Vergleich sei die Fehlerabschätzung für das Rechnen mit normaler Gleitkommaarithmetik angegeben: $\| \delta R \|_\infty \leqq \frac{1}{2} n(n+1)\, 1{,}01 \cdot \varepsilon^* \cdot \max |r_{ij}|$, unter der zusätzlichen Voraussetzung, daß $n \cdot \varepsilon^* \leqq 0{,}01$ ist (vgl. [3]).

Korollar 3: *Ist $R \in M_n T$ zusätzlich Bandmatrix mit der Bandbreite $2m+1$, so gilt für die Abschätzung von $\| \delta R \|_\infty$ in Satz 2:*

$$\| \delta R \|_\infty \leqq (m+1) \cdot \varepsilon^* \cdot \max_{i,j} |r_{ij}|.$$

Mit Hilfe der bisherigen Aussagen läßt sich nun der Fehler, der insgesamt bei der Auflösung linearer Gleichungssysteme entsteht, folgendermaßen abschätzen.

c) Gesamtfehler bei der Auflösung linearer Gleichungssysteme

Satz 3: *Die nach dem Verfahren von Crout/Doolittle berechnete Lösung $\tilde{x}$ des Gleichungssystems $A\tilde{x}=b$ genügt der Gleichung $(A+\delta A)\tilde{x}=b$, wobei $\delta A = F + (\delta L) \cdot U + L \cdot (\delta U) + (\delta L) \cdot (\delta U) \in M_n \mathbb{R}$ und*

$$\| \delta A \|_\infty \leqq (2n^2 + n + n^2 \cdot \varepsilon^*)\, \sigma\, \varepsilon^*.$$

Für die Praxis dürfte der letzte Ausdruck in der Klammer dieser Abschätzung vernachlässigbar klein sein. Zum Vergleich sei die Fehlerabschätzung aus [3] für die Rechnung mit normaler Gleitkommaarithmetik angegeben $\| \delta A \|_\infty \leqq 1{,}01 (n^3 + 3n^2)\, \rho\, \varepsilon^*$, falls $n \cdot \varepsilon^* \leqq 0{,}01$.

Für die oben betrachteten speziellen Matrizen ergeben sich wieder entsprechend bessere Schranken:

Korollar 4: *a) Ist A Bandmatrix mit der Bandbreite* $2m+1$, *so gilt für die Fehlermatrix* δA *aus Satz* 3: $\|\delta A\|_\infty \leqq 2\sigma\varepsilon^* (m+\frac{3}{2})^2 (1+\varepsilon^*)$.
b) Für den Spezialfall, daß A Tridiagonalmatrix ist, ergibt sich:

$$\|\delta A\|_\infty \leqq 22\,\alpha\,\varepsilon^* (1+\varepsilon^*).$$

Korollar 5: *a) Ist A symmetrisch und positiv definit, dann gilt für den Gesamtfehler des Verfahrens von Cholesky:* $\|\delta A\|_\infty \leqq (2n^2+2n+n^2\cdot\varepsilon^*)\cdot\alpha\,\varepsilon^*$.
b) Ist A zusätzlich Bandmatrix, dann gilt: $\|\delta A\|_\infty \leqq 2\alpha\,\varepsilon^* (m+\frac{3}{2})^2\cdot(1+\varepsilon^*)$.

Insgesamt läßt sich feststellen, daß bei Berechnung des Skalarproduktes mit maximaler Genauigkeit im wesentlichen eine Verbesserung um den Faktor n eintritt. Entsprechendes gilt auch für die Berechnung der Inversen einer Matrix, falls die Berechnung auf die Lösung linearer Gleichungssysteme zurückgeführt wird.

Im nächsten Abschnitt wollen wir die Genauigkeit der Lösung eines Gleichungssystems, die mit Hilfe des Gaußalgorithmus berechnet wurde, und das Fehlerverhalten bei der iterativen Verbesserung dieser Lösung betrachten.

3. Genauigkeit der Lösung und iterative Verbesserung

Im vorhergehenden Abschnitt haben wir gesehen, daß die berechnete Lösung $\tilde{x}$ der gestörten Gleichung $(A+\delta A)\tilde{x}=b$ genügt; für die Störung δA konnte eine absolute Schranke angegeben werden. Wie gut ist nun die Lösung $\tilde{x}$? Allgemein gilt für die Genauigkeit der Lösung eines gestörten Gleichungssystems: Es sei x die Lösung des ungestörten und $\tilde{x}$ Lösung des gestörten Gleichungssystems und es bezeichne $\delta x := x-\tilde{x}$ den absoluten Fehler sowie $\operatorname{cond} A := \|A\|\cdot\|A^{-1}\|$ die Konditionszahl der Matrix A. Ferner seien sowohl A als auch $A+\delta A$ nichtsingulär und $\|A^{-1}\|\cdot\|\delta A\|<1$, dann gilt (vgl. z. B. [9]):

$$\frac{\|\delta x\|}{\|x\|} \leqq \frac{\operatorname{cond} A\cdot\dfrac{\|\delta A\|}{\|A\|}}{1-\operatorname{cond} A\cdot\dfrac{\|\delta A\|}{\|A\|}}. \tag{6}$$

Um nun die Ungleichung (6) anwenden zu können, wollen wir in diesem Abschnitt verlangen, daß eine Konstante $k\in\mathbb{R}$ mit $0<k<1$ und eine natürliche Zahl p existiert, so daß für $\|\delta A\|$ aus Satz 3 gilt:

$$\|A^{-1}\|\cdot\|\delta A\| \leqq (2n^2+n+n^2\cdot\varepsilon^*)\,\sigma\,\varepsilon^*\cdot\|A^{-1}\| = k\cdot b^{-p} \text{ mit } 0<k<1 \text{ und } 0<p\in\mathbb{N}. \tag{7}$$

Aus (7) folgt sofort: $k\cdot b^{-p}<1$. Offensichtlich ist die Existenz der Konstanten k und p sowie die Ungleichung (7) bei Berechnung des Skalarproduktes mit maximaler Genauigkeit eher erfüllt als beim Rechnen mit normaler Gleitkommaarithmetik. Aus (7) ergibt sich dann:

$$\frac{\|\delta x\|}{\|x\|} \leqq \frac{k\cdot b^{-p}}{1-k\cdot b^{-p}} \Rightarrow \|\tilde{x}\| \leqq \frac{\|x\|}{1-k\cdot b^{-p}}. \tag{8}$$

Für das Residum $r = b - A\,\tilde{x}$ erhält man:

$$\| r \| \leqq \frac{k \cdot b^{-p}}{1 - k \cdot b^{-p}} \cdot \frac{\| x \|}{\| A^{-1} \|}.$$

Die iterative Verbesserung der Lösung läßt sich durch die Gleichungen (9)—(11) wie folgt beschreiben:

$$r_m = b - A\,x_m \tag{9}$$

$$A\,d_m = r_m \tag{10}$$

$$x_{m+1} = x_m + d_m, \tag{11}$$

wobei $r_m, d_m \in \mathbb{R}^n$, $x_0 = \tilde{x}$ und $m = 0, 1, \ldots$.

Beim Rechnen in einem Gleitkommasystem gehen diese Gleichungen über in

$$\tilde{r}_m = b - A\,\tilde{x}_m + c_m \tag{9'}$$

$$A\,(I + E_m)\,d_m = \tilde{r}_m \tag{10'}$$

$$\tilde{x}_{m+1} = \tilde{x}_m + d_m + g_m, \tag{11'}$$

wobei c_m, $g_m \in \mathbb{R}^n$, I die Einheitsmatrix, $E_m = A^{-1} \cdot \delta\,A_m \in M_n\,\mathbb{R}$, $\tilde{x}_0 = \tilde{x}$ und $m = 0, 1, \ldots$.

Der einfacheren Schreibweise wegen sei die Größe K wie folgt definiert:

$$K := \frac{k \cdot b^{-p} + \varepsilon^* \cdot \operatorname{cond} A}{1 - k \cdot b^{-p}} + 2\,\varepsilon^*.$$

Werden die Skalarprodukte in (9′) und die Summe in (11′) mit maximaler Genauigkeit berechnet und das Gleichungssystem (10′) entsprechend Satz 3 gelöst, so gilt für den relativen Fehler nach m iterativen Verbesserungen

$$\frac{\| \tilde{x}_m - x \|}{\| x \|} \leqq K^m + \frac{1 - K^m}{1 - K} \cdot 2\,\varepsilon^*. \tag{12}$$

Ist obendrein $K < 1$, so erhält man aus (12):

$$\frac{\| \tilde{x}_m - x \|}{\| x \|} \leqq K^m + \frac{2\,\varepsilon^*}{1 - K}. \tag{13}$$

Bezeichnet $\delta\,\tilde{x}$ den Abstand zwischen x und dem Grenzwert der Folge $\{\tilde{x}_m\}$, so folgt aus (13) für $m \to \infty$:

$$\frac{\| \delta\,\tilde{x} \|}{\| x \|} \leqq \frac{2\,\varepsilon^*}{1 - K}. \tag{14}$$

Da K im wesentlichen durch die Genauigkeit der ersten Näherung (vgl. (8)) und die Kondition des linearen Gleichungssystems bestimmt wird, gehen diese Größen nicht unbedeutend mit in die Fehlerabschätzungen (12)—(14) ein. Daß für $m \to \infty$ der relative Fehler in (14) nicht beliebig klein wird, hängt hauptsächlich davon ab, daß auch bei noch so vielen Verbesserungen der Korrekturschritt (11′) im allgemeinen nicht ohne jeden Rundungsfehler ausgeführt werden kann.

4. Iterationsverfahren für lineare Gleichungssysteme

Die allgemeine Form eines Iterationsverfahrens hat die Gestalt:

$$x_{n+1}:=C\cdot x_n+c,\quad n=0,1,2,\ldots. \tag{15}$$

Dabei sind der Startvektor $x_0\in\mathbb{R}^n$ sowie $C\in M_n\mathbb{R}$ und $c\in\mathbb{R}^n$ vorgegeben. Unter der Bedingung, daß der Spektralradius $\rho(C)<1$, konvergiert die Folge $\{x_n\}$ gegen die gesuchte Lösung $\hat{x}$, so daß gilt: $\hat{x}=C\cdot\hat{x}+c$. Bei Rechnung in einem Gleitkommasystem $T=T(b,l,e1,e2)$ erhält man eine Folge $\{\tilde{x}_n\}$, die bestimmt ist durch

$$\tilde{x}_{n+1}:=C\boxdot\tilde{x}_n\boxplus c, \tag{15'}$$

wobei $\tilde{x}_0:=\square\, x_0$, $c\in T^n$ und $C\in M_n T$. Aus der Fehlerabschätzung (1) erhält man sofort für alle $x\in T^n$:

$$|C\boxdot x\boxplus c-(C\cdot x+c)|\leqq E\cdot|C\cdot x+c|\quad\text{mit}\quad E:=\operatorname{diag}(\varepsilon^*,\ldots,\varepsilon^*). \tag{1'}$$

Dabei sind die Beträge in (1') komponentenweise zu verstehen. Über die Genauigkeit der mittels (15') berechneten Lösung läßt sich folgendes aussagen:

Satz 4: *Es sei $C\in M_n T$ mit $C\geqq 0$, $\tilde{x}_0=x_0\in T^n$, $G:=(I+E)\cdot C$ und der Spektralradius von G $\rho(G)<1$. Dann besitzt die Gleichung $x=C\,x+c$ einen eindeutigen Fixpunkt $\hat{x}$, die Folge $\{\tilde{x}_n\}$ endet zyklisch und für jedes Element $\tilde{x}_n$ der Zyklusmenge gilt:*

$$|\tilde{x}_n-\hat{x}|\leqq(I-G)^{-1}\cdot E\cdot|x|.$$

Korollar 6: *Existiert eine Konstante K derart, daß $\|G\|\leqq K<1$, dann gilt für den relativen Fehler aller Elemente $\tilde{x}_n$ aus der Zyklusmenge:*

$$\frac{\|\tilde{x}_n-\hat{x}\|}{\|\hat{x}\|}\leqq\frac{\varepsilon^*}{1-K}.$$

Insgesamt gesehen läßt sich feststellen, daß aufgrund der Berechnung des Skalarproduktes auf eine Rundungsfehlereinheit genau in vielen Fällen, wie z. B. in den Abschnitten 3. und 4. gezeigt, eine exakte Rundungsfehleranalyse überhaupt erst ermöglicht wird; auf jeden Fall sind die Fehleranalysen aber einfacher durchzuführen und die sich dabei ergebenden Fehlerschranken sind schärfer als diejenigen, die man bei Rechnung mit normaler Gleitkommaarithmetik erhält.

Literatur

[1] Bohlender, G.: Genaue Summation von Gleitkommazahlen. In diesem Band, S. 21—32.
[2] Bohlender, G.: Produkte und Wurzeln von Gleitkommazahlen. In diesem Band, S. 33—46.
[3] Forsythe, G. E., Moler, C. B.: Computer Solution of Linear Algebraic Systems. Englewood Cliffs, N. J.: Prentice-Hall 1967.
[4] Kulisch, U.: Formalization and Implementation of Floating-Point Arithmetic. Computing *14*, 323—348 (1975).
[5] Kulisch, U.: Über die Arithmetik von Rechenanlagen (Jahrbuch Überblicke Mathematik 1975), S. 68—108. Mannheim: Bibliographisches Institut 1975.

[6] Kulisch, U., Bohlender, G.: Formalization and Implementation of Floating-Point Matrix Operations. Computing *16*, 239—261 (1976).
[7] Moler, C. B.: Iterative Refinement in Floating Point. J. Assoc. Comput. Mach. *14*, 316—321 (1967).
[8] Urabe, M.: Component-wise Error Analysis of Iterative Methods Practiced on a Floating-Point System. Memoirs of the Faculty of Science, Kyushu University, Series A, Mathematics *27*, No. 1 (1973).
[9] Wilkinson, J. H.: Rounding Errors in Algebraic Processes. Englewood Cliffs, N. J.: Prentice-Hall 1963.
[10] Wilkinson, J. H.: The Algebraic Eigenvalue Problem. London: Oxford University Press 1965.

Dipl.-Math. K. Grüner
Institut für Angewandte Mathematik
Universität Karlsruhe
Englerstraße 2
D-7500 Karlsruhe
Bundesrepublik Deutschland

Computing, Suppl. 1, 57—64 (1977)

Zur Approximation des Wertebereiches reeller Funktionen durch Intervallausdrücke

J. Herzberger, Karlsruhe

Zusammenfassung

Zur Einschließung des Wertebereiches von reellen Funktionen kann bei numerischen Methoden die Intervallrechnung verwendet werden. So erhält man leicht berechenbare, monotone und einschließende Approximationen für den Wertebereich. In praktischen Fällen hängt die Güte der Approximation linear vom Durchmesser der auftretenden Intervalle ab. Die Arbeit bringt allgemeine Bedingungen dafür, wann diese Abhängigkeit quadratisch oder von höherer Ordnung ist.

1. Einleitung

Wir betrachten im folgenden reelle Funktionen f einer reellen Variablen x, welche auf ganz $\mathbb{R}$ oder auf einem endlichen Teilintervall $D \subset \mathbb{R}$ erklärt sind. Den Funktionswert von f an der Stelle x bezeichnen wir mit $f(x)$. Ein solcher Funktionswert $f(x)$ werde mit Hilfe einer Rechenvorschrift, d. h. mit Hilfe eines sogenannten Funktionsausdruckes bestimmt. Üblicherweise bezeichnet man solche zu einer Funktion f gehörigen Funktionsausdrücke ebenfalls mit $f(x)$, obwohl diese Zuordnung keineswegs eindeutig ist. Für unsere Überlegungen treffen wir folgende Einschränkungen. Zugelassen sind nur solche Funktionsausdrücke, die sich aus endlich vielen Grundoperationen $+$, $-$, $\times$, $/$ sowie Klammern (,) und Standardfunktionen $|\cdot|$, $\sqrt{\cdot}$, sin, cos, exp, ... bilden lassen. Durch diese Einschränkung soll gewährleistet sein, daß derartige Funktionsausdrücke mit Hilfe der entsprechenden Maschinenoperationen auf einem Rechner ausgewertet werden können. Außerdem sollen die entsprechenden intervallmäßigen Operationen dazu erklärt sein. Diese sind nichts anderes als Wertebereichsintervalle für die Operationsergebnisse, wenn das Argument bzw. die Argumente vorgegebene Intervalle durchlaufen. Mit Hilfe dieser Intervalloperationen lassen sich dann intervallmäßige Auswertungen von Funktionsausdrücken bilden. Ersetzt man überall in einem solchen Funktionsausdruck die Variable x durch ein Intervall X und führt für auftretende Parameter eventuell auch eine solche Substitution durch, dann erhält man bei intervallmäßiger Ausführung aller auftretenden Operationen — falls diese definiert sind — ein Ergebnisintervall $f(X)$. Wir nennen $f(X)$ die intervallmäßige Auswertung des Funktionsausdruckes $f(x)$ (vergleiche hierzu [1], [7]). Bekanntlich hängt das Ergebnis $f(X)$ sehr stark von dem gewählten Funktionsausdruck $f(x)$ ab.

Uns interessieren vor allem einige Eigenschaften solcher intervallmäßigen Auswertungen, die im Zusammenhang mit dem Wertebereich der Funktion f stehen. Da ist zunächst einmal die fundamentale „Einschließungseigenschaft“

$$W(f,X)=\{f(x)\mid x\in X\}\subseteq f(X) \tag{1}$$

zu nennen. Diese besagt, daß die intervallmäßige Auswertung eines Funktionsausdruckes $f(x)$ stets eine Approximation des Wertebereiches der zugehörigen Funktion f im Intervall X in Form eines Einschließungsintervalles darstellt. Eigenschaft (1) ist eine Folge der Inklusionsmonotonie

$$X\subseteq Y\Rightarrow f(X)\subseteq f(Y) \tag{2}$$

der Intervallrechnung (siehe [1], [7]).

Unter bestimmten Voraussetzungen, welche bei den eingangs eingeschränkten Funktionsausdrücken meist erfüllt sind (vergleiche [1]), läßt sich über die Güte dieser Approximation eine qualitative Abschätzung angeben. Diese ist

$$q\left(W(f,X),f(X)\right)\leq L\,d(X), \tag{3}$$

wobei q die Hausdorff-Metrik für Intervalle bedeutet und

$$d(X)=d([x_1,x_2])=x_2-x_1$$

den Intervalldurchmesser bezeichnet.

Aus (3) folgt sofort, daß

$$d(X)\to 0\Rightarrow f(X)\to W(f,X)$$

gelten muß.

In einigen Sonderfällen läßt sich $f(X)=W(f,X)$ beweisen. Hierzu findet man Klassen von speziellen Funktionen in [2] angegeben. Generell gilt diese Gleichheit in allen Funktionsausdrücken, in welchen die Variable x nur einmal auftritt. Im allgemeinen kann man jedoch nur die Gültigkeit der Abschätzung (3) erwarten. Hierzu ein elementares Beispiel.

Beispiel: Sei f die identisch verschwindende Funktion, also $f\equiv 0$. Als zugehörigen Funktionsausdruck setzen wir $f(x)=x-x$. Dann gelten

$$W(f,X)=\{0\}\subseteq X-X=[-d(X),d(X)]=f(X)$$

und

$$q([0,0],[-d(X),d(X)])=d(X).$$

Verschiedentlich wurde versucht, durch geeignete Einschränkungen an $f(x)$, anstatt der Abschätzung (3) eine quadratische Abhängigkeit der Wertebereichsapproximation von $d(X)$ zu erhalten. Also versuchte man die Gültigkeit von

$$q\left(W(f,X),f(X)\right)\leq L\,(d(X))^2 \tag{4}$$

zu erreichen. Dies kann nicht ohne zusätzliche Einschränkungen an $f(x)$ geschehen, wie schon das obige Beispiel beweist. Die Beziehung (4) wurde zuerst für sogenannte zentrische Darstellungen von Hansen [4], dann etwas allgemeiner von Chuba und Miller [3] bewiesen. In [1] wurde von Alefeld noch eine

Klasse von Intervallausdrücken mit der Eigenschaft (4) angegeben. Intervallmäßige Auswertungen, welche (4) genügen, sind von großem praktischen Interesse für eine Reihe von numerischen Anwendungen. Dort dient die intervallmäßige Auswertung als Approximation für den sehr viel schwieriger zu ermittelnden Wertebereich einer Funktion. Je besser diese Approximation in Abhängigkeit von $d(X)$ jedoch ausfällt, umso schneller konvergiert dann meist der betreffende Algorithmus.

Wir betrachten in dieser Note die Frage der Gültigkeit von (4). Dazu schlagen wir jedoch einen anderen Weg ein als bei den bisher bekannten Arbeiten. Kurz gesagt, wir wollen (4) nicht mehr für alle Intervalle X aus $I(\mathbb{R})$ oder eines Teilintervalles fordern. Vielmehr wird diese Eigenschaft auf einer geeignet eingeschränkten Teilmenge von $I(\mathbb{R})$, den sogenannten verallgemeinerten Nullintervallen, untersucht. Damit lassen sich dann allgemeine Bedingungen finden, welchen etwa das L in (3) genügen muß, damit auch (4) erfüllt ist. Damit vermeiden wir, spezielle Konstruktionsvorschriften für $f(x)$ als Kriterium zu verwenden, wie das bisher immer geschehen ist. Solche lassen sich dann aus unseren Ergebnissen auch herleiten, indem man die Bildungsvorschrift der verallgemeinerten Nullintervalle in den Funktionsausdruck substituiert.

Als nächstes führen wir kurz als Hilfsmittel die schon erwähnten Klassen von Intervallen ein.

2. Klassen verallgemeinerter Nulltarife

Wir gehen aus von der bekannten Definition

$$X \text{ heißt Nullintervall} \Leftrightarrow 0 \in X.$$

Nullintervalle lassen sich aber bekanntlich auch einfach charakterisieren durch die Forderung

$$X \text{ ist Nullintervall} \Leftrightarrow |X| \le d(X). \tag{5}$$

Der Nachweis von (5) ist trivial. Neben (5) gilt noch allgemein für beliebige Intervalle die Ungleichung

$$d(X) \le 2|X|.$$

Zusammen mit (5) erfüllen Nullintervalle also die Forderung

$$|X| \le d(X) \le 2|X|. \tag{6}$$

Von dieser Ungleichung ausgehend treffen wir folgende

Definition 1: Sei $c \ge 1/2$, dann definieren wir eine Klasse verallgemeinerter Nullintervalle durch

$$\mathcal{N}_c = \{X \mid |X| \le c\, d(X) \le 2c|X|\}.$$

Bemerkungen: Definition 1 enthält als Spezialfall die Menge der Nullintervalle mit $c = 1$, denn dafür ist die Einschränkung an X identisch mit der in (6). Weiter beschreibt $\mathcal{N}_c$ für $c = 1/2$ die Menge der symmetrischen Intervalle, d. h. der Intervalle X mit $X = -X$.

Die Klassen von Intervallen $\mathcal{N}_c$ treten bereits implizit bei Hebgen in [5] auf, wo sie für die Pivotsuche bei Intervallmatrizen verwendet werden.

Als einfache Eigenschaften der Intervallklassen $\mathcal{N}_c$ seien erwähnt

$$c_1 \leq c_2 \Rightarrow \mathcal{N}_{c_1} \subseteq \mathcal{N}_{c_2}, \tag{7a}$$

$$\mathcal{N}_c \to I(\mathbb{R}) \text{ für } c \to \infty. \tag{7b}$$

Zur anschaulichen Deutung der Klasse $\mathcal{N}_c$ kann man von der Beziehung $|X| = q([0,0], X)$ ausgehen. Damit besagt die Bedingung in Definition 1 für eine feste Entfernung von $[0,0]$, daß die Zahl der in $\mathcal{N}_c$ enthaltenen Intervalle mit wachsendem c zunimmt.

Nun kurz zur Erzeugung von solchen verallgemeinerten Nullintervallen. Bekanntlich gilt für beliebige Intervalle X, daß mit $x \in X$ das Intervall $(x - X)$ ein Nullintervall darstellt. Eine Verallgemeinerung dieser Aussage bringt

Lemma 2: *Sei $m(X) = (x_1 + x_2)/2$, dann gilt für $y \in \mathbb{R}$*

$$|y - X| \leq (c - 1/2)\, d(X) \Leftrightarrow (y - X) \in \mathcal{N}_c. \tag{8}$$

Der einfache Beweis dieser Aussage wird weggelassen.

Wir zeigen nun noch, daß die Klassen $\mathcal{N}_c$ bezüglich der Intervalloperationen $+$ und $\times$ analoge Eigenschaften besitzen, wie sie von den Nullintervallen her bekannt sind. Dazu formulieren wir

Lemma 3: *Es gelten*

$$\mathcal{N}_c + \mathcal{N}_c = \mathcal{N}_c, \tag{9a}$$

$$I(\mathbb{R}) \times \mathcal{N}_c = \mathcal{N}_c, \tag{9b}$$

(*wobei* $+$ *und* $\times$ *im Sinne der Komplexverknüpfungen zu verstehen sind.*) □

Wiederum wird der einfache Beweis hier nicht wiedergegeben.

Nach der Behandlung von Hilfsmitteln wenden wir uns nun der eigentlichen Aufgabenstellung zu.

3. Intervallmäßige Auswertungen in $\mathcal{N}_C$

In Abschnitt 1 sahen wir, daß für die Güte der Approximation des Wertebereiches über einem Intervall durch eine intervallmäßige Auswertung im allgemeinen nur gemäß (3) abgeschätzt werden kann. Nun wollen wir die Intervalle einschränken und hierzu die im vorigen Abschnitt eingeführten Klassen $\mathcal{N}_c$ verwenden.

Zu der Abschätzung in (3) bemerken wir zunächst noch, daß sie oft auch in der Gestalt

$$d\big(f(X)\big) \leq L\, d(X) \tag{3'}$$

benutzt wird. Dabei läßt sich die Größe L dann zusätzlich noch in der Form

$$L = L(|X|)$$

schreiben. Bei den wichtigsten vorkommenden Funktionenklassen läßt sich ein derartiges $L(|X|)$ dann auch explizit angeben (vergleiche [1]). Ist etwa $f(x)$ ein zu f gehöriger Funktionsausdruck, dann bildet man daraus $\tilde{f}(x_1, x_2, \ldots, x_m)$, indem für jedes Auftreten von x in $f(x)$ eine neue Variable x_i eingeführt wird. Damit erhält man $f(x) = \tilde{f}(x, x, \ldots, x)$. Es läßt sich zeigen, daß damit

$$L = \sum_{i=1}^{m} l_i \text{ mit } l_i \geq \max \left\{ \left| \frac{\partial \tilde{f}}{\partial x_i} \right| \mid x_i \in X \right\}$$

gilt. Praktisch haben darin die Abschätzungen l_i die Form $l_i(|X|)$ mit differenzierbaren Funktionen $l_i(z)$.

Nach diesen Vorbereitungen bringen wir folgenden

Satz 4: *Sei f eine reelle Funktion einer reellen Variablen x und $f(x)$ ein zugehöriger Funktionsausdruck. Es existiere weiter die intervallmäßige Auswertung $f(X)$ für Intervalle X mit $|X| \leq \varepsilon$ und genüge dafür einer Bedingung*

$$d(f(X)) \leq L(|X|)\, d(X).$$

Ferner sei $f(x)$ zweimal stetig differenzierbar und $L(|X|)$ einmal stetig differenzierbar in $[-\varepsilon, \varepsilon]$. Dann gilt

aus $L(0) = |f'(0)|$ folgt $q(W(f, X), f(X)) \leq \gamma (d(X))^2$ für $X \in \mathcal{N}_c$ und $d(X) \to 0$. (10)

Beweis: Wegen (1) gilt $W(f, X) \subseteq f(X)$ und damit folgt

$$q(W(f, X), f(X)) \leq d(f(X)) - d(W(f, X)).$$

Ferner kann man schreiben

$$d(W(f, X)) = f(y) - f(z) \geq |f(x_2) - f(x_1)| = |f'(\xi)|\, d(X)$$

für ein $\xi \in X$. Zusammen mit der Voraussetzung erhalten wir dann insgesamt

$$q(W(f, X), f(X)) \leq (L(|X|) - |f'(\xi)|)\, d(X), \text{ mit } \xi \in X.$$

Weiter läßt sich, falls o. E. $f'(0) \neq 0$ ist, schreiben

$$|f'(\xi)| = |f'(0) + f''(\eta)\xi| \geq |f'(0)| - |f''(\eta)|\, |\xi| \geq 0,$$
$$L(|X|) = L(0) + L'(\mu)|X|, \text{ mit } \eta, \mu \in [-|X|, |X|],$$

wobei $X \in \mathcal{N}_c$ und $d(X) \leq \varepsilon$ sei. Dies alles eingesetzt ergibt schließlich

$$q(W(f, X), f(X)) \leq (L'(\mu) + |f''(\eta)|)\, |X|\, d(X) \leq \gamma (d(X))^2. \qquad \square$$

Wir wollen (10) auf eine einfache Funktion anwenden und betrachten dazu folgendes

Beispiel: Sei $f(x) = x(x - \sin x)$ gegeben, dann gilt bekanntlich

$$d(f(X)) \leq (2|X| + |\sin X| + |X|\, |\cos X|)\, d(X),$$

und es ist offensichtlich $L(0) = 0$. Außerdem erhalten wir

$$f'(x) = 2x - \sin x + x \cos x$$

und damit $f'(0) = 0$. Nach Satz 4 folgt dann die Aussage von (10).

Weiter zeigt man leicht, daß wegen Satz 4 auch alle Funktionsausdrücke der Form

$$p(x) = a_0 + a_1 x + a_2 x^2 + \ldots + a_n x^n$$

die in (10) folgende Eigenschaft besitzen. Dies gilt jedoch nicht mehr für Polynomausdrücke, welche nicht in der obigen Normalform sind, wie schon das Beispiel in Abschnitt 1 zeigte.

Als Ergänzung soll noch eine Funktionenklasse angegeben werden, welche alle Voraussetzungen von Satz 4 erfüllt. Dies geschieht in

Korollar 5: *Seien f und g reelle Funktionen der reellen Variablen x und $f(x)$ und $g(x)$ zugehörige Funktionsausdrücke. Die intervallmäßigen Auswertungen $f(X)$ und $g(X)$ mögen für Intervalle X mit $|X| \leq \delta$ existieren und Bedingungen*

$$d(f(X)) \leq l(|X|)\, d(X) \text{ bzw. } d(g(X)) \leq h(|X|)\, d(X)$$

mit stetig differenzierbaren $l(z)$, $h(z)$ genügen. Ferner seien $f(x)$, $g(x)$ zweimal stetig differenzierbar. Dann gilt

$$\left.\begin{aligned} l(0) &= |f'(0)| \\ f(0) &= 0 \end{aligned}\right\} \Rightarrow q(W(f\cdot g, X), f(X)\cdot g(X)) \leq \gamma (d(X))^2 \text{ für } X \in \mathcal{N}_c \text{ und } d(X) \to 0. \tag{11}$$

Beweis: Es wird gezeigt, daß $f\cdot g$ die Bedingungen in Satz 4 erfüllt. Trivialerweise existiert $f(X)\cdot g(X)$ und $f(x)\cdot g(x)$ ist zweimal stetig differenzierbar. Weiter gilt

$$d(f(X)\cdot g(X)) \leq |f(X)|\, d(g(X)) + d(f(X))|g(X)|$$

und für $d(X) \leq \varepsilon_1$ gelten ferner die Abschätzungen

$$|f(X)| \leq |f(0)| + d(f([-|X|, |X|])) \leq |f(0)| + \alpha_1 |X|, \; |g(X)| \leq |g(0)| + a_2 |X|.$$

Dies zusammen ergibt dann

$$d(f(X)\cdot g(X)) \leq (h(|X|)\, \alpha_1 |X| + l(|X|)\, (|g(0)| + a_2 |X|))\, d(X) = \bar{l}(|X|)\, d(X),$$

wobei $\bar{l}(z)$ stetig differenzierbar ist und $\bar{l}(0) = l(0)\cdot |g(0)|$ gilt. Ferner ist

$$|(f(x)\cdot g(x))'_{x=0}| = |f'(0)|\; |g(0)| = l(0)\; |g(0)|,$$

womit die Behauptung folgt. □

Wir weisen noch auf eine Verallgemeinerung von Satz 4 hin. Diese besteht in einer (4) entsprechenden Aussage mit einer höheren Potenz von $d(X)$. Dazu wird wieder

$$d(f(X)) \leq l(|X|)\, d(X)$$

vorausgesetzt. Ferner sei wiederum $l(0) = |f'(0)|$ erfüllt. Es seien $l(z)$ und $f(x)$ hinreichend oft stetig differenzierbar, und es gelten

$$l^{(i)}(0) = 0,\; i = 1, 2, \ldots, m_1,\; l^{(m_1+1)}(0) \neq 0,$$
$$f^{(j)}(0) = 0,\; j = 2, 3, \ldots, m_2,\; f^{(m_2+1)}(0) \neq 0.$$

Unter diesen Voraussetzungen folgt

$$q(W(f, X), f(X)) \leq \gamma (d(X))^{2+n}, \quad n = \min\{m_1, m_2 - 1\}, \text{ für } X \in \mathcal{N}_c \text{ und } d(X) \to 0. \tag{12}$$

Zum Abschluß wollen wir noch zeigen, wie sich die bisher bekannten Fälle der Gültigkeit von (4) aus unseren Ergebnissen ableiten lassen. Es handelt sich dabei um:

a) Die zentrische Form von Moore [7] und Hansen [4]. Dort haben die Funktionsausdrücke die spezielle Gestalt

$$f(x) = f(c) + (x - c)\, k(x - c),$$

wobei $f(X)$ mit $c \in X$ gebildet wird. Um dieses Ergebnis zu erhalten, brauchen wir in Korollar 5 nur die Substitutionen

$$f(X) = (X - c) \text{ und } g(X) = k(X - c)$$

auszuführen. Korollar 5 gilt darüberhinaus aber auch noch für alle $c \notin X$, für die noch $(X - c) \in \mathcal{N}_c$ ist.

b) Die semizentrische Form von Alefeld ([1], S. 41). Dort hat $f(x)$ die Form

$$f(x) = f(c) + (x - c) f'(\xi(x)), \quad c \in X.$$

Als verallgemeinerte intervallmäßige Auswertung wird jedoch der Ausdruck

$$\psi(X) = f(c) + (X - c) f'(X)$$

genommen. Wiederum braucht man in Korollar 5 nur die Substitutionen

$$f(x) = (x - c) \text{ und } g(x) = f'(x)$$

vorzunehmen, um (4) zu erhalten. Diese Form der intervallmäßigen Einschließung des Wertebereiches wurde in [6] für ein Nullstellensuchverfahren vorteilhaft verwendet.

Wie das Beispiel b) zeigt, so gilt Satz 4 auch noch für intervallmäßige Einschließungen von $W(f, X)$, welche nicht in der eingangs beschriebenen Weise als intervallmäßige Auswertungen eines zu f gehörenden Funktionsausdruckes $f(x)$ gebildet werden.

Der Autor möchte an dieser Stelle der Stiftung Volkswagenwerk danken, mit deren Unterstützung die Ergebnisse dieser Arbeit entstanden sind.

Literatur

[1] Alefeld, G., Herzberger, J.: Einführung in die Intervallrechnung. Mannheim-Wien-Zürich: Bibliographisches Institut 1974.

[2] Apostolatos, N., Kulisch, U.: Approximation der erweiterten Intervallarithmetik durch eine einfache Maschinenintervallarithmetik. Computing *2*, 181—194 (1967).

[3] Chuba, W., Miller, W.: Quadratic convergence in interval arithmetic, Part I. BIT *12*, 284—290 (1972).

[4] Hansen, E. R.: The centered form. In: Topics in Interval Analysis. Oxford: Clarendon Press 1969.

[5] Hebgen, M.: Eine scaling-invariante Pivotsuche für Intervallmatrizen. Computing *12*, 99—106 (1974).

[6] Mihelcic, M.: Eine Modifikation des Halbierungsverfahrens zur Bestimmung aller reellen Nullstellen einer Funktion mit Hilfe der Intervall-Arithmetik. Angew. Informatik *17*, 25—29 (1975).

[7] Moore, R. E.: Interval Analysis. Englewood Cliffs, N. J.: Prentice-Hall 1966.

Prof. Dr. J. Herzberger
Institut für Angewandte Mathematik
Universität Karlsruhe
Englerstraße 2
D-7500 Karlsruhe
Bundesrepublik Deutschland

Neue Anschrift:
Fachbereich IV
Universität Oldenburg
Ammerländer Heerstraße 67—99
D-2900 Oldenburg
Bundesrepublik Deutschland

Computing, Suppl. 1, 65—79 (1977)

Algebraische Erweiterungen der Intervallrechnung unter Erhaltung der Ordnungs- und Verbandsstrukturen

E. Kaucher, Karlsruhe

Zusammenfassung

Es werden allgemeine Einbettungssätze von geordneten, verbandsgeordneten und bedingt vollständigen verbandsgeordneten, kommutativen Halbgruppen, die isoton regulär (bzw. teilweise isoton regulär) sind, in entsprechende isoton geordnete Gruppen angegeben. Die Voraussetzungen an die zugrunde gelegten Halbgruppen werden in allen Räumen der Intervallrechnung bezüglich der Addition stets erfüllt. Schließlich wird ein Einbettungssatz für assoziative Ringoide angegeben, in dem die erweiterte (nicht notwendig kommutative) Multiplikation ebenfalls isoton bleibt und die additiven Halbgruppen der Ringoide, wie oben dargestellt, in isotone Gruppen eingebettet sind.

Einleitung

Die in der Intervallrechnung (I.R.) auftretenden Räume {1} {7} ($\mathbb{I}\mathbb{R}$, $+$, $*$, $\subseteq$), (V_n, $\mathbb{I}\mathbb{R}$, $+$, $\subseteq$), ($\mathbb{I}\mathbb{C}$, $+$, $*$, $\subseteq$), ($\mathbb{K}\mathbb{C}$, $+$, $*$, $\subseteq$) usw. sind algebraisch unvollkommene Räume in dem Sinne, daß z. B. in ($\mathbb{I}\mathbb{R}$, $+$) im allgemeinen keine Inversen existieren und deshalb schon die einfachste Gleichung $A+X=B$ nur in besonderen Fällen auflösbar ist {10}. Betrachtet man jedoch die in den einzelnen Räumen der I.R. gegebenen Eigenschaften, so liegen stets reguläre, kommutative, additive Halbgruppen vor, die sich bekanntlich stets in Gruppen einbetten lassen {2}. Besonderes Problem in bezug auf die I.R. jedoch ist die wichtige Einschließungs- oder Isotonieeigenschaft, die natürlich in den Einbettungen erhalten bleiben soll. Aus diesem Grunde ist der Rådströmsche Einbettungssatz {11} nur bedingt auf die I.R. anwendbar. Die im folgenden skizzierten Einbettungssätze geordneter Halbgruppen stellen daher eine Ergänzung zum Rådströmschen Einbettungssatz und zu den topologischen Einbettungssätzen {8}, {12} dar.

1.

Im folgenden werden Gruppoide $(M, \circ)$ mit einer in der Grundmenge M gegebenen Ordnungsstruktur betrachtet. Gewisse Verträglichkeitseigenschaften, die in der I.R. der Einschließungseigenschaft entsprechen, werden zugrunde gelegt.

Definition 1: Ist $(M, \circ)$ ein kommutatives Gruppoid, $(M, \leqq)$ geordnete Menge, so ist das Gruppoid

(a) *isoton*, wenn $\bigwedge_{a,b,x\in M} a \leqq b \Rightarrow a \circ x \leqq b \circ x$,

(b) *teilweise isoton regulär*, wenn eine Teilmenge $N \subseteq M$, $N \neq M$ existiert, so daß die isotone Kürzungsregel

$$\bigwedge_{a,b,x\in M} \{(a \circ x \leqq b \circ x \Rightarrow a \geqq b) \Leftrightarrow x \notin N\} \tag{K}$$

gilt. N heißt *Ausnahmemenge* des Gruppoides.

(c) Ist $N = \emptyset$, so ist das Gruppoid *isoton regulär*.

Die Ausnahmemenge besitzt bezüglich der induzierten Verknüpfung folgende Eigenschaften:

Lemma 1: *Ist* $(M, N, \circ, \leqq)$ *isotone, teilweise isoton reguläre, kommutative Halbgruppe, so gilt:*

(a) $(N, \circ)$ *ist abgeschlossen und absorbierend in* $(M, \circ)$, *d. h. aus* $a \circ b \notin N$ *folgt* $a \notin N$ *und* $b \notin N$ *und umgekehrt.*

(b) $(M \backslash N, \circ)$ *ist abgeschlossen, d. h. aus* $a, b \in M \backslash N$ *folgt* $a \circ b \in M \backslash N$.

Beweis: (a) (b) folgen unmittelbar aus der Eigenschaft (*K*).

Satz 1: *Jede isotone, teilweise isoton reguläre, kommutative Halbgruppe läßt sich stets (bis auf Isomorphien) eindeutig einbetten in eine kleinste isotone, teilweise isoton reguläre, kommutative Halbgruppe* $(Q, QN, \circ, \leqq)$, *so daß die isotone, isoton reguläre, kommutative Halbgruppe* $(M \backslash N, \circ, \leqq)$ *in der isotonen, kommutativen Gruppe* $(Q \backslash QN, \circ, \leqq)$ *eingebettet ist.*

Beweis: In Anlehnung an {2} (S. 88) definiert man im Produktraum $\Delta := M \times (M \backslash N) = \{(a,b) \mid a \in M,\ b \in M \backslash N\}$ zwischen Elementen $(a,b) \in \Delta$ und $(c,d) \in \Delta$ die Relation.

$$(a,b) \sim (c,d) :\Leftrightarrow a \circ d = b \circ c. \tag{1}$$

Diese Relation ist offenbar reflexiv, symmetrisch und transitiv, also eine Äquivalenzrelation.

Mit Hilfe der so definierten Äquivalenzrelation $\sim$ bildet man den Quotientenraum $QM := \Delta/_\sim = (M \times M \backslash N)/_\sim$. In QM kann nun eine Ordnungsrelation und eine algebraische Verknüpfung definiert werden, die sich dann als geeignete Fortsetzung der ursprünglichen Relation und Verknüpfung erweisen.

Ist $A \in QM$ eine Äquivalenzklasse und $(a,b) \in A$ ein Repräsentant, so sei $A = \langle a,b \rangle$ gekennzeichnet. Gemäß

$$\langle a,b \rangle \circ \langle c,d \rangle := \langle a \circ c, b \circ d \rangle \tag{2}$$

ist eine Verknüpfung in QM definiert. Mit $b, d \in M \backslash N$ ist nach Lemma 1 (a) stets $b \circ d \in M \backslash N$, so daß $\circ$ in Q stabil ist.

Sie ist unabhängig vom Repräsentanten, d. h. aus

$$(a,b) \sim (x,y) \text{ folgt } (a,b) \circ (c,d) \sim (x,y) \circ (c,d).$$

Die Relation

$$\langle a,b\rangle \leqq \langle c,d\rangle :\Leftrightarrow a\circ d \leqq b\circ c \qquad (3)$$

definiert eine Ordnungsrelation in QM. Die Reflexität und Antisymmetrie, Transitivität und Unabhängigkeit vom Repräsentanten sind unmittelbar wie in {2} einzusehen.

$(QM,\circ)$ ist nach denselben Überlegungen wie in {2} kommutativ, assoziativ und besitzt das Neutralelement $E=\langle h,h\rangle$ mit $h\in M\backslash N$.

$(QM,\circ)$ ist daher eine abelsche Halbgruppe mit Neutralelement E.

$(QM,\circ,\leqq)$ ist darüberhinaus eine isotone Halbgruppe. Es gilt:

$$\langle a,b\rangle \leqq \langle c,d\rangle \overset{(3)}{\Leftrightarrow} a\circ d \leqq b\circ c \Rightarrow a\circ d\circ(x\circ y) \leqq b\circ c\circ(x\circ y)$$

$$\Leftrightarrow a\circ x\circ d\circ y \leqq b\circ y\circ c\circ x \overset{(3)}{\Leftrightarrow} \langle a\circ x, b\circ y\rangle \leqq \langle c\circ x, d\circ y\rangle$$

$$\overset{(2)}{\Leftrightarrow} \langle a,b\rangle\circ\langle x,y\rangle \leqq \langle c,d\rangle\circ\langle x,y\rangle .$$

Zum Nachweis der weiteren algebraischen Eigenschaften von $(QM,\circ,\leqq)$ braucht man folgende unmittelbare Folgerungen aus Lemma 1.

Lemma 2:

(a) *Die Teilmenge* $QN := \{\langle a,b\rangle \mid a\in N,\ b\in M\backslash N \subset QM\}$ *ist absorbierend bezüglich* $(QM,\circ)$.

(b) *Die Struktur* $(QM\backslash QN,\circ)$ *ist algebraisch abgeschlossen.*

Nach diesem Lemma 2 ist $(QM\backslash QN,\circ)$ eine Teilstruktur von $(QM,\circ)$. Es kann daher gezeigt werden, daß $(QM\backslash QN,\circ)$ eine isotone Gruppe ist. Es ist für beliebiges $a,b\in QM\backslash QN$

$$\langle a,b\rangle\circ\langle b,a\rangle = \langle a\circ b, b\circ a\rangle = \langle h,h\rangle = E$$

mit $h=a\circ b\in M\backslash N$, d. h. es existieren inverse Elemente. Da $(QM,\circ,\leqq)$ isoton ist, wird somit $(QM\backslash QN,\circ,\leqq)$ zu einer isotonen Gruppe.

Ferner ist $(M,N,\circ,\leqq)$ in $(QM,QN,\circ,\leqq)$ und $(M\backslash N,\circ,\leqq)$ in die Gruppe $(QM\backslash QM,\circ,\leqq)$ eingebettet. Entsprechend wie in {2} wird die Abbildung $\phi: M\to QM$

$$\bigwedge_{a\in M} \phi(a) := \langle a\circ k, k\rangle,\ \text{mit festgewähltem}\ k\in M\backslash N, \qquad (4)$$

definiert. ϕ ist dann ein injektiver isotoner Homomorphismus.

Die Abbildung ϕ bewerkstelligt daher die behauptete Einbettung von $(M,N,\circ,\leqq)$ in $(QM,QN,\circ,\leqq)$. Die gleichzeitige Einbettung von $(M\backslash N,\circ,\leqq)$ in die Gruppe $(QM\backslash QN,\circ,\leqq)$ ergibt sich aus der Tatsache, daß mit $a\notin N$ stets $\phi(a)\notin QN$ folgt und ϕ injektiv ist. Nach Lemma 1 (1) ist mit $a\notin N$ und $k\notin N$ stets $a\circ k\notin N$, d. h. $\langle a\circ k,k\rangle\notin QN$ womit sich $\phi(\mathrm{a})\notin QN$ bestätigt.

Zum Abschluß des Beweises von Satz 1 muß noch gezeigt werden, daß die angegebene Einbettung QM die kleinste und bis auf Isomorphien eindeutig ist, d. h. für jede andere Einbettung $Q'M$ gilt $QM \subset Q'M$ oder $(QM, \circ, \leqq) \cong (Q'M, \circ', \leqq')$.

Sei $X = \langle a,b \rangle \in QM$ mit $b \notin N$, d. h. es ist $(a,b) \in X$. Ferner sei $A = \langle a \circ l, l \rangle$ und $B = \langle b \circ l, l \rangle$ mit $l \notin N$, dann ist $(a,b) \sim (a \circ l, l) \circ (l, b \circ l)$, d. h. es gilt stets die Darstellung:

$$X = A \circ B^{-1}, \text{ wobei } B^{-1} \text{ das inverse Element zu } B \text{ darstellt,} \tag{5}$$

das stets existiert, denn es ist $b \notin N$, also liegt B in der Gruppe $QM \backslash QN$.

Nun sind $A \in \phi(M)$, $B \in \phi(M \backslash N) \subset \phi(M)$, und da stets $\phi(M) \subset Q'M$ gelten soll, ist $A \in Q'M$ als auch $B \in Q'M$. Mit $B \in \phi(M \backslash N)$ aber muß in der Einbettung $Q'M$ eine Teilmenge $Q'M \backslash Q'N$ existieren, die als Gruppe die Teilmenge $\phi(M \backslash N)$ enthält, d. h. es existiert $B^{-1} \in Q'M \backslash Q'N \subset Q'M$, und damit ist stets $X = A \circ B^{-1} \in Q'M$. Somit ist $QM \subset Q'M$.

Ist $QM = Q'M$, so ist $(QM, \circ) \cong (Q'M, \circ')$ und sei ψ: $QM \to Q'M$ mit $\psi(A \circ B) = \psi(A) \circ' \psi(B)$ der vermittelnde Isomorphismus, so bleibt zu zeigen, daß ψ auch ein Ordnungsisomorphismus ist, d. h.

$$A \leqq B \Rightarrow \psi(A) \leqq' \psi(B),$$

womit sich die Isomorphie von $(QM, \circ, \leqq)$ und $(Q'M, \circ', \leqq')$ erweist.

Sind $A, B \in \phi(M) \subset QM$ und $A \leqq B$, so folgt trivialerweise auf Grund der Einbettungseigenschaft, daß stets mit $\psi(A)$, $\psi(B) \in \phi'(M) \subset Q'M$ auch $\psi(A) \leqq' \psi(B)$ (wegen $\psi|_{\phi(M)} = \phi' \{\phi|^{-1}_{\phi(M)}\}$) gilt.

Sind im allgemeinen Falle $X, Y \in QM$ und $X \leqq Y$, so folgt auf Grund von (5):

$$X \leqq Y \Leftrightarrow A \circ B^{-1} \leqq C \circ D^{-1} \Leftrightarrow A \circ D \leqq B \circ C \tag{$*$}$$

mit $A, B, C, D \in \phi(M)$. Somit gilt $A \circ D$, $B \circ C \in \phi(M)$, so daß nach dem bereits behandelten Fall aus ($*$) weiter folgt:

$$\begin{aligned} \psi(A \circ D) \leqq' \psi(B \circ C) &\Leftrightarrow \psi(A) \circ' \psi(D) \leqq' \psi(B) \circ' \psi(C) \\ &\Leftrightarrow \psi(A) \circ' \{\psi(B)\}^{-1} \leqq \psi(C) \circ' \{\psi(D)\}^{-1}. \end{aligned}$$

Da ψ ein $\circ$-Isomorphismus ist, gilt $\{\psi(X)\}^{-1} = \psi(X^{-1})$, womit

$$\begin{aligned} \psi(A) \circ' \psi(B^{-1}) &\leqq' \psi(C) \circ' \psi(D^{-1}) \Leftrightarrow \\ \psi(A \circ B^{-1}) &\leqq' \psi(C \circ D^{-1}) \Leftrightarrow \\ \psi(X) &\leqq' \psi(Y) \end{aligned}$$

nachgewiesen ist. □

Ist die in Satz 1 zugrunde gelegte Ordnungsstruktur $(M, \leqq)$ ein Verband oder gar ein bedingt vollständiger Verband, so ist nach dem angegebenen Einbettungssatz nicht gesichert, daß die Einbettung $(QM, \leqq)$ wieder ein entsprechender Verband ist. In folgenden beiden Sätzen wird diese Frage näher untersucht. Dazu folgende

Definition 2:

(a) Sei $(M, \circ)$ ein kommutatives Gruppoid und $(M, \sqcup)$ ein sup-Verband bzw. bedingt vollständiger sup-Verband (b. v. sup-Verband), so heißt $(M, \circ, \sqcup)$ *distributiv*, wenn gilt:

$$\bigwedge_{a,b,x \in M} (a \sqcup b) \circ x = a \circ x \sqcup b \circ x \quad \text{bzw.} \tag{6}$$

$$\bigwedge_{\substack{T \subset M \\ T \text{ beschr.}}} \bigwedge_{x \in M} (\sup T) \circ x = \sup (T \circ x). \tag{7}$$

T ist beschränkt, wenn für zwei $a, b \in M$ stets für alle $t \in T\, a \leqq t \leqq b$ gilt. Der Komplex $T \circ x$ ist definiert als $T \circ x = \{t \circ x \mid t \in T\}$.

(b) $(G, \circ, \sqcap, \sqcup)$ heißt eine *verbandsgeordnete Gruppe* (bzw. b. v. verbandsgeordnete Gruppe), wenn die Gruppe $(G, \circ)$ und der Verband (bzw. b. v. Verband) $(G, \sqcap, \sqcup)$ distributiv sind, d. h. $(G, \circ, \sqcap)$ sind gemäß (6) bzw. (7) distributiv.

Die Verbandsoperationen sind in solchen Gruppen jedoch nicht unabhängig. Dies zeigt folgendes

Lemma 3:

a) *Ist* (a) $(G, \circ)$ *eine Gruppe mit Neutralelement e,*

(b) $(G, \sqcup)$ *bedingt vollständiger* $\sqcup$*-Verband und*

(c) $(G, \circ, \sqcup)$ *distributiv,*

so ist G eine bedingt vollständige verbandsgeordnete Gruppe $(G, \circ, \sqcap, \sqcup)$ *und* $(G, \circ, \leqq)$ *ist isotone Gruppe. Insbesondere gilt mit* $a \circ a^{-1} = e$:

$$(\inf T)^{-1} = \sup (T^{-1}) \text{ mit } T^{-1} := \{t^{-1} \mid t \in T\}.$$

b) *Natürlich gilt diese Aussage unter* (a) *auch entsprechend für* $\sqcup$*-Verbände unter Weglassung von „bedingt vollständig“.*

Beweis: Der Beweis erfolgt mit geringfügiger Verallgemeinerung aus Theorem 5. 23 in {2} S. 194.

Satz 2:

Vor: Sei (a) $(M, \circ)$ *reguläre kommutative Halbgruppe,*

(b) $(M, \sqcup)$ $\sqcup$*-Verband,*

(c) $(M, \circ, \sqcup)$ *distributiv,*

Beh.: *so existiert eine (bis auf Isomorphien) eindeutige Einbettung in eine kleinste verbandsgeordnete Gruppe* $(Q, \circ, \sqcap, \sqcup)$ *und* $(Q, \sqcap, \sqcup)$ *ist darüberhinaus ein distributiver Verband.*

Beweis: Aus Voraussetzung (a) und (c) folgt, daß $(M, \circ, \leqq)$ isotone, isoton reguläre, kommutative Halbgruppe ist. Nach Satz 1 ist somit $(M, \circ, \leqq)$ einbettbar in eine isotone Gruppe $(Q, \circ, \leqq)$. Unabhängig von der eingeführten Ordnungsstruktur wird eine Operation „$\sqcup$" in Q definiert, die sich dann als geeignete Fortsetzung der $\sqcup$-Operation aus $(M, \sqcup)$ erweist und Q zu einer verbandsgeordneten Gruppe macht.

$$\bigwedge_{\substack{\langle a,b\rangle \in Q \\ \langle c,d\rangle \in Q}} \langle a,b\rangle \sqcup \langle c,d\rangle := \langle a \circ d \sqcup b \circ c, b \circ d\rangle. \tag{8}$$

Der Beweis verläuft ganz analog wie in Satz 1, nur daß statt der Relation (3) jetzt die Verknüpfung (8) überprüft wird. Die Operation $\sqcup$ ist unabhängig vom Repräsentanten in Q und erfüllt alle Eigenschaften eines $\sqcup$-Verbandes ({2}, S. 169), wie Idempotenz, Kommutativität und Assoziativität. Ferner zeigt sich in analoger Weise, daß $(Q, \circ, \sqcup)$ distributiv ist und daß der in (4) definierte Homomorphismus auch ein Verbandshomomorphismus ist. Damit sind alle Voraussetzungen von Lemma 3 erfüllt. Dieselben Überlegungen wie in Satz 1 beweisen die Eindeutigkeit (bis auf Isomorphien) der Einbettung. □

Ist der $\sqcup$-Verband jedoch bedingt vollständig (b. v.), so bedarf es weiterer Voraussetzungen. Dazu folgende

Definition 3: Eine isotone, kommutative Halbgruppe $(M, N, \circ, \leqq)$ mit Neutralelement e heißt

(a) *stark isoton regulär*, wenn zusätzlich zu (K) gilt:

$$\bigwedge_{a,b \in M} a \leqq b \Leftrightarrow a \mid b. \tag{T}$$

(b) *atomar*, wenn die Menge der minimalen Elemente $m(M)$ eine Gruppe $(m(M), \circ)$ bezüglich der induzierten algebraischen Verknüpfung bildet.

Die Einbettung isotoner, stark isoton regulärer und (oder) atomarer kommutativer Halbgruppen mit Neutralelement e, die sich stets nach Satz 1 einbetten lassen, besitzen einige grundlegende Eigenschaften, die in folgendem Lemma festgehalten seien:

Lemma 4:

(a) *$\phi(M)$ läßt sich darstellen als* $\phi(M) = \{\langle a, e\rangle \mid a \in M\}$.

(b) $\bigwedge_{\substack{A \in Q \\ B \in \phi(M)}} (B \leqq A \Rightarrow A \in \phi(M))$,

(c) $\bigwedge_{a,b \in M} \bigvee_{x \in M} a \leqq b \circ x$,

(d) *In $M \backslash m(M)$ existieren keine inverse Elemente, es gilt vielmehr*

$$\bigwedge_{a,b \in M} (a \circ b = e \Rightarrow a, b \in m(M)).$$

Beweis:

Es folgt (a) aus (4) mit $k = e$; (b) aus (K), (T) und (4); (c) und (d) aus der Eigenschaft, daß $(M, \circ, \leqq)$ atomar ist.

Satz 3: *Sei*

(a) $(M, \sqcup)$ *b. v.* $\sqcup$*-Verband,*

(b) $(M, \circ, \sqcup)$ *stark isoton reguläre, isotone kommutative Halbgruppe,*

(c) $(M, \circ, \sqcup)$ *distributiv,*

(d) $(M, \circ, \leqq)$ *atomar,*

so existiert eine Einbettung in eine b. v. verbandsgeordnete Gruppe $(Q, \circ, \sqcap, \sqcup)$.

Beweis: Sei $(Q, \circ, \sqcup)$ die nach Satz 2 gegebene Einbettung von $(M, \circ, \sqcup)$ bezüglich der Verbandsstruktur. Unabhängig von der so eingeführten Verbandsstruktur in $(Q, \sqcup)$ werde zunächst ein Operator $\sigma : Q \times Q \to Q$ definiert, der sich dann als eine geeignete Fortsetzung der $\sqcup$-Operation erweist.

Ist $T \subset Q$ eine beschränkte Teilmenge mit

$$\bigwedge_{\langle x,y \rangle \in T} \langle a,b \rangle \leqq \langle x,y \rangle \leqq \langle c,d \rangle, \text{ so gilt}$$

Fall 1: Ist $\langle a,b \rangle \in \phi(M)$, so ist nach Lemma 4 (b) $T \subset M$ und somit eine in M beschränkte Teilmenge. Nach (4) aus Satz 2 ist der Einbettungshomomorphismus ϕ ordnungshomomorph auf ϕ (M), so daß aufgrund der Identifizierung von $\phi(M)$ mit M $\sup_Q T = (\sup_M \phi^{-1}(T)) = \sup_M T$ gilt.

Fall 2: Ist $\langle a,b \rangle \notin \phi(M)$, so ist die Menge

$$T_{\langle a,b \rangle} := \langle b,a \rangle \circ T = \{\langle b,a \rangle \circ t \mid t \in T\}$$

mit $E = \langle h,h \rangle$ nach unten beschränkt, denn nach Konstruktion ist $(Q, \circ, \leqq)$ isotone Gruppe, so daß aus $\langle a,b \rangle = \langle x,y \rangle \in T$ stets

$$E = \langle a,b \rangle \circ \langle b,a \rangle \leqq \langle a,b \rangle \circ \langle x,y \rangle \in T_{\langle a,b \rangle}$$

folgt.

Nach Lemma 4 (b) liegt somit $T_{\langle a,b \rangle}$ in ϕ (M) und ist dort mit $\langle b,a \rangle \circ \langle c,d \rangle \in \phi(M)$ nach oben beschränkt. Es existiert daher nach Fall 1 die Größe $\sup_M (T_{\langle a,b \rangle}) = \sup_M (\langle b,a \rangle \circ T) \in \phi(M)$.

Der Operator

$$\sigma(T) = \sigma_{\langle a,b \rangle}(T) := \langle a,b \rangle \circ \sup_M (\langle b,a \rangle \circ T) \tag{9}$$

ist daher wohldefiniert. Es wird gezeigt, daß $\sigma(T) = \sup_Q(T)$ eine geeignete Fortsetzung von $\sqcup$ auf ganz Q darstellt und daß $(Q, \circ, \sqcup)$ distributiv ist. Im folgenden ist $A = \langle a,b \rangle$.

$\sigma(T)$ ist obere Schranke von T, denn für ein $X \in T$ ist

$$\sigma(T) = A^{-1} \circ \sup_M (A \circ T) \geqq A^{-1} \circ (A \circ X) = X.$$

$\sigma(T)$ ist kleinste obere Schranke von T. Sei $Y \in Q$ eine beliebige obere Schranke von T. Nach Satz 2 ist $(Q, \circ, \leqq)$ isotone Gruppe, so daß für $T_A \subseteq \phi(M)$ gilt:

$$\bigwedge_{A^{-1} \circ X \in T_A} (A^{-1} \circ X \leqq A^{-1} \circ Y \wedge A^{-1} \circ Y \in \phi(M))$$

und somit ist $\sup_M(T_A) \leqq A^{-1} \circ Y$, d.h.

$$\sigma_A(T) = A \circ \sup_M(T_A) \leqq A \circ A^{-1} \circ Y = Y.$$

Da aber Y eine beliebige obere Schranke von T ist, folgt, daß

$$\sup_Q T := \sigma(T) \tag{10}$$

die kleinste obere Schranke von T bestimmt.

Aus dem oben Bewiesenen folgt sofort die Unabhängigkeit von $\sigma_A(T)$ von der gewählten unteren Schranke A oder B von T, denn es ist sowohl $\sigma_A(T) \leqq \sigma_B(T)$ als auch $\sigma_B(T) \leqq \sigma_A(T)$, woraus stets $\sigma_A(T) = \sigma_B(T)$ folgt.

Die in (10) definierte sup-Operation in Q ist distributiv mit $\circ$ gemäß (7). Es gilt:

$$X \circ \sup_Q(T) = X \circ \sigma(T) = X \circ A \circ \sup_M(A^{-1} \circ T)$$

und mit der Darstellung $X = C \circ D^{-1}$ gemäß (5) folgt weiter:

$$= C \circ D^{-1} \circ A \circ \sup_M(A^{-1} \circ D \circ D^{-1} \circ T).$$

Da $\sup_M$ distributiv bezüglich $C, D \in \phi(M)$ gilt:

$$= D^{-1} \circ D \circ A \sup_M(A^{-1} \circ C \circ D^{-1} \circ T)$$

$$= A \circ \sup_M(A^{-1} \circ (X \circ T)).$$

Dieser Ausdruck ist jedoch im allgemeinen nicht gleich $\sigma(X \circ T)$, da im allgemeinen $A \nleqq X \circ T$ gelten kann. Jedoch folgt aus $A \leqq T$ und aus Lemma 4(c), daß ein $\langle e, z \rangle$ existiert mit $\langle e, z \rangle \leqq X$, so daß

$$A \circ \langle e, z \rangle \leqq X \circ T \tag{$*$}$$

gilt. Damit folgt weiter:

$$= A \circ \langle e, z \rangle \circ \langle z, e \rangle \circ \sup_M(A^{-1} \circ X \circ T)$$

(c)

$$= A \circ \langle e, z \rangle \circ \sup_M(A^{-1} \circ \langle z, e \rangle \circ X \circ T)$$

$$= B \circ \sup_M(B^{-1} \circ X \circ T)$$

mit $B := A \circ \langle e, z \rangle \leqq X \circ T$ nach $(*)$, so daß schließlich weiter folgt:

$$= \sigma(X \circ T) = \sup_Q(X \circ T).$$

Zusammenfassend ist $(Q, \circ)$ eine abelsche Gruppe, $(Q, \sup)$ bedingt vollständiger sup-Verband und $(Q, \circ, \sup)$ distributiv.

Nach Lemma 3(a) ist daher $(Q, \circ, \sup, \inf)$ eine bedingt vollständige verbandsgeordnete Gruppe.

Zur Eindeutigkeit der Einbettung genügt wie in Satz 2 der Nachweis, daß der Isomorphismus ψ von $(Q, \circ)$ nach $(Q', \circ')$ zugleich ein Verbandsisomorphismus von $(Q, \circ, \sup)$ nach $(Q', \circ', \sup')$ ist.

Wegen $\psi|_{\phi(M)} = \phi'\{\phi|_{\phi(M)}^{-1}\}$ sind natürlich sup und sup' auf $\phi(M)$ bzw. auf $\phi'(M)$ identisch. Es gilt daher:

$$\psi(\sup_Q(T)) = \psi(A \circ \sup_M(A^{-1} \circ T)) = \psi(A) \circ' \psi(\sup_M(A^{-1} \circ T). \qquad (*)$$

Es ist $\sup_M(A^{-1} \circ T) \in \phi(M)$, so daß nach $(*)$ folgt:

$$\psi(\sup_M(A^{-1} \circ T)) = \sup'_M(\psi(A^{-1} \circ T))$$

und insgesamt

$$\psi(\sup_Q T = \psi(A) \circ' \sup'_M(\psi(A^{-1}) \circ' \psi(T)) = B \circ' \sup'_M(B^{-1} \circ' \psi(T)).$$

Wegen $A \leqq T$ folgt $B = \psi(A) \leqq' \psi(T)$ und damit

$$\psi(\sup_Q(T)) = \sup'_Q(\psi(T)). \qquad \square$$

Außer in einem trivialen Spezialfall ist die Einbettung bezüglich vollständiger Verbandsstrukturen nicht möglich, denn es gilt:

Lemma 5: *Ist $(M, \circ)$ reguläre Halbgruppe mit Neutralelement e und ist $(M, \leqq)$ vollständiger Verband, so ist stets $M = \{e\}$ und $(M, \circ, \leqq)$ eine verbandsgeordnete Gruppe.*

Beweis: Die Behauptung folgt aus der trivialen Tatsache, daß die größten und kleinsten Elemente eines solchen Verbandes nicht regulär sind, außer im Falle $M = \{e\}$.

2.

Die drei angeführten Einbettungssätze bezogen sich stets auf algebraische Strukturen mit einer Verknüpfung und dazu verträglichen Ordnungsstrukturen. In der Praxis treten jedoch meist isoton geordnete Ringoide $(R, +, \cdot, \leqq)$ auf, das sind algebraische Strukturen folgender Art (vgl. {5}):

$(R, +, \leqq)$ isotone, kommutative Halbgruppe,

$(R, \cdot, \leqq)$ isotones (kommutatives) Gruppoid[1] und zusätzlich sehr schwache Verträglichkeiten zwischen + und · {5}.

Das Ziel des folgenden Einbettungssatzes ist es, $(R, +, \cdot, \leqq)$ so in eine algebraische Struktur $(Q, +, \cdot, \leqq)$ einzubetten, daß $(R, +, \leqq)$ mindestens in der isotonen Gruppe $(Q, +, \leqq)$ eingebettet und die Multiplikationen auf Q isoton (d. h. $(Q, \cdot, \leqq)$ isoton) ist.

Definition 4:

Gegeben sei ein Ringoid $(R, +, \cdot, \leqq)$, wobei $(R, +, \leqq)$ alle Voraussetzungen aus Satz 3 erfüllt und $(Q, +, \leqq)$ die gemäß Satz 3 gegebene Einbettung sei. Unter Verwendung der in Satz 1 und Satz 3 eingeführten Begriffe gelte:

[1] Für · kann später prinzipiell jede Art von Verknüpfung eingesetzt werden, sofern sie nur die Voraussetzung des Einbettungssatzes erfüllt, z. B. auch Division.

(a) $NT \;:= \{(a,b) \in \Delta \mid a \not\leq b \wedge b \not\leq a\}$

$NTQ := \{\langle a,b \rangle \in Q \mid (a,b) \in NT\}$

$$DR \;:= \{(a,b) \in \Delta \mid \bigwedge_{x \in R} \begin{cases} (a+b) \cdot x = a \cdot x + b \cdot x \\ x \cdot (a+b) = x \cdot a + x \cdot b \end{cases}\}$$

(b) Eine algebraische Struktur $(R, +, \cdot, \leqq)$ hat Eigenschaft (E), wenn eine Menge $D^* R \subseteq \Delta$ existiert mit

(b.1) $D^* R \subset DR \cap NT$

(b.2) $(a,b), (c,d) \in D^* R \wedge a+d \leqq b+c \Rightarrow a \leqq c \wedge d \leqq b$

(b.3) $(a,b) \in DR \wedge 0 \leqq a+\zeta$ bzw. $0 \leqq b+\eta \wedge \zeta, \eta \in m(R) \Rightarrow$

$\Rightarrow (a,\eta) \in DR$ bzw. $(\zeta, b) \in DR$

(b.4) $\bigwedge_{(a,b) \in NT} \; \bigvee_{(x,y) \in D^* R} \quad a+y = b+x$

(c) $D^* Q := \{\langle a,b \rangle \mid (a,b) \in D^* R\}$

Bemerkung: Es läßt sich zeigen, daß diese Festlegungen sinnvoll sind, d. h. daß z. B. $NTQ = NT/_\sim$ ist usw.

Satz 4:

Vor.: *Sei* $(R, +, \cdot, \leqq)$ *ein Ringoid mit*

1. (a) $(R, \sqcup)$ *b. v.* $\sqcup$*-Verband,*

   (b) $(R, +, \leqq)$ *stark reguläre kommutative Halbgruppe,*

   (c) $(R, +, \sqcup)$ *distributiv,*

   (d) $(R, +, \leqq)$ *atomar und* $\bigwedge_{\substack{a,b \in R \\ 0 \leqq a+b}} \; \bigvee_{\substack{\alpha \leqq a \\ \beta \leqq b \\ \alpha, \beta \in m(R)}} \quad 0 = \alpha + \beta,$

2. $(R, \cdot, \leqq)$ *isotones (kommutatives) Gruppoid mit Neutralelement e und dem ausgezeichneten Element* $-e$ *mit folgenden Eigenschaften*:

   (e0) $\bigwedge_{a \in R} (-e) \cdot a = a \cdot (-e)$

   (e1) $\bigwedge_{a \in m(R)} a + (-e) \cdot a = 0$

   (e2) $\bigwedge_{a,b \in R} (-e) \cdot (a+b) = (-e) \cdot a + (-e) \cdot b$

   (e3) $(-e) \cdot (-e) = e$.[2]

3. $(R, +, \cdot, \leqq)$ *habe Eigenschaft* (E).

---

[2] Aus $(e\ 1)$ und $(e\ 2)$ folgt $(e\ 3)$.

Beh.: *so existiert eine Einbettung in ein b. v. verbandsgeordnetes Ringoid* $(Q, +, \cdot, \sqcap, \sqcup)$, *wobei* $(R, +, \sqcup)$ *in der b. v. verbandsgeordneten Gruppe* $(Q, +, \sqcap, \sqcup)$ *und* $(R, \cdot, \leqq)$ *in dem isotonen (kommutativen) Gruppoid* $(Q, \cdot, \leqq)$ *mit Neutraleinheit e eingebettet ist.*

Bew.: 1. *Schritt*:

Die Voraussetzungen 1. erlauben nach Satz 3 eine (bis auf Isomorphien) eindeutig bestimmte Einbettung von $(R, +, \leqq)$ in eine verbandsgeordnete Gruppe $(Q_+, +, \sqcap, \sqcup)$. Der Einbettungshomomorphismus $\phi: R \to Q_+$ ist nach (4) gegeben, wobei jetzt $k = 0$ gesetzt wird. Darüberhinaus werden alle Begriffe und Definitionen von Satz 3 zu Grunde gelegt.

2. *Schritt*:

Es gilt die Zerlegung $Q_+ = \phi(R) \cup \phi(R)^{-1} \cup NTQ$. Entweder gilt $\langle a,b\rangle = \langle x,0\rangle$ oder $\langle a,b\rangle = \langle 0,x\rangle$ oder aber $\langle a,b\rangle \in NTQ$, denn entweder gilt $b \mid a$, d. h. $a = b + x$, oder $a \mid b$, d. h. $a + y = b$, oder es gilt $\langle a,b\rangle \in NTQ$. Wesentlich für den letzten Fall ist, daß gemäß (E) (b.4) NTQ stets durch Repräsentanten aus $D^* R$ dargestellt werden kann, d. h. $NTQ \cong D^* Q$. Wegen Lemma 4 (d) ist $\phi(R) \cap \phi(R)^{-1} = m(R)$, aber $(\phi(R) \cup \phi(R)^{-1}) \cap NTQ = \emptyset$.

Es wird in der folgenden Verknüpfungstabelle eine geeignete Multiplikation definiert:

Tabelle 1

	$\langle b,0\rangle \in \phi(R)$	$\langle 0,b\rangle \in \phi(R)^{-1}$	$\langle x,y\rangle \in D^* Q$
$\langle a,0\rangle \in \phi(R)$	$\langle a \cdot b,0\rangle$	$\inf\langle a \cdot \zeta,0\rangle$ $0 \leqq b + \zeta$ $\zeta \in m(R)$	$\langle a,0\rangle \cdot \langle x,0\rangle +$ $\langle a,0\rangle \cdot \langle 0,y\rangle$
$\langle 0,a\rangle \in \phi(R)^{-1}$	$\inf\langle \zeta \cdot b,0\rangle$ $0 \leqq a + \zeta$ $\zeta \in m(R)$	$\langle 0, -a \cdot b\rangle$	$\langle 0,a\rangle \cdot \langle x,0\rangle +$ $\langle 0,a\rangle \cdot \langle 0,y\rangle$
$\langle u,v\rangle \in D^* Q$	$\langle u,0\rangle \cdot \langle b,0\rangle +$ $\langle 0,v\rangle \cdot \langle b,0\rangle$	$\langle u,0\rangle \cdot \langle 0,b\rangle +$ $\langle 0,v\rangle \cdot \langle 0,b\rangle$	$\langle u,0\rangle \cdot \langle x,0\rangle +$ $\langle 0,v\rangle \cdot \langle x,0\rangle +$ $\langle u,0\rangle \cdot \langle 0,y\rangle +$ $\langle 0,v\rangle \cdot \langle 0,y\rangle$

Gilt in $(R, \cdot, \leqq)$ die Kommutativität, so ist natürlich auch die nach Tabelle 1 gegebene Multiplikation kommutativ.

Der Beweis gliedert sich in 3 Hauptteile.

(I) Es ist $(\phi(R), \cdot, \leqq)$ isomorph zu $(R, \cdot, \leqq)$ bezüglich des Isomorphismus ϕ nach (4). Ebenso ist nach Tabelle 1 der Teilraum $(\phi(R)^{-1}, \cdot, \leqq)$ isomorph zu $(\phi(R), \cdot, \leqq)$, da die Abbildung

$$\psi : \phi(R) \to \phi(R)^{-1}$$

mit

$$\bigwedge_{\langle a,o\rangle \in \phi(R)} \psi(\langle a,0\rangle) := \langle 0, -a\rangle \tag{11}$$

ein Isomorphismus ist. Dazu benötigt werden die Eigenschaften $(e0)$ bis $(e3)$. Damit erweist sich die Multiplikation innerhalb $\phi(R)^{-1}$ als isoton.

(II) Bezüglich der Verknüpfungen zwischen $\phi(R)$ und $\phi(R)^{-1}$ erweist sich die nach Tabelle 1 angegebene Infimumslösung als sinnvoll, da die Teilmengen $T_x := \{\zeta \in m(R) \mid 0 \leqq x + \zeta\}$ stets beschränkt sind und nach Voraussetzung (a) und nach Satz 3 die Infima existieren.

Ferner ist die so definierte Verknüpfung verträglich mit $\sim$ nach (1) und mit $\leqq$ nach (3), so daß die Multiplikation definiert und isoton ist. Dazu wesentliche Voraussetzung ist Eigenschaft (d) und die bereits in (I) nachgewiesene Isotonie in $\phi(R)$ und $\phi(R)^{-1}$.

(III) Die restlichen Verknüpfungsfälle $\phi(R) \times NTQ$, $\phi(R)^{-1} \times NTQ$ und $NTQ \times NTQ$ sind definitionsgemäß zurückgespielt auf die bereits behandelten Verknüpfungskombinationen von $\phi(R)$ und $\phi(R)^{-1}$. Es bleibt nur noch der Nachweis der Isotonie für diese Fälle zu erbringen.

Wählt man folgende Standardbezeichnungen und-beziehungen:

$$A \leqq B \Rightarrow A \cdot X \leqq B \cdot X$$

mit A, B, X jeweils aus den Räumen $\phi(R)$, $\phi(R)^{-1}$ und NTQ entsprechend kombiniert, so treten folgende wesentliche Beweisfälle auf:

Tabelle 2 [3]

Beweisfall	$A \in$	$B \in$	$X \in$
(α)	$\phi(R)$	$\phi(R)$	NTQ
(β)	$\phi(R)^{-1}$	$\phi(R)$	NTQ
(γ)	$\phi(R)^{-1}$	NTQ	$\phi(R), \phi(R)^{-1}, NTQ$
(δ)	NTQ	$\phi(R)$	$\phi(R), \phi(R)^{-1}, NTQ$
(ε)	NTQ	NTQ	$\phi(R), \phi(R)^{-1}, NTQ$

Der Beweisfall $A \in \phi(R)$, $B \in NTQ$ und $A \in NTQ$, $B \in \phi(R)^{-1}$ mit $A \leqq B$ kann nach Definition 4 (a) nicht auftreten. Die fehlenden Beweisfälle für den Faktor X von links sind im nichtkommutativen Fall zwar vorhanden, verlaufen aber in symmetrischer Analogie zu den hier aufgeführten. Die Fälle (α) und (β) und (ε) ergeben sich aus der bereits in (I) und (II) nachgewiesenen Isotonie in $\phi(R)$ und $\phi(R)^{-1}$ und der Eigenschaft (E) (b.2). Der schwierigere Beweisfall (γ) sei für $X = \langle x, 0\rangle \in \phi(R)$ und $\langle 0, a\rangle \leqq \langle c, d\rangle$, d.h. $d \leqq a + c$ näher ausgeführt:

---

[3] Die durch Pfeile verbundenen Fälle sind mit Hilfe der Inversenbildung $X \to X^{-1}$ ineinander überführbar, weshalb es genügt, stets nur jeweils einen der Fälle nachzuweisen.

$$\langle c,d\rangle \cdot \langle x,o\rangle = \inf_{\substack{o \leqq d+\eta \\ \eta \in m(R)}} \langle (c+\eta)\cdot x,o\rangle \geqq \inf_{\substack{o \leqq a+c+\eta \\ \eta \in m(R)}} \langle (c+\eta)\cdot x,o\rangle =$$

$$= \inf_{\substack{o \leqq a+t \\ t \in c+m(R)}} \langle t\cdot x,o\rangle \geqq \inf_{\substack{o \leqq a+t \\ t \in R}} \langle t\cdot x,o\rangle =$$

$$= \inf_{\substack{\langle o,a\rangle \leqq t \\ t \in R}} \langle t\cdot x,o\rangle = \inf_{t \in T} \langle t\cdot x,o\rangle =$$

mit $T := \{t \in R \mid \langle o,a\rangle \leqq t\}$. Nun existiert zu jedem $t \in T$ mit $\langle o,a\rangle \leqq t$ ein $\alpha(t) \in m(R)$ mit $\langle o,a\rangle \leqq \alpha(t) \leqq t$. Sei also $A_T = \{\alpha(t) \in m(R) \mid t \in T\}$, so ist die Menge $S := \{s \in R \mid \alpha \leqq s \wedge \alpha \in A_T\} = T$.

Es folgt daher weiter:

$$= \inf_{t \in S} \langle t\cdot x,o\rangle = \inf_{\substack{\alpha \in s \\ \alpha \in A_T}} \langle s\cdot x,o\rangle$$

Nun ist sicher $A_T \subseteqq A := \{\zeta \in m(R) \mid \langle o,a\rangle \leqq \zeta\}$, womit schließlich folgt:

$$\geqq \inf_{\substack{\alpha \leqq s \\ \alpha \in A}} \langle s\cdot x,o\rangle \geqq \inf_{\substack{\alpha \leqq s \\ \alpha \in A}} \langle \alpha\cdot x,o\rangle =$$

$$= \inf_{\alpha \in A} \langle \alpha\cdot x,o\rangle = \inf_{o \leqq a+\alpha} \langle \alpha\cdot x,o\rangle = \langle o,a\rangle \cdot \langle x,o\rangle$$

Entsprechend verläuft der Beweis für $X \in \phi(R)^{-1}$; $X \in NTQ$ ist auf diese beiden Fälle rückführbar gemäß (E) (b.2).

Damit ist mit der nach Tabelle 2 definierten Multiplikation $(Q_+, \cdot, \leqq)$ ein isotones (kommutatives) Gruppoid mit Neutralelement $\langle e,o\rangle$. □

3.

Die angegebenen Einbettungssätze haben auf Grund ihrer Allgemeinheit ein breites Anwendungsspektrum.

(3.1) Aus der Sicht der Theorie der Halbgruppen stellen die Einbettungssätze Satz 1, 2 und 3 Parallele zu den topologischen Einbettungssätzen dar {8}, {12}. In besonders gearteten Räumen, in denen die Verbandsstruktur zugleich eine Topologie induziert, stellt Satz 3 sogar eine topologische Einbettung dar.

(3.2) Ganz allgemein sind die genannten Sätze anwendbar auf die Komplexaddition konvexer und kompakter Bereiche $(K\,B, +, \subseteqq)$ eines Banachraumes B. Die dadurch gegebene Einbettung mündet in die Theorie der stützbaren Bereiche {11}. Im Gegensatz zum Radströmschen Einbettungssatz werden hier jedoch die Ordnungsstrukturen und Isotonieeigenschaften der Addition in die Einbettungen gesichert.

(3.3) Einige Spezialfälle der unter (3.2) genannten Strukturen sind die Intervall- und Kreisarithmetiken bezüglich der Addition. Nach Satz 3 sind einbettbar: $(\mathbb{IR}, +, \subseteq)$, $(\mathbb{IC}, +, \subseteq)$, $(V_n \mathbb{IR}, +, \subseteq)$ $(V_n \mathbb{IC}, +, \subseteq)$ $(M_n \mathbb{IR}, +, \subseteq)$ und $(M_n \mathbb{IC}, +, \subseteq)$. Die für Satz 3 erforderlichen Eigenschaften sind in {1}, {5}, {6} und {10} angegeben.

Nach Satz 1 einbettbar sind die Räume: $(\mathbb{KC}, +, \subseteq)$, $(V_n \mathbb{KC}, +, \subseteq)$ und $(M_n \mathbb{KC}, +, \subseteq)$. Es erweist sich, daß die Einbettungen der aus $\mathbb{IR}$ bzw. $\mathbb{IC}$ bzw. $\mathbb{KC}$ abgeleiteten Räume isomorph zu den entsprechenden abgeleiteten Räumen aus den Einbettungen $Q(\mathbb{IR})$ bzw. $Q(\mathbb{IC})$ bzw. $Q(\mathbb{KC})$ sind. So ist z. B. $(Q(V_n \mathbb{IR}), +, \subseteq)$ isomorph zu $(V_n Q(\mathbb{IR}), +, \subseteq)$, wobei entsprechend komponentenweise die erweiterte Addition und Ordnungsrelation zu verstehen ist.

Die Räume $(\mathbb{IR}, +, \cdot, \subseteq)$, $(\mathbb{IC}, +, \cdot, \subseteq)$, $(M_n \mathbb{IR}, +, \cdot, \subseteq)$ und $(M_n \mathbb{IC}, +, \cdot, \subseteq)$ sind einbettbar nach Satz 4, wobei die Matrizenmultiplikation nicht kommutativ ist. Die Division in $(\mathbb{IR}, N, +, /, \subseteq)$ und $(\mathbb{IC}, M, +, /, \subseteq)$ kann entsprechend mitgeführt werden, so daß $(\mathbb{IR}, N, +, \cdot, /, \subseteq)$ und $(\mathbb{IC}, M, +, \cdot, /, \subseteq)$ bezüglich aller Verknüpfungen einbettbar ist. Die speziellen Einbettungen von $\mathbb{IR}$ sind in {4} und {9} ausgiebig behandelt.

Zu bemerken ist, daß in $\mathbb{IR}$ $NT = \emptyset$, aber z. B. in $(M_n \mathbb{IR}, +, \subseteq)$ und $(\mathbb{IC}, +, \subseteq)$ $NT \neq \emptyset$. Es ist dort $D^*(M_n \mathbb{IR}) = \left\{(A, B) \in \Delta \mid A, B \in M_n \mathbb{IR} \wedge \bigwedge_{1 \leq i, j \leq n} a_{ij} \cdot b_{ij} = 0\right\}$ und $D^*(\mathbb{IC}) = \{(A, iB) \in \Delta \mid A, B \in \mathbb{IR} \backslash \mathbb{R}\}$.

In allen oben angeführten Räumen gilt ebenfalls eine Isomorphie zwischen den eingebetteten abgeleiteten Räumen und abgeleiteten eingebetteten Räumen auch bezüglich der Multiplikation und gegebenenfalls Division. Somit können alle aus $\mathbb{IR}$ bzw. $\mathbb{IC}$ abgeleiteten Räume und deren Einbettungen mit Hilfe der in $(Q(\mathbb{IR}), QN, +, \cdot, /, \subseteq)$ bzw. $(Q(\mathbb{IC}), QM, +, \cdot, /, \subseteq)$ gegebenen erweiterten Verknüpfungen dargestellt und auch computertechnisch realisiert werden. Eine Realisierung des Raumes $(Q \mathbb{IR}, QN, +, \cdot, /, \subseteq)$ wurde am Institut für Angewandte Mathematik der Universität Karlsruhe durchgeführt.

Die Räume $(\mathbb{KC}, KN, +, \cdot, \subseteq)$ und $(M_n \mathbb{KC}, +, \cdot, \subseteq)$ sind nicht nach Satz 4 einbettbar, da die notwendigen Voraussetzungen einer Einbettbarkeit nach Satz 3 nicht erfüllt sind, solange keine geeigneten Verbandsstrukturen gegeben sind {3}.

Literatur

[1] Alefeld, G., Herzberger, J.: Einführung in die Intervallrechnung. B. I, Reihe Informatik/12 (1974).

[2] Dubreil, P.: Lectures on Modern Algebra, S. 88. Edinburgh-London: Oliver & Boyd.

[3] Hauenschild, M.: Arithmetiken für komplexe Kreise. Computing *13*, 299—312 (1974).

[4] Kaucher, E.: Über metrische und algebraische Eigenschaften einiger beim numerischen Rechnen auftretenden Räume. Dissertation, Universität Karlsruhe, 1973.

[5] Kulisch, U.: Vorlesung, gehalten im Wintersemester 1971/72 an der Universität Karlsruhe.

[6] Mayer, O.: Über die in der Intervallrechnung auftretenden Räume und einige Anwendungen. Dissertation, Universität Karlsruhe, 1968.

[7] Moore, R. E.: Interval Analysis. Englewood Cliffs, N. J.: Prentice-Hall 1966.
[8] Gelbaum, B., Kalisch, G. K., Olmsted, J. M. H.: On Embedding of Topological Semigroups and Integral Domains. Proc. Americ. Math. Soc. *1950,* 807—821.
[9] Ortolf, H. J.: Eine Verallgemeinerung der Intervallarithmetik. Bonn: Gesellschaft für Mathematik und Datenverarbeitung 1969.
[10] Ratschek, H.: Teilbarkeitskriterien der Intervallarithmetik. Journal für Mathematik *252,* 128—138 (1970).
[11] Rådström, M.: On the Embedding Theoren for Spaces of Comvex Sets. Proc. Am. Soc. *3,* 165—169 (1952).
[12] Schifferdecker, E.: Einbettungssätze für topologische Halbgruppen. Math. Annalen *131,* 372—384 (1956).

Dr. E. Kaucher
Institut für Angewandte Mathematik
Universität Karlsruhe
Englerstraße 2
D-7500 Karlsruhe
Bundesrepublik Deutschland

Computing, Suppl. 1, 81—94 (1977)

Über Eigenschaften und Anwendungsmöglichkeiten der erweiterten Intervallrechnung und des hyperbolischen Fastkörpers über $\mathbb{R}$ *

E. Kaucher, Karlsruhe

Zusammenfassung

Der Raum der Intervallrechnung $\mathbb{I}\mathbb{R}$ über den reellen Zahlen $\mathbb{R}$ ist der algebraischen Struktur nach eine additive, reguläre, kommutative, isotone Halbgruppe, die sich stets in eine Gruppe einbetten läßt [4], [5]. Diese Einbettung wird in Kapitel 3 explizit angegeben. Dazu wird eine weitere Multiplikation eingeführt, die zusammen mit der Intervalladdition einen Fastkörper bildet. Diese sogenannte hyperbolische Multiplikation weist weitgehende Verwandtschaft mit dem Produkt der komplexen Zahlen auf, wie in einem ersten Überblick gezeigt wird. Am Schluß werden einige Anwendungsmöglichkeiten dargestellt, die eine analytische Untersuchung von Problemen der Intervallrechnung unterstützen.

1. Ausgehend von den algebraischen Eigenschaften des Intervallraumes ($\mathbb{I}\mathbb{R}$, $+$, $*$, $/$, $\subseteq$), wie er in [1], [6], [7], [8] aufgeführt ist, gilt:

($\mathbb{I}\mathbb{R}$, $+$, $\subseteq$) ist eine isotone, kommutative, isoton reguläre Halbgruppe, das heißt es gilt 1. $A+B=B+A$, 2. $A\subseteq B \Leftrightarrow A+C\subseteq B+C$, 3. $(A+B)+C=A+(B+C)$.

Solche Halbgruppen lassen sich, wie in [4] und [5][1] aufgeführt, eindeutig einbetten in eine kleinste isotone Gruppe. Das Ergebnis dieser Einbettung kann isomorph repräsentiert werden durch die isotone Gruppe ($\mathbb{H}$, $+$, $\subseteq$) mit

$$\mathbb{H} := \{[a, b] \mid a, b \in \mathbb{R}\} \cong \mathbb{R}^2,$$

$$\bigwedge_{\substack{[a,b]\in\mathbb{H}\\ [c,d]\in\mathbb{H}}} [a, b]+[c, d] := [a+c, b+d] \quad (1\,\mathrm{a})$$

$$[a, b]\subseteq [c, d] :\Leftrightarrow (c \leqq a \wedge b \leqq d). \quad (2)$$

Der isotone monadische Operator $-$ wird gemäß

$$\bigwedge_{[a,b]\in\mathbb{H}} -[a, b] := [-b, -a] \quad (1\,\mathrm{b})$$

auf $\mathbb{H}$ als isotoner monadischer Operator kanonisch fortgesetzt. Mit

---

* Erweiterter Auszug aus dem III. Kapitel der von der Fakultät für Naturwissenschaften I der Universität Karlsruhe genehmigten Dissertation des Verfassers. (Referent: Prof. Dr. U. Kulisch; Korreferent: Prof. Dr. J. Herzberger.)

[1] In [5] werden allgemeine Einbettungssätze für isoton geordnete Divisionsringoide [6] mit assoziativer und regulärer Addition angegeben.

$$A, B \in \mathbb{H} \quad \text{und} \quad A - B := A + (-B) \tag{1 c}$$

ist die Subtraktion ebenfalls isoton und kanonisch fortgesetzt.

Definiert man die sogenannte Konjugation als weiteren monadischen (antitonen) Operator gemäß

$$\bigwedge_{[a,b] \in \mathbb{H}} \overline{[a, b]} := [b, a], \tag{3}$$

so gilt für die additiven Inversen in $\mathbb{H}$ die Darstellung:

$$A + (-\bar{A}) = 0 \tag{1 d}$$

($\mathbb{I}\,\mathbb{R}$, $*$, $\subseteq$) ist isotone, kommutative Halbgruppe, das heißt es gilt 4. $A * B = B * A$, 5. $A \subseteq B \Rightarrow A * C \subseteq B * C$, 6. $(A + B) + C = A + (B + C)$. Die Teilmenge $\mathcal{M} := \mathbb{I}\,\mathbb{R} \setminus \{[a, b]\} \mid a \cdot b \leqq 0\}$ ist mit ($\mathcal{M}$, $*$, $\subseteq$) sogar eine isotone, isoton reguläre kommutative Halbgruppe, die sich wie die Addition in eine isotone Gruppe ($\mathcal{N}$, $*$, $\subseteq$) einbetten läßt. Wir werden daher eine kanonische Fortsetzung der Multiplikation auf ($\mathbb{H}$, $\subseteq$) fordern, so daß die isotone Gruppe ($\mathcal{N}$, $*$, $\subseteq$) Untergruppe der Halbgruppe ($\mathbb{H}$, $*$, $\subseteq$) ist. Dazu erweist es sich als vorteilhaft, die Multiplikation durch das sogenannte „hyperbolische Produkt" darzustellen.

2. In diesem Abschnitt bezeichnet $-A$ das inverse Element zu A.

Es heiße ($\mathbb{H}$, $+$, $\cdot$) mit der Addition gemäß (1) und dem sogenannten hyperbolischen Produkt

$$\bigwedge_{\substack{[a,b] \in \mathbb{H} \\ [c,d] \in \mathbb{H}}} [a, b] \cdot [c, d] := [a \cdot c, b \cdot d] \tag{4}$$

hyperbolischer Fastkörper.

Die Bezeichnung Fastkörper wird durch folgenden Satz gerechtfertigt:

Satz 1:

(*a*) ($\mathbb{H}$, $+$) *ist Gruppe.*

(*b*) ($\mathbb{H}$, $\cdot$) *ist kommutative Halbgruppe und* ($\mathbb{H} \setminus \mathcal{L}$, $\cdot$) *ist Gruppe mit* $\mathcal{L} := \{[0, a] \mid a \in \mathbb{R}\} \cup \{[a, 0] \mid a \in \mathbb{R}\} = \{[a, b] \in H \mid a \cdot b = 0\}$.

(*c*) $+$ *und* $\cdot$ *sind distributiv.*

(*d*) ($\mathbb{H}$, $+$, $\cdot$) *ist ein Ring mit Nullteiler in* $\mathcal{L}$.

Beweis:

(a) Folgt aus (1).

(b) Die Assoziativität und Kommutativität folgt unmittelbar aus den entsprechenden Eigenschaften in ($\mathbb{R}$, $\cdot$) in den Komponenten. Ferner ist $[a, b] \cdot [1/a, 1/b] = [1, 1]$ genau dann, wenn $a \cdot b \neq 0$, das heißt $[a, b] \notin \mathcal{L}$. Ferner ist $[a, b] \cdot [1, 1] = [a, b]$.

(c) Es ist $([a, b] + [c, d]) \cdot [x, y] = [(a + c) \cdot x, (b + d) \cdot y] = [a\,x + c\,x, b\,y + d\,y] = [a, b] \cdot [x, y] + [c, d] \cdot [x, y]$.

(d) Ergibt sich aus (a), (b), (c) und $[a, 0] \cdot [0, b] = 0$. □

Die Bezeichnung hyperbolisch begründet sich in den folgenden Eigenschaften.

Die Abbildungen $\mu, \delta: \mathbb{H} \to \mathbb{R}$ mit

$$\bigwedge_{\substack{[a,b] \in \mathbb{H} \\ \langle c,d\rangle \in \mathbb{H}}} \left\{ \begin{matrix} \mu\,[a,b] := \dfrac{a+b}{2}, & \delta\,[a,b] := \dfrac{b-a}{2} \\ \mu\,\langle c,d\rangle := c, & \delta\,\langle c,d\rangle := d \end{matrix} \right\} \tag{5 a}$$

führt zur sogenannten Mittelpunkts-Radiusdarstellung des Raumes $\mathbb{H}$. Es ist dann $[a,b] = \left\langle \frac{a+b}{2}, \frac{b-a}{2} \right\rangle$.

Die Abbildungen $\lambda, \rho: \mathbb{H} \to \mathbb{R}$ mit

$$\bigwedge_{\substack{[a,b] \in \mathbb{H} \\ \langle c,d\rangle \in \mathbb{H}}} \left\{ \begin{matrix} \lambda\,[a,b] := a, & \rho\,[a,b] = b \\ \lambda\,\langle c,d\rangle := c-d, & \rho\,\langle c,d\rangle := c+d \end{matrix} \right\} \tag{5 b}$$

zu gewohnter Grenzendarstellung $\langle c,d\rangle = [c-d, c+d]$.

Die (regulären) Intervalle $A \in \mathbb{I}\,\mathbb{R}$ sind dann charakterisiert durch $\delta(A) \geqq 0$. Ferner identifizieren wir künftig die Punktintervalle $[a,a] = \langle a, 0\rangle$ mit den reellen Zahlen $a \in \mathbb{R}$ selbst.

Es werden nun einige charakteristische Eigenschaften des Raumes $(\mathbb{H}, +, \cdot)$ und einige Funktionen über diesem Raum angeführt. Dazu werden folgende Darstellungen der arithmetischen Operationen in der $\mu-\delta$-Darstellung verwendet. Aus (1 a) und (4) folgt

$$A+B = \langle \mu(A)+\mu(B),\ \delta(A)+\delta(B)\rangle$$
$$A \cdot B = \langle \mu(A)\,\mu(B)+\delta(A)\,\delta B,\ \mu(A)\,\delta(B)+\delta(A)\,\mu(B)\rangle$$

und speziell

$$A \cdot \bar{A} = \mu(A)^2 - \delta(A)^2.$$

2.1 Betrachtet man das Funktional $\sigma: \mathbb{H} \to \mathbb{R}^+ \cup i\,\mathbb{R}^+$ $(i = \sqrt{-1})$ mit

$$\bigwedge_{A \in \mathbb{H}} \sigma(A) := \sqrt{A \cdot \bar{A}} = \sqrt{\mu(A)^2 - \delta(A)^2} = \sqrt{\lambda(A) \cdot \rho(A)}, \tag{6}$$

so stellt σ eine Art Norm dar, und zwar entspricht σ^2 der quadratischen Form einer Bilinearform vom Index 1 des pseudoeuklidischen Raumes. Obwohl σ nur die Eigenschaften

$$(N\,1)\quad \sigma(A) = 0 \Leftrightarrow A \in \mathscr{L}$$
$$(N\,2)\quad \sigma(A \cdot B) = \sigma(A) \cdot \sigma(B)$$

aufweist und nicht einmal einer Dreiecksungleichung genügt, sei σ als Pseudonorm bezeichnet. Dasselbe gilt auch für $|\sigma|(A) := |\sigma(A)|$.

Entsprechend den Sektoreinteilungen des pseudoeuklidischen Raumes vom Index 1 in $\mathbb{R}^2$ sei $\mathbb{H}$ in die entsprechenden Sektoren $\mathbb{H} := \mathscr{S} \cup \mathscr{T}$ mit $\mathscr{S} := \mathscr{S}_r \cup \mathscr{S}_l$ und $\mathscr{T} := \mathscr{T}_f \cup \mathscr{T}_p$ eingeteilt:

$$\mathscr{S}_r := \{A \mid \lambda(A) \geqq 0,\ \rho(A) \geqq 0\}, \quad \mathscr{S}_l := \{A \mid \lambda(A) \leqq 0,\ \rho(A) \leqq 0\},$$
$$\mathscr{T}_f := \{A \mid \lambda(A) \leqq 0 \leqq \rho(A)\}, \quad \mathscr{T}_p := \{A \mid \rho(A) \leqq 0 \leqq \lambda(A)\}.$$

Es ist dann $\sigma(A) \in \mathbb{R}^+$ für $A \in S$ und $\sigma(A) \in i\,\mathbb{R}^+$ für $A \in \mathscr{T}$.

2.2 Betrachten wir jetzt einige grundlegende Funktionen, so gilt z. B.

$$A^2 = A \cdot A = [\lambda(A)^2, \rho(A)^2] = \langle \mu(A)^2 + \delta(A)^2, 2\mu(A)\,\delta(A) \rangle,$$

was eine gewisse formale Ähnlichkeit zur Multiplikation in $\mathbb{C}$ aufweist. Die Zahl 1 hat in $\mathbb{H}$ demnach vier Wurzeln, das heißt $A^2 - 1 = 0$ für $A = 1, -1, \langle 0, 1 \rangle$ und $\langle 1, 0 \rangle$.

Um die Analogie zu den Formeln in der Gaußschen Ebene $\mathbb{C}$ stärker herauszustellen, sei kurz die Exponentialfunktion

$$e^{[a,b]} := \sum_{\nu=0}^{\infty} \frac{[a,b]^{\nu}}{\nu!} \tag{7}$$

untersucht, wobei $[a,b]^n := [a,b]^{n-1} \cdot [a,b]$ und $[a,b]^0 := 1$ ist. Damit folgt $[a,b]^n := [a^n, b^n]$ und

$$e^{[a,b]} = [e^a, e^b]. \tag{8}$$

In der $\mu - \delta$-Darstellung gilt

$$\begin{aligned} e^A &= e^{\langle \mu(A), \delta(A) \rangle} = e^{[\mu(A) - \delta(A), \mu(A) + \delta(A)]} \\ &= e^{\mu(A)} \cdot [e^{-\delta(A)}, e^{\delta(A)}], \text{ das heißt} \\ e^A &= e^{\mu(A)} \cdot \langle \cosh \delta(A), \sinh \delta(A) \rangle. \end{aligned} \tag{9}$$

Was in $\mathbb{C}$ die trigonometrischen Funktionen darstellen, leisten hier die hyperbolischen. Es bietet sich daher die Analogie an, ebenfalls eine Polarkoordinatendarstellung eines Intervalles A anzugeben. Sei $\mathrm{rad}: \mathbb{H} \to \mathscr{E} \cdot \mathbb{R}^+$ mit $\mathscr{E} = \{1, -1, \langle 0, 1 \rangle, \langle 0, -1 \rangle\}$ und

$$\bigwedge_{A \in \mathbb{H}} \mathrm{rad}(A) := \begin{cases} |\sigma(A)| & \text{für } A \in \mathscr{S}_r \\ \langle 0, 1 \rangle\, |\sigma(A)| & \text{für } A \in \mathscr{T}_f \\ -|\sigma(A)| & \text{für } A \in \mathscr{S}_l \\ \langle 0, -1 \rangle\, |\sigma(A)| & \text{für } A \in \mathscr{T}_p \end{cases} \tag{10}$$

definiert, so gilt die Polarkoordinatendarstellung:

$$\bigwedge_{A \in \mathbb{H}} A = \mathrm{rad}(A) \cdot e^{\langle 0, \arg(A) \rangle} = r\, e^{\langle 0, \phi \rangle} \tag{11}$$

mit $\phi = \arg(A) := \operatorname{artanh} \dfrac{\delta(A)}{\mu(A)}$ und $r := \mathrm{rad}(A)$. Diese Darstellung (11) verrät den grundlegenden hyperbolischen Charakter des Raumes $\mathbb{H}$. Das Produkt stellt daher mit

$$\begin{aligned} A \cdot B &= \mathrm{rad}(A) \cdot \mathrm{rad}(B) \cdot e^{\langle 0, \arg(A) \rangle} \cdot e^{\langle 0, \arg(B) \rangle} \\ &= \mathrm{rad}(A) \cdot \mathrm{rad}(B) \cdot e^{\langle 0, \arg(A) + \arg(B) \rangle} \end{aligned} \tag{12}$$

eine hyperbolische Drehung dar. Die Inversion $A \to A^{-1}$ mit $A \cdot A^{-1} = 1$ beschreibt mit

$$A^{-1} = \frac{\bar{A}}{\sigma(A)^2} = \frac{\bar{A}}{\mu(A)^2 - \delta(A)^2} = \frac{\mathrm{rad}(A)}{\sigma(A)^2}\, e^{\langle 0, -\arg(A) \rangle} \tag{13}$$

eine konjugierte Spiegelung von A an den Einheitshyperbeln $\{X \mid |\sigma(X)| = 1\}$. Abschnitt 2.4 erläutert den Begriff der Spiegelung.

2.3 Die linear gebrochene Funktion $F(X)=(A\cdot X+B)\cdot(C\cdot X+D)^{-1}$ stellt einen Automorphismus $\mathbb{H}\to\mathbb{H}$ dar, wenn A, B, C und D geeigneten Bedingungen unterliegen. Aufgrund der weitgehenden Analogie zur Möbiustransformation in $\mathbb{C}$ seien sie hyperbolische Möbiustransformationen genannt.

Satz 2: *Eine linear gebrochene Funktion $F(X)=(A\cdot X+B)\cdot(C\cdot X+D)^{-1}$ mit $A, C\notin\mathscr{L}$ und $A\cdot D-B\cdot C\notin\mathscr{L}$ ist ein Automorphismus, der eine Hyperbelverwandtschaft auf $\mathbb{H}$ charakterisiert. Normalhyperbeln (achsenparallele und rechtwinkelige) oder Geraden werden wieder auf Normalhyperbeln oder Geraden abgebildet.*

Beweis: Die Gleichung einer Normalhyperbel lautet mit $r\in\mathbb{R}^+$:

$$r^2=|\sigma(X-A)|^2=|(X-A)\cdot(\bar{X}-\bar{A})|=|X\cdot\bar{X}-A\cdot\bar{X}-\bar{A}\cdot X+A\cdot\bar{A}|. \tag{14}$$

Dies ist äquivalent mit

$$a(X+\bar{X})+\langle 0,b\rangle\cdot(\bar{X}-X)+c(X\cdot\bar{X}-1)+d(X\cdot\bar{X}+1)=0 \tag{15}$$

für $a, b, c, d\in\mathbb{R}$ und den Bedingungen:

$$A=-\frac{\langle a,b\rangle}{c+d},\quad r^2=\frac{|a^2-b^2+c^2-d^2|}{(c+d)^2},\quad c+d\neq 0.$$

Im Falle $c+d=0$ stellt (15) die Gleichung einer Geraden dar, die wegen $2\mu(X)=X+\bar{X}$ und $2\delta(X)=\bar{X}-X$ die Gestalt

$$a\mu(X)+b\delta(X)-c=0 \tag{16}$$

annimmt.

Durch Hintereinanderanwendung der Abbildungen

$$W_1:=A\cdot X,\quad W_2:=A+X \tag{17}$$

und

$$W:=X^{-1} \tag{18}$$

erhält man stets die lineare gebrochene Funktion. Es genügt daher, die Hyperbelverwandtschaft anhand von (17) und (18) nachzuweisen.

Die Gleichung (16) ist offenbar invariant bezüglich (17). Ebenso ist (14) invariant bezüglich (17). Der schwierigere Fall (18) jedoch liefert in (15) bei Ersetzung $X:=W^{-1}$ und Erweiterung der Gleichung mit $W\cdot\bar{W}\in\mathbb{R}$:

$$a(W+\bar{W})-\langle 0,b\rangle\cdot(\bar{W}-W)-c(W\cdot\bar{W}-1)+d(W\cdot\bar{W}+1)=0,$$

was gerade wieder (15) ist. Es werden daher bei der Transformation (18) Geraden auf Hyperbeln abgebildet, in denen ein Ast durch 0 geht.

Wie leicht nachzuweisen ist, gilt das Doppelverhältnis □

$$\begin{aligned}(W_1-W_2)\cdot(W_2-W_4)\cdot(W_1-W_3)^{-1}\cdot(W_2-W_4)^{-1}&=\\ =(X_1-X_2)\cdot(X_3-X_4)\cdot(X_1-X_3)^{-1}\cdot(X_2-X_3)^{-1},&\end{aligned} \tag{19}$$

so daß die hyperbolischen Möbiustransformationen charakterisiert werden können als doppelverhältnisinvariante Abbildung.

2.4 (Spiegelungen)

Ist die Hyperbel (15) gegeben, so stellt die Abbildung

$$a(W+\bar{X})+\langle 0,b\rangle\cdot(\bar{X}-W)+c(W\cdot\bar{X}-1)+d(W\cdot\bar{X}+1)=0 \tag{20}$$

eine Spiegelung an (15) dar. Definitionsgemäß ist (15) Fixpunktmenge der Abbildung (20). Ist speziell $c+d=0$ und $a=c=0$, so ist $\delta(X)=0$ Fixpunktgerade und $\bar{X}-W=0$, das heißt $W=\bar{X}$ stellt wie erwartet die Spiegelung an der μ-Achse dar. Im Falle der Normalhyperbel $|\sigma(X-A)|=r$ folgt nach (14) die Gleichung

$$(W-A)\cdot(\bar{X}-\bar{A})=r^2$$

bzw. (21)

$$W-A=r^2(\bar{X}-\bar{A})^{-1},$$

das heißt die Inversion stellt eine Spiegelung an einer Normalhyperbel für $r=1$ dar.

Die der Gaußschen Ebene analogen Eigenschaften von $\mathbb{H}$ lassen sich beliebig fortsetzen und führen bis zu Begriffen wie hyperbolische Konformität, Analytizität usw. Dies würde jedoch den Rahmen dieser Arbeit sprengen.

3. Ab diesem Abschnitt bezeichne $-A$ wieder die Intervallminusoperation nach (1 b) und $-_h A=-\bar{A}$ das additive Inverse zu A. Mit Hilfe des hyperbolischen Produktes kann in übersichtlicher Weise eine kanonische Fortsetzung der Intervallmultiplikation $*$ und der Division / auf $(\mathbb{H},\subseteq)$ angegeben werden.

Tabelle 1

$*$	$B\in\mathscr{S}_r$	$B\in\mathscr{T}_f$	$B\in\mathscr{S}_l$	$B\in\mathscr{T}_p$
$A\in\mathscr{S}_r$	$A\cdot B$	$\rho(A)\cdot B$	$\bar{A}\cdot B$	$\lambda(A)\cdot B$
$A\in\mathscr{T}_f$	$A\cdot\rho(B)$	$[\lambda(A)\rho(B)\sqcap\rho(A)\lambda(B),$ $\lambda(A)\lambda(B)\sqcup\rho(A)\rho(B)]$	$\bar{A}\cdot\lambda(B)$	0
$A\in\mathscr{S}_l$	$A\cdot\bar{B}$	$\lambda(A)\cdot\bar{B}$	$\bar{A}\cdot\bar{B}$	$\rho(A)\cdot\bar{B}$
$A\in\mathscr{T}_p$	$A\cdot\lambda(B)$	0	$\bar{A}\cdot\rho(B)$	$[\lambda(A)\lambda(B)\sqcup\rho(A)\rho(B),$ $\lambda(A)\rho(B)\sqcap\rho(A)\lambda(B)]$

Satz 3: *Die in Tab.* 1 *definierte Multiplikation ist eine kanonische Fortsetzung der Intervallmultiplikation und besitzt folgende Eigenschaften:*

(*a*) $(\mathbb{H},*,\subseteq)$ *ist isotone, kommutative Halbgruppe.*

(*b*) $(\mathbb{H}\backslash\mathscr{T},*,\subseteq)$ *ist isotone Gruppe.*

(*c*) *Mit* $\bigwedge_{A\in\mathscr{S}\backslash\mathscr{L}} 1/A:=[1/\rho(A),1/\lambda(A)]$ *und* $\bigwedge_{\substack{A\in\mathscr{S}\backslash\mathscr{L}\\ B\in\mathbb{H}}} B/A:=B*1/A$ *ist eine isotone kanonische Fortsetzung der Division gegeben. Insbesondere gilt in* $\mathscr{S}\backslash\mathscr{L}:A/\bar{A}=1$.

Beweis:

(a) Da die Tab. 1 symmetrisch ist bezüglich der Hauptdiagonalen, ist $(H, *)$ kommutativ. Ferner gilt

$$\overline{A * B} = \bar{A} * \bar{B}, \tag{22}$$

wie aus der Beziehung $\bar{\bar{A}} = A$, $\rho(\bar{A}) = \lambda(A)$ und der Definition der Konjugation zu ersehen ist. Entsprechend gilt die Vorzeichenregel

$$(-A) * B = -(A * B). \tag{23}$$

Aufgrund dieser Eigenschaften genügt es, die Assoziativität und Isotonie an der Resttabelle Tab. 2 nachzuprüfen.

Tabelle 2

$*$	$B \in \mathcal{S}_r$	$B \in \mathcal{T}_f$	$B \in \mathcal{T}_p$
$A \in \mathcal{S}_r$	$A \cdot B$	$\rho(A) \cdot B$	
$A \in \mathcal{T}_f$		$[\lambda(A)\,\rho(B) \sqcap \rho(A)\,\lambda(B),$ $\lambda(A)\,\lambda(B) \sqcup \rho(A)\,\rho(B)]$	0

Wichtig für die Untersuchung des Produktes ist die Eigenschaft, daß $(\mathcal{T}, *, \subseteq)$ eine isotone Unterhalbgruppe darstellt und sowohl $(\mathcal{T}_f, *)$ als auch $(\mathcal{T}_p, *)$ absorbierend bezüglich $(\mathbb{H}, *)$ sind, das heißt

$$\begin{aligned} A * B \in \mathcal{T}_f &\Rightarrow A \in \mathcal{T}_f \vee B \in \mathcal{T}_f \\ A * B \in \mathcal{T}_p &\Rightarrow A \in \mathcal{T}_p \vee B \in \mathcal{T}_p. \end{aligned} \tag{24}$$

Die Assoziativität ist durch folgende fünf Fälle bewiesen. Ist

(a.1) $A, B, C \in \mathcal{S}_r$, so sind alle Faktoren und Teilprodukte in $\mathcal{S}_r$ und daher ist $A * B * C = A \cdot B \cdot C$ assoziativ.

(a.2) $A, B \in \mathcal{S}_r$, $C \in \mathcal{T}$, so ist
$(A * B) * C = \rho(A \cdot B) \cdot C = \rho(A)\,\rho(B) \cdot C = \rho(A)\big(\rho(B)\big)\,C = \rho(A)\,\rho(B + C) =$
$= A * (B * C)$.

(a.3) $A \in \mathcal{S}_r$, $B, C \in \mathcal{T}$, so ist $(A * B) * C = \big(\rho(A) \cdot B\big) * C$ und mit $\rho(A) \cdot B \in \mathcal{T}$ folgt:
$= [\rho\big(\rho(A)\,B\big)\,\lambda(C) \sqcap \lambda\big(\rho(A)\,B\big)\,\rho(C),\ \lambda\big(\rho(A)\,B\big)\,\lambda(C) \sqcup \rho\big(\rho(A)\,B\big)\,\rho(C)]$
und da $\rho(A) \geqq 0$ folgt weiter
$= [\rho(A)\,\rho(B)\,\lambda(C) \sqcap \lambda(B)\,\rho(C),\ \lambda(B)\,\lambda(C) \sqcup \rho(B)\,\rho(C)] =$
$= \rho(A) \cdot (B * C) = A * (C * C)$ wegen $B * C \in \mathcal{T}$ nach (24).

(a.4) $A, B, C \in \mathcal{T}_f$, so liegen alle Verknüpfungen in $\mathcal{T}_f \subseteq \mathbb{I}\,\mathbb{R}$, wo das Assoziativgesetz (nach 6.) bereits gilt.

(a.5) Liegt jeweils einer der Faktoren in $\mathcal{T}_f$ und $\mathcal{T}_p$, so ist nach Tab. 1 das gesamte Produkt unabhängig von der Assoziierung stets 0.

Alle weiteren Fälle lassen sich vermöge (22) und (23) auf die behandelten Fälle zurückführen.

Die Isotonie muß in folgenden 6 Fällen überprüft werden. Es wird stets $A \subseteq B$ angenommen und $A * C \subseteq B * C$ nachgewiesen. Ist

(a.6) $A, B, C \in \mathscr{S}_r$, so ist wegen $\lambda(B) \leqq \lambda(A)$, $\rho(A) \leqq \rho(B)$ und $0 \leqq \lambda(C) \leqq \rho(C)$ stets $\lambda(B)\,\lambda(C) \leqq \lambda(A)\,\lambda(C)$ und $\rho(A)\,\rho(C) \leqq \rho(B)\,\rho(C)$ woraus für $A * C = A \cdot C$ und $B * C = B \cdot C$ stets $A * C \subseteq B * C$ folgt.

(a.7) $A, B \in \mathscr{S}_r$, $C \in \mathscr{T}_f$, dann ist $A * C = \rho(A) \cdot C$ und $B * C = \rho(B) \cdot C$, woraus mit $0 \leqq \rho(A) \leqq \rho(B)$ folgt $\rho(A) \cdot C \subseteq \rho(B) \cdot C$, das heißt $A * C \subseteq B * C$.

(a.8) $A, B \in \mathscr{T}_f$, $C \in \mathscr{S}_r$, so ist $A * C = A * \rho(C)$ und $B * C = B * \rho(C)$, das heißt mit $\mathscr{T}_f \in \mathbb{IR}$ und $\rho(C) \in \mathbb{R}^+$ ist die Isotonie mit der in $(\mathbb{IR}, *, \subseteq)$ (nach 5.) bewiesen.

(a.9) $A, B, C \in \mathscr{T}_f \subseteq \mathbb{IR}$, so gilt die Isotonie nach 5. in $(\mathbb{IR}, *, \subseteq)$.

(a.10) $A, B \in \mathscr{T}_f$, $C \in \mathscr{T}_p$, so ist $A * C = B * C = 0$.

(a.11) $A \in \mathscr{S}_r$, $B \in \mathscr{T}_f$ und $C \in \mathscr{S}_r \cup \mathscr{T}_f$, so existiert stets ein $X \in \mathscr{S}_r \cap \mathscr{T}_f \subset \mathscr{L}$ mit $A \subseteq X \subseteq B$, so daß nach den Fällen (a.6), (a.7), (a.8) und (a.9) folgt $A * C \subseteq X * C$ und $X * C \subseteq B * C$, das heißt $A * C \subseteq B * C$.

(b) Der Nachweis der Gruppeneigenschaften reduziert sich auf $1 \in \mathscr{S}$, $A * 1 = 1$, $A * [1/\lambda(A), 1/\rho(A)] = 1$ und $[1/\lambda(A), 1/\rho(A)] \in \mathscr{S}$, was für $A \in \mathbb{H} \backslash \mathscr{T}$ ebenfalls stets erfüllt ist.

(c) Ist $A \subseteq B$, so ist $\lambda(B) \leqq \lambda(A)$ und $\rho(A) \leqq \rho(B)$ und daher folgt $1/\lambda(A) \leqq 1/\lambda(B)$ und $1/\rho(B) \leqq 1/\rho(A)$, weshalb $1/A \subseteq 1/B$ gilt. Aufgrund der in (a) bewiesenen Isotonie von $*$ ist auch die Division isoton.

Ein großer Teil der hier hergeleiteten und bewiesenen Eigenschaften sind in allgemeiner Form für eine umfassende Klasse von verwandten Räumen abgeleitet worden [4], [5]. Es sei vermerkt, daß in $(\mathbb{H}, +, *, \subseteq)$ kein allgemeines Subdistributivgesetz gilt.

4. Zusammenfassend gelten für den Raum $(\mathbb{H}, +, *, /, \cdot, \subseteq)$ mit

(*H* 0) $A + B := [\lambda(A) + \lambda(B), \rho(A) + \rho(B)]$,
$A - B := A + (-B)$ mit $-B := [-\rho(B), -\lambda(B)]$,
$A * B :=$ Tab. 1,
$A \,/\, B := A * 1/B$ für $B \in \mathscr{S}/\mathscr{L}$ und $1/B := [1/\rho(B), 1/\lambda(B)]$,
$A \cdot B := [\lambda(A)\,\lambda(B), \rho(A)\,\rho(B)]$,
$A \subseteq B :\Leftrightarrow \lambda(B) \leqq \lambda(A) \wedge \rho(A) \leqq \rho(B)$,
$\bar{A} := [\rho(A), \lambda(A)]$

folgende Eigenschaften:

(*H* 1) $A + B = B + A$

(*H* 2) $(A + B) + C = A + (B + C)$

(*H* 3) $0 + A = A$

(*H* 4) $A + (-\bar{A}) = 0$

(*H* 5) $A \subseteq B \Leftrightarrow A + C \subseteq B + C$

(*H* 6) $\overline{A+B} = \bar{A} + \bar{B}$

(*H* 7) $A * B = B * A$

(*H* 8) $(A * B) * C = A * (B * C)$

(*H* 9) $1 * A = A$

(*H* 10) $A * 1/\bar{A} = 1 \Leftrightarrow A \in \mathscr{S} \backslash \mathscr{L}$

(*H* 11) $A \subseteq B \Rightarrow A * C \subseteq B * C$

(*H* 12) $\overline{A * B} = \bar{A} * \bar{B}$

(*H* 13) $A * B \in \mathscr{T}_f \Leftrightarrow A \in \mathscr{T}_f \vee B \in \mathscr{T}_f$
$A * B \in \mathscr{T}_p \Leftrightarrow A \in \mathscr{T}_p \vee B \in \mathscr{T}_p$

(*H* 14) $A \cdot B = B \cdot A$

(*H* 15) $(A \cdot B) \cdot C = A \cdot (B \cdot C)$

(*H* 16) $1 \cdot A = A$

(*H* 17) $A \cdot A^{-1} = 1$ und $A^{-1} = 1/\bar{A}$ für $A \notin \mathscr{L}$

(*H* 18) $\overline{A \cdot B} = \bar{A} \cdot \bar{B}$

(*H* 19) $(A + B) \cdot C = A \cdot C + B \cdot C$

(*H* 20) $A \cdot B = 0 \Leftrightarrow A = a \cdot \bar{B} \in \mathscr{L}, a \in \mathbb{R}$.

5. Die Anwendungsmöglichkeiten des Raumes $(\mathbb{H}, +, *, /, \cdot, \subseteq)$ und insbesondere des hyperbolischen Fastkörpers $(\mathbb{H}, +, \cdot)$ im Zusammenhang mit der Darstellung in Tab. 1 zeigt folgendes Beispiel. In [2] bzw. [11] wurden Gleichungen der Art $A * X = B$ bzw. $A * X + B = C * X + D$ auf ihre Lösungen X untersucht. In eleganter Weise kann jedoch in dem hier eingeführten algebraischen erweiterten Raum die Lösung bzw. Lösungsmenge der wesentlich allgemeineren Gleichung

$$L(X) = \sum_{i=1}^{N} A_i * X = B \tag{25}$$

charakterisiert und angegeben werden. Im Hinblick auf die im Vergleich doch recht unüberschaubare und zum Teil sogar unvollständige Untersuchung von Berti in [2] wird es sich im folgenden zeigen, welche Vorteile bei analytischen Untersuchungen zukünftig von den hier angegebenen Räumen zu erwarten sind.

Aufgrund der Sektoreneinteilung von $\mathbb{H}$ bezüglich Tab. 1 betrachten wir eine Permutation π der Zahlen $1, 2, 3, \ldots, N$ derart, daß gilt:

$$\begin{array}{ll} \bigwedge\limits_{1 \leq i \leq N_1} A_{\pi i} \in \mathscr{S}_r, & \bigwedge\limits_{N_1' \leq i \leq N_2} A_{\pi i} \in \mathscr{T}_f \\ \bigwedge\limits_{N_2' \leq i \leq N_3} A_{\pi i} \in \mathscr{S}_l, & \bigwedge\limits_{N_3' \leq i \leq N} A_{\pi i} \in \mathscr{T}_p \end{array} \tag{26}$$

Dabei gilt $N_k' := N_k + 1$ für $k = 1, 2, 3$. Nach dieser Umordnung von (25) zerfällt die Summe in vier Teilsummen, in denen jeweils je nach der Fallunterscheidung

$X \in \mathcal{S}_r$, $X \in \mathcal{T}_f$, $X \in \mathcal{S}_l$ und $X \in \mathcal{T}_p$ das Produkt $*$ durch das hyperbolische Produkt gemäß Tab. 1 ersetzt werden kann. Wegen der Distributivität des hyperbolischen Produktes kann im jeweiligen Falle eine der folgenden wesentlich vereinfachten Gleichungen hergeleitet werden (zur Bestimmung der F_i siehe Formeln (38)—(41)):

$$L(X) = F_1 \cdot X + F_2 \cdot \rho(X) + F_3 \cdot \bar{X} + F_4 \cdot \lambda(X) = B \tag{27 a}$$

$$L(X) = F_1 \cdot X + F_3 \cdot \bar{X} + \left[\sum_{i=N_1'}^{N_2} (\lambda(A_{\pi i})\, \rho(X)\, \rho(A_{\pi i})\, \lambda(X)), \quad \sum_{i=N_1'}^{N_2} (\lambda(A_{\pi i})\, \lambda(X)\, \rho(A_{\pi i})\, \rho(X)) \right] \tag{27 b}$$

$$L(X) = F_1 \cdot X + F_3 \cdot \bar{X} + \left[\sum_{i=N_3'}^{N} (\lambda(A_{\pi i})\, \lambda(X)\, \rho(A_{\pi i})\, \rho(X)), \quad \sum_{i=N_3'}^{N} (\lambda(A_{\pi i})\, \rho(X)\, \rho(A_{\pi i})\, \lambda(X)) \right], \tag{27 c}$$

welche in $(\mathbb{H}, +, \cdot)$ leicht zu lösen sind. Zunächst seien die Lösungen bzw. Lösungsmengen von (27) angegeben, bevor der Zusammenhang mit den gesuchten Lösungen von (25) hergestellt wird.

In Komponenten geschrieben lautet (27 a):

$$\begin{aligned} \lambda(F_1 + F_4) \cdot \lambda(X) + \lambda(F_2 + F_3)\, \rho(X) &= \lambda(B) \\ \rho(F_3 + F_4) \cdot \lambda(X) + \rho(F_1 + F_2)\, \rho(X) &= \rho(B). \end{aligned} \tag{28}$$

Dies ist ein lineares Gleichungssystem $\mathcal{A}\mathcal{X} = \mathcal{B}$ für $\lambda(X)$ und $\rho(X)$, das folgende drei Lösungsfälle besitzt:

Ist $\Delta := \lambda(F_1 + F_4)\, \rho(F_1 + F_2) - \rho(F_3 + F_4)\, \lambda(F_2 + F_3)$,

(a) so existiert im Falle $\Delta \neq 0$ genau eine Lösung $\mathcal{X}$, so daß gilt:

$$X = \frac{1}{\Delta} [\lambda(B)\, \rho(F_1 + F_2) - \rho(B)\, \lambda(F_2 + F_3),\ \rho(B)\, \lambda(F_1 + F_2) - \lambda(B)\, \rho(F_3 + F_4)]. \tag{29}$$

(b) gilt jedoch $\Delta = 0$, so ist (28) genau dann lösbar, wenn gilt: $A \neq 0$, $\lambda(B)\, \rho(F_1 + F_2) = \rho(B)\, \lambda(F_2 + F_3)$ und $\lambda(B)\, \rho(F_3 + F_4) = \rho(B)\, \lambda(F_1 + F_4)$. Die Lösungsmenge $\mathcal{Y}$ hat dann die Gestalt:

$$\mathcal{Y} := \{X \mid X = X^* + a \cdot X_0,\ a \in \mathbb{R},\ X^* \text{ spezielle und } X_0 \text{ eine homogene Lösung von (28)}\}. \tag{30}$$

Ist $A \equiv 0$, so ist entweder $\lambda(B) = \rho(B) = 0$ und $\mathcal{Y} = \mathbb{H}$, oder aber (28) ist unlösbar.

(c) Sind speziell $F_2 = F_4 = 0$, so läßt sich eine Lösung direkt berechnen. Es ist dann

$$F_1 \cdot X + F_3 \cdot \bar{X} = B$$

und

$$\bar{F}_3 \cdot X + \bar{F}_1 \cdot \bar{X} = \bar{B},$$

wobei die zweite Gleichung durch Konjugation aus der ersten hervorgeht. Es liegt jetzt ein System von zwei Gleichungen in $\mathbb{H}^2$ vor, das mit

$$\Delta := F_1 \cdot \bar{F}_1 -_h F_3 \cdot \bar{F}_3 \neq 0$$

die eindeutig bestimmte Lösung

$$X = \Delta^{-1} \cdot (B \cdot \bar{F}_1 -_h \bar{B} \cdot F_3)$$

besitzt.

Zur Lösung der Gleichung (27 b) setzen wir mit $\mathscr{I} := \{N_1', \ldots, N_2\}$, $\alpha_i := \lambda(A_{\pi i})$, $\beta_i := \rho(A_{\pi i})$, $\alpha := (\alpha_i)_{i \in \mathscr{I}}$, $\beta := (\beta_i)_{i \in \mathscr{I}}$ und erhalten die (27 b) in Komponenten:

$$\begin{aligned} \lambda(F_1)\,\lambda(X) + \lambda(F_3)\,\rho(X) + \sum_{i \in \mathscr{I}} (\alpha_i\,\lambda(X) \sqcap \beta_i\,\rho(X)) &= \lambda(B) \\ \rho(F_1)\,\rho(X) + \rho(F_3)\,\lambda(X) + \sum_{i \in \mathscr{I}} (\alpha_i\,\lambda(X) \sqcup \beta_i\,\rho(X)) &= \rho(B). \end{aligned} \tag{31}$$

Im Verband $(\mathbb{R}, +, \sqcap, \sqcup)$ gilt die Formel

$$\sum_{i \in \mathscr{I}} (\xi_i \sqcap \eta_i) = \bigsqcap_{\mathscr{J} \in \mathbb{P}(\mathscr{I})} \sum_{\substack{j \in \mathscr{J} \\ k \in \mathscr{I} \setminus \mathscr{J}}} (\xi_j + \eta_k), \tag{32}$$

so daß mit der Abkürzung

$$\phi_{\mathscr{J}}(\xi, \eta) := \sum_{\substack{j \in \mathscr{J} \\ k \in \mathscr{I} \setminus \mathscr{J}}} (\xi_j + \eta_k) \tag{33}$$

(31) sich ergibt zu:

$$\begin{aligned} \lambda(F_1)\,\lambda(X) + \lambda(F_3)\,\rho(X) + \bigsqcap_{\mathscr{J} \in \mathbb{P}(\mathscr{I})} \phi_{\mathscr{J}}(\alpha\,\rho(X), \beta\,\lambda(X)) &= \lambda(B) \\ \rho(F_1)\,\rho(X) + \rho(F_3)\,\lambda(X) + \bigsqcup_{\mathscr{J} \in \mathbb{P}(\mathscr{I})} \phi_{\mathscr{J}}(a\,\lambda(X), \beta\,\lambda(X)) &= \rho(B) \end{aligned} \tag{34}$$

Wegen der Linearität von $\phi_{\mathscr{J}}$ in beiden Argumenten und der Distributivität von $\sqcap$ und $\sqcup$ mit $+$ folgt schließlich:

$$\begin{aligned} \bigsqcap_{\mathscr{J} \in \mathbb{P}(\mathscr{I})} \{(\lambda(F_1) + \phi_{\mathscr{J}}(0, \beta))\,\lambda(X) + (\lambda(F_3) + \phi_{\mathscr{J}}(\alpha, 0))\,\rho(X)\} &= \lambda(B) \\ \bigsqcup_{\mathscr{J} \in \mathbb{P}(\mathscr{I})} \{(\rho(F_3) + \phi_{\mathscr{J}}(\alpha, 0))\,\lambda(X) + (\rho(F_1) + \phi_{\mathscr{J}}(0, \beta))\,\rho(X)\} &= \rho(B). \end{aligned} \tag{35}$$

Die Aussage von (35) ist äquivalent mit:

$$\begin{aligned} \bigwedge_{\mathscr{J} \in \mathbb{P}(\mathscr{I})} \{(\lambda(F_1) + \phi_{\mathscr{J}}(0, \beta))\,\lambda(X) + (\lambda(F_3) + \phi_{\mathscr{J}}(\alpha, 0))\,\rho(X)\} &\geqq \lambda(B) \\ \bigwedge_{\mathscr{J} \in \mathbb{P}(\mathscr{I})} \{(\rho(F_3) + \phi_{\mathscr{J}}(\alpha, 0))\,\lambda(X) + (\rho(F_1) + \phi_{\mathscr{J}}(0, \beta))\,\rho(X)\} &\leqq \rho(B) \end{aligned} \tag{36}$$

Entsprechend gilt für (27 c) mit $\mathscr{I} := \{N_3', \ldots, N\}$:

$$\begin{aligned} \bigwedge_{\mathscr{J} \in \mathbb{P}(\mathscr{I})} \{(\lambda(F_1) + \phi_{\mathscr{J}}(\alpha, 0))\,\lambda(X) + (\lambda(F_3) + \phi_{\mathscr{J}}(0, \beta))\,\rho(X)\} &\leqq \lambda(B) \\ \bigwedge_{\mathscr{J} \in \mathbb{P}(\mathscr{I})} \{(\rho(F_3) + \phi_{\mathscr{J}}(0, \beta))\,\lambda(X) + (\rho(F_1) + \phi_{\mathscr{J}}(\alpha, 0))\,\rho(X)\} &\geqq \rho(B). \end{aligned} \tag{37}$$

(36) und (37) stellen aber gerade jeweils eine Polygonfläche in $\mathbb{R}^2$ dar, bestimmt durch höchstens $2 \cdot |\mathbb{P}(\mathscr{I})|$ Geraden, das sind $2 \cdot 2^{N_2 - N_1}$ im ersten und $2 \cdot 2^{N - N_3}$ Geraden im zweiten Fall.

Der Zusammenhang zwischen den Lösungen von (25) und denen von (27) wird durch folgende Fallunterscheidung hergestellt. $\mathscr{X}$ kennzeichne die Lösungsmenge von (25) und $\mathscr{Y}$ die von (27), berechnet noch (29), (30), (36) und (37).

(a) Für $X \in \mathscr{X} \cap \mathscr{S}_r$ gilt $\mathscr{X} \cap \mathscr{S}_r = \mathscr{Y} \cap \mathscr{S}_r$, wobei $\mathscr{Y}$ berechnet wird aus (27 a) mit

$$\begin{gathered} F_1 := \sum_{i=1}^{N_1} A_{\pi i}, \quad F_2 := \sum_{i=N_1'}^{N_2} A_{\pi i}, \\ F_3 := \sum_{i=N_2'}^{N_3} A_{\pi i}, \quad F_4 := \sum_{i=N_3'}^{N} A_{\pi i}. \end{gathered} \tag{38}$$

(b) Für $X \in \mathscr{X} \cap \mathscr{S}_l$ gilt entsprechend $\mathscr{X} \cap \mathscr{S}_l = \mathscr{Y} \cap \mathscr{S}_l$, wobei $\mathscr{Y}$ berechnet wird aus (27 a) mit

$$F_1 := \sum_{i=1}^{N_1} \overline{A_{\pi i}}, \quad F_2 := \sum_{i=N_1'}^{N_2} \overline{A_{\pi i}}, \quad F_3 := \sum_{i=N_2'}^{N_3} \overline{A_{\pi i}}, \quad F_4 := \sum_{N_3'}^{N} \overline{A_{\pi i}}. \tag{39}$$

(c) Für $X \in \mathscr{X} \cap \mathscr{T}_f$ gilt $\mathscr{X} \cap \mathscr{T}_f = \mathscr{Y} \cap \mathscr{T}_f$, wobei $\mathscr{Y}$ berechnet wird im Falle $N_1 = N_2$ aus (27 a) mit

$$F_1 := \sum_{i=1}^{N_2} \rho(A_{\pi i}), \quad F_2 := 0, \quad F_3 := \sum_{i=N_2'}^{N_3} \lambda(A_{\pi i}), \quad F_4 := 0\,^{2} \tag{40}$$

und im allgemeinen Falle aus (27 b) gemäß (36) mit demselben F_1 und F_3 von (40).

(d) Für $X \in \mathscr{X} \cap \mathscr{T}_p$ gilt $\mathscr{X} \cap \mathscr{T}_p = \mathscr{Y} \cap \mathscr{T}_p$ und $\mathscr{Y}$ ist zu berechnen im Falle $N_3 = N$ aus (27a) mit

$$F_1 := \sum_{i=1}^{N_1} \lambda(A_{\pi i}), \quad F_2 := 0^{(1)}, \quad F_3 := \sum_{i=N_2'}^{N} \rho(A_{\pi i}), \quad F_4 := 0 \tag{41}$$

und im allgemeinen Falle aus (27 c) gemäß (37) mit demselben F_1 und F_3 von (41).

Die Richtigkeit der Angaben (a) bis (d) bestätigt sich aus der Konstruktion der Ersatzprobleme (27) und den Eigenschaften der Multiplikation nach Tab. 1.

Ein einfaches Kriterium, wann ein $X \notin \mathscr{T}$ und damit die schwierigeren Fälle von (27 b) nicht auftreten, ist das hinreichende Kriterium $B \notin \mathscr{T}$.

Wie zu sehen ist, sind offenbar alle Formeln mit gewissen Einschränkungen sofort übertragbar auf konvergente Reihen

$$L(X) := \sum_{i=1}^{\infty} (A_i * X) = B \tag{42}$$

und auf Integralgleichungen der Gestalt

$$L(x) := \int_a^b \big(A(\tau) * X\big)\, d\tau = B. \tag{43}$$

---

[2] Folgerung aus $* : \mathscr{T}_f \times \mathscr{T}_p \to 0$.

Unter der Voraussetzung, daß entweder eine Lösung $X \in \mathcal{T}$ nicht zulässig ist, z. B. sicher dann, wenn $B \notin \mathcal{T}$ oder aber, daß $A_i \notin \mathcal{T}$ bzw. $A(\tau) \notin \mathcal{T}$ gilt, sind sofort die Lösungsmethoden von (27 a) anwendbar. Im anderen Falle müssen geeignete Zusatzforderungen die Konvergenz von (36) und (37) sichern, was hier nicht näher untersucht werden soll.

Das angegebene Verfahren kann auf Vektorgleichungen in $\mathbb{H}^n$ der Form

$$L(X) := \mathcal{A} * X + \mathcal{B} * \bar{X} = B, \tag{44}$$

verallgemeinert werden. $\mathcal{A}$, $\mathcal{B}$ sind $n \times n$-Matrizen in $\mathbb{H}^{n \cdot n}$, X und B Vektoren in $\mathbb{H}^n$. Im folgenden Abschnitt 6 wird gezeigt, in welchem Zusammenhang Formeln der Bauart (44) zu erwarten sind.

6. Seien $\mathcal{A}$ und $\mathcal{B}$ Matrizen in $(\mathbb{I}\,\mathbb{R})^{n \cdot n}$, $\underset{\cdot}{\mathcal{H}}, \underset{\cdot}{\mathcal{A}}$ und $\underset{\cdot}{\mathcal{B}}$ Matrizen in $\mathbb{P}^{n \cdot n}$, C, X Vektoren in $(\mathbb{I}\,\mathbb{P})^n$ und $x, c \in \mathbb{R}^n$.

Satz 5: *Sei* $\mathcal{M} := \{x \mid \underset{\cdot}{\mathcal{A}}\, x = c,\ \underset{\cdot}{\mathcal{A}} \in \mathcal{A},\ c \in C\}$ *mit* $\mathcal{A} = \mathcal{B} + \underset{\cdot}{\mathcal{H}}, \underset{\cdot}{\mathcal{H}} \in (\mathbb{R}^+)^{n^2}$ *und* $\| \, | \underset{\cdot}{\mathcal{H}}^{-1} | \, \| \ \| \, | \mathcal{B} | \, \| < 1$ *gegeben. Es gilt dann für die algebraische Lösung* X^* *der Gleichung*

$$\mathcal{B} * X + \underset{\cdot}{\mathcal{H}} * \bar{X} = \bar{C} \tag{45}$$

die Beziehung $\mathcal{M} \subseteq X^*$.

Beweis: Es ist $\underset{\cdot}{\mathcal{A}}\, x = c$, das heißt $(\underset{\cdot}{\mathcal{B}} + \underset{\cdot}{\mathcal{H}})\, x = c$ äquivalent mit $-\underset{\cdot}{\mathcal{H}}\, x = \underset{\cdot}{\mathcal{B}}\, x - c$ und schließlich mit

$$x = -\underset{\cdot}{\mathcal{H}}^{-1} (\underset{\cdot}{\mathcal{B}}\, x - c). \tag{46}$$

Das zur Fixpunktgleichung (46) gehörige Iterationsverfahren

$$x_{i+1} = -\underset{\cdot}{\mathcal{H}}^{-1} (\underset{\cdot}{\mathcal{B}}\, x_i - c)$$

konvergiert wegen $\| \, | \underset{\cdot}{\mathcal{H}}^{-1} | \, \| \ \| \, | \underset{\cdot}{\mathcal{B}} | \, \| < 1$ gegen ein $x^* \in \mathcal{M}$ für alle $\underset{\cdot}{\mathcal{B}} \in \mathcal{B}$ und $c \in C$. Nach [1] bzw. [7] ist daher

$$X_{i+1} = -\underset{\cdot}{\mathcal{H}}^{-1} * (\mathcal{B} * X_i - C)$$

wegen $\| \, | \underset{\cdot}{\mathcal{H}}^{-1} | \, \| \ \| \, | \mathcal{B} | \, \| < 1$ ebenfalls gegen ein $X^* \in (\mathbb{I}\,\mathbb{R})^n$ konvergent mit $\mathcal{M} \subseteq X^*$. Die Auflösung der Fixpunktgleichung

$$X^* = -\underset{\cdot}{\mathcal{H}}^{-1} * (\mathcal{B} * X^* - C)$$

liefert die algebraische Gleichung

$$\mathcal{B} * X^* + \underset{\cdot}{\mathcal{H}} * \bar{X}^* = \bar{C}. \qquad \square$$

Literatur

[1] Alefeld, G., Herzberger, J.: Einführung in die Intervallrechnung. BI, Reihe Informatik (1974).

[2] Berti, S. N.: On The Interval Equation $Ax + B = Cx + D$. Revue d'analyse numérique et de la théorie de l'approximation Tome *2*, 11—26 (1973).

[3] Kaucher, E.: Über metrische und algebraische Eigenschaften einiger beim numerischen Rechnen auftretender Räume. Dissertation, Universität Karlsruhe, 1973.

[4] Kaucher, E.: Allgemeine Einbettungssätze algebraischer Strukturen unter Erhaltung von verträglichen Ordnungs- und Verbandsstrukturen mit Anwendung in der Intervallrechnung. Erscheint in der ZAMM (1976).

[5] Kaucher, E.: Algebraische Erweiterungen der Intervallrechnung unter Erhaltung der Ordnungs- und Verbandsstrukturen. In diesem Band, S. 65—79.

[6] Kulisch, U.: Grundlagen des numerischen Rechnens. Niederschrift einer Vorlesung, gehalten im WS 1970/71 an der Universität Karlsruhe.

[7] Mayer, O.: Über die in der Intervallrechnung auftretenden Räume und einige Anwendungen. Dissertation, Universität Karlsruhe, 1969.

[8] Moore, R. E.: Interval Analysis. Englewood Cliffs, N. J.: Prentice-Hall 1966.

[9] Ortolf, H.-J.: Einige Verallgemeinerungen der Intervallarithmetik. Gesellschaft für Mathematik und Datenverarbeitung, Bonn (1969).

[10] Rådström, H.: An Embedding Theorem for Spaces of Convex Sets. Proc. Amer. Math. Soc. *3*, 165—169 (1952).

[11] Ratschek, H.: Teilbarkeitskriterium der Intervallarithmetik. J. Reine Angew. Math. *252* (1972).

Dr. E. Kaucher
Institut für Angewandte Mathematik
Universität Karlsruhe
Englerstraße 2
D-7500 Karlsruhe
Bundesrepublik Deutschland

Computing, Suppl. 1, 95—105 (1977)

Ein Konzept für eine allgemeine Theorie der Rechnerarithmetik

U. Kulisch, Karlsruhe

Zusammenfassung

Will man die Verknüpfungen einer geordneten algebraischen Struktur M in einer Teilmenge T approximieren, so muß man die Verknüpfungen in T und die Abbildungsfunktion $\square: M \to T$ (Rundung) geeignet wählen. Als notwendige Bedingungen an einen Homomorphismus zwischen geordneten algebraischen Strukturen lassen sich Bedingungen für die Definition der Verknüpfung in T und für die Rundungsfunktion $\square$ ableiten. Es zeigt sich, daß die Rundung $\square$ nicht nur verantwortlich ist für die Übertragung der Elemente von M nach T, sondern darüberhinaus auch für die sich in T ergebende Struktur. Diese wird zu einer Verallgemeinerung der Struktur in M. Die angegebenen Bedingungen führen auch auf sinnvolle Verträglichkeitseigenschaften zwischen den Strukturen in M und T. An anderer Stelle [6], [8] wurde bereits darauf hingewiesen, daß sich die abgeleiteten Bedingungen in allen interessierenden Fällen durch schnelle Algorithmen realisieren lassen wie im Falle des Überganges von den reellen bzw. komplexen Zahlen bzw. Vektoren bzw. Matrizen über den reellen oder komplexen Zahlen sowie der Mengen der Intervalle über diesen Räumen in betreffende Räume über Gleitkommazahlen.

Numerische Algorithmen werden in der Regel definiert und hergeleitet im Raume $\mathbb{R}$ der reellen Zahlen, der Vektoren $V\mathbb{R}$ oder der Matrizen $M\mathbb{R}$ über den reellen Zahlen. Daneben treten gelegentlich auch die entsprechenden komplexen Räume $\mathbb{C}$, $V\mathbb{C}$, $M\mathbb{C}$ auf. In den letzten Jahren ist man zudem dazu übergegangen, auch Algorithmen für Intervalle in diesen Räumen zu betrachten. Wenn wir die Menge der Intervalle über einer geordneten Menge $\{M, \leqq\}$ mit $\mathbb{I}M$ bezeichnen, entstehen so die Räume $\mathbb{I}\mathbb{R}$, $\mathbb{I}V\mathbb{R}$, $\mathbb{I}M\mathbb{R}$ und $\mathbb{I}\mathbb{C}$, $\mathbb{I}V\mathbb{C}$, $\mathbb{I}M\mathbb{C}$. Siehe dazu die zweite Spalte in Abb. 1.

Die in diesen Räumen gegebenen Algorithmen lassen sich nun aus verschiedenen Gründen nicht darin ausführen. Das Rechnen mit reellen Zahlen approximiert man daher in einem Teilsystem T, in welchem die Verknüpfungen stets einfach und schnell ausführbar sind. Auf Rechenanlagen dienen hierzu in der Regel sogenannte Gleitkommasysteme mit einer festen Ziffernzahl in der Mantisse. Erst dann, wenn die gewünschte Genauigkeit anders nicht gewährleistet werden kann, geht man zu umfassenderen Systemen S mit der Eigenschaft $\mathbb{R} \supset S \supset T$ über. Ausgehend von T (bzw. S) können wir nun entsprechend Vektoren, Matrizen, Intervalle usw. sowie die entsprechenden Komplexifizierungen bilden. Wir kommen so zu den Räumen VT, MT, $\mathbb{I}T$, $\mathbb{I}VT$, $\mathbb{I}MT$, $\mathbb{C}T$, $V\mathbb{C}T$, $M\mathbb{C}T$, $\mathbb{I}\mathbb{C}T$, $\mathbb{I}V\mathbb{C}T$, $\mathbb{I}M\mathbb{C}T$ sowie den entsprechenden Räumen über S. Siehe dazu die dritte und vierte Spalte in Abb. 1. Im praktischen Falle einer Rechenanlage kann man sich unter S etwa die Menge der doppelt langen und unter T die Menge der einfach langen Gleitkommazahlen vorstellen. In unserem Schema der Abb. 1 stehen die Mengen S und T jedoch nur beispielhaft für ein ganzes System von Teilmengen der Ausgangsmenge $\mathbb{R}$.

$$
\begin{array}{ccccccc}
 & & \mathbb{R} & \supset & S & \supset & T \\
 & & \times & & \times & & \times \\
 & & V\mathbb{R} & \supset & VS & \supset & VT \\
 & & \times & & \times & & \times \\
 & & M\mathbb{R} & \supset & MS & \supset & MT \\
 & & & & & & \\
\mathbb{P}\mathbb{R} & \supset & \mathbb{I}\mathbb{R} & \supset & \mathbb{I}S & \supset & \mathbb{I}T \\
\times & & \times & & \times & & \times \\
\mathbb{P}V\mathbb{R} & \supset & \mathbb{I}V\mathbb{R} & \supset & \mathbb{I}VS & \supset & \mathbb{I}VT \\
\times & & \times & & \times & & \times \\
\mathbb{P}M\mathbb{R} & \supset & \mathbb{I}M\mathbb{R} & \supset & \mathbb{I}MS & \supset & \mathbb{I}MT \\
 & & & & & & \\
 & & \mathbb{C} & \supset & \mathbb{C}S & \supset & \mathbb{C}T \\
 & & \times & & \times & & \times \\
 & & V\mathbb{C} & \supset & V\mathbb{C}S & \supset & V\mathbb{C}T \\
 & & \times & & \times & & \times \\
 & & M\mathbb{C} & \supset & M\mathbb{C}S & \supset & M\mathbb{C}T \\
 & & & & & & \\
\mathbb{P}\mathbb{C} & \supset & \mathbb{I}\mathbb{C} & \supset & \mathbb{I}\mathbb{C}S & \supset & \mathbb{I}\mathbb{C}T \\
\times & & \times & & \times & & \times \\
\mathbb{P}V\mathbb{C} & \supset & \mathbb{I}V\mathbb{C} & \supset & \mathbb{I}V\mathbb{C}S & \supset & \mathbb{I}V\mathbb{C}T \\
\times & & \times & & \times & & \times \\
\mathbb{P}M\mathbb{C} & \supset & \mathbb{I}M\mathbb{C} & \supset & \mathbb{I}M\mathbb{C}S & \supset & \mathbb{I}M\mathbb{C}T
\end{array}
$$

Abb. 1. Übersicht über die beim numerischen Rechnen auftretenden Räume

In jeder Menge der dritten und vierten Spalte der Abb. 1 sind nun Verknüpfungen zu definieren, welche die entsprechenden Verknüpfungen in der zweiten Spalte approximieren. In jeder Menge der ersten Zeile jedes der vier Blöcke in Abb. 1 benötigen wir beispielsweise eine Addition, Subtraktion, Multiplikation und Division, in der letzten Zeile jedes Blockes beispielsweise jeweils eine Addition, Subtraktion und Multiplikation. Die in Abb. 1 aufgeführten Mengen einer Spalte sind ferner noch über äußere Verknüpfungen miteinander verbunden. Beispielsweise läßt sich ein Intervallvektor sowohl mit einem Intervall als auch mit einer Intervallmatrix multiplizieren. All diese Verknüpfungen in den Mengen der letzten beiden Spalten sollten in einem guten Programmiersystem möglichst in Form von Operatoren für entsprechende Datentypen zur Verfügung stehen.

Die nachfolgende Abhandlung ist der Frage gewidmet, wie diese Verknüpfungen zu definieren sind und auf welche Strukturen sie führen. Es wird in [7] insbesondere gezeigt, daß all diese Verknüpfungen durch ein einfaches und einheitliches Konstruktionsprinzip erklärt werden können und daß dies auf einheitliche Strukturen führt. Ähnlich wie der Begriff der Gruppe in der Geometrie kann dieses Prinzip als ordnendes Prinzip in der Numerik verwendet werden. Die Strukturen in den Teilmengen der dritten und vierten Spalte in Abb. 1 werden dabei erklärt als diejenigen Eigenschaften der betreffenden Grundmenge, welche sich als invariant erweisen bezüglich spezieller Rundungen. Alle in dem Tableau der Abb. 1 aufgeführten Strukturen lassen sich so durch zwei abstrakte Strukturen beschreiben. Genauer stellen die von $\mathbb{R}$ abgeleiteten Strukturen sogenannte geordnete Ringoide bzw. geordnete Vektoide dar, während die von $\mathbb{C}$ abgeleiteten Strukturen durch schwach geordnete Ringoide bzw. schwach geordnete Vektoide beschrieben werden.

Wir wollen dieses allgemeine Prinzip etwas genauer beschreiben. Es sei M eine der in Abb. 1 genannten Mengen und $\bar{M}$ eine Menge von Regeln (Axiome), welche für die Elemente von M vorgegeben sind. Dann bezeichnen wir das Paar $\{M, \bar{M}\}$ als eine Struktur. Wir können dann feststellen, daß in Abb. 1 die Struktur zunächst bekannt ist in den Mengen $\mathbb{R}$, $V\mathbb{R}$, $M\mathbb{R}$, $\mathbb{C}$, $V\mathbb{C}$ und $M\mathbb{C}$. Es sei jetzt M eine dieser Mengen und $*$ eine darin erklärte Verknüpfung. Dann können wir auch in der Potenzmenge $\mathbb{P}M$, das ist die Menge aller Teilmengen von M, eine Verknüpfung $*$ erklären durch die Definition

$$\bigwedge_{A,B \in \mathbb{P}M} A * B := \{a * b \mid a \in A \wedge b \in B\}.$$

Auf diese Weise läßt sich auch in den zugeordneten Potenzmengen eine Struktur ableiten. Wir können damit feststellen, daß in den in Abb. 1 aufgeführten Mengen die Struktur bekannt ist jeweils in dem Element ganz links in jeder Zeile. Wir fragen nun nach einem allgemeinen Prinzip, das es gestattet, ausgehend von der Struktur ganz links in einer Zeile auch in den rechts davon stehenden Teilmengen eine Struktur abzuleiten.

Zunächst wird man festlegen, wie die Elemente einer Menge M in eine rechts davon stehende Teilmenge N abzubilden sind. Die betreffende Abbildung werden wir als Rundung bezeichnen. Eine Abbildung $\square : M \to N$ heißt eine Rundung, wenn gilt

$$(R1) \qquad \bigwedge_{a \in N} \square a = a.$$

In jeder Menge ganz links einer jeden Zeile ist ferner ein Minusoperator definiert. Man überzeugt sich nun leicht davon, daß, sofern S und T Gleitkommasysteme bezeichnen, für alle Teilmengen der Abb. 1 bezüglich dieses Minusoperators gilt

$$(S) \qquad \bigwedge_{a \in N} -a \in N \wedge o, e \in N.$$

Dabei bezeichnet o das neutrale Element der Addition und e das neutrale Element der Multiplikation, sofern ein solches existiert.

Es stellt sich nun heraus, daß die Rundung nicht nur verantwortlich ist für die Übertragung der Elemente einer Menge in die Teilmenge, sondern darüberhinaus auch für die Übertragung der Struktur. Bei gegebener Struktur $\{M, \bar{M}\}$ hängt die Struktur $\{N, \bar{N}\}$ wesentlich ab von den Eigenschaften der Rundungsfunktion $\square$. Genauer gesagt läßt sich $\bar{N}$ definieren als Menge der rundungsinvarianten Eigenschaften von $\bar{M}$, d. h. es ist $\bar{N} \subseteq \bar{M}$. Dies bedeutet anders ausgedrückt, daß die Struktur $\{N, \bar{N}\}$ eine Verallgemeinerung von $\{M, \bar{M}\}$ darstellt. Dabei tritt beim Übergang von der zweiten zur dritten Spalte in Abb. 1 eine echte Verallgemeinerung $\bar{N} \subset \bar{M}$ auf. Beim nächsten und allen gedachten weiteren Übergängen ist $\bar{N} = \bar{M}$.

Wenn man vor die Aufgabe gestellt wird, eine gegebene Struktur $\{M, \bar{M}\}$ durch eine Struktur $\{N, \bar{N}\}$ anzunähern, so wird man zunächst versuchen, auf bewährte Abbildungseigenschaften wie Isomorphismus oder Homomorphismus zurückzugreifen. Man kann aber bereits durch einfache und explizite Beispiele, etwa im Falle der Abbildung der reellen Zahlen in ein Gleitkommasystem, zeigen, daß sich ein Homomorphismus auf sinnvolle Weise nicht einrichten läßt. Wir werden aber zeigen, daß sich zusätzlich zu den Eigenschaften ($R1$), (S) stets einige notwendige Bedingungen für einen Homomorphismus realisieren lassen. Mit diesen notwendigen Bedingungen gehen wir so nahe an einen Homomorphismus heran wie möglich. Wir wollen diese Bedingungen jetzt ableiten und gehen aus von der bekannten

Definition: Es seien $\{M, \bar{M}\}$ und $\{N, \bar{N}\}$ geordnete algebraische Strukturen und es gebe eine umkehrbareindeutige Zuordnung der Verknüpfungen und Ordnungsrelationen in M und N. Eine Abbildung $\square : M \to N$ heißt ein Homomorphismus, wenn es sich dabei um einen algebraischen Homomorphismus handelt, d. h. wenn gilt

$$\bigwedge_{a, b \in M} (\square a) \boxast (\square b) = \square (a * b) \tag{1}$$

für alle zugeordneten Verknüpfungen $*$ und $\boxast$ sowie um einen Ordnungshomomorphismus, d. h. wenn gilt

$$\bigwedge_{a, b \in M} (a \leqq b \Rightarrow \square a \leqq \square b). \tag{2}$$

Aus dieser Definition lassen sich einige notwendige Bedingungen ableiten. Wenn man zunächst (1) einschränkt auf Elemente aus N, erhält man wegen ($R1$) unmittelbar

$$(RG) \qquad \bigwedge_{a, b \in N} a \boxast b = \square (a * b)$$

für alle in Frage kommenden Verknüpfungen $*$. Diese Formel besagt, daß jede Verknüpfung $\boxast$ in N durch die betreffende Verknüpfung $*$ in M und die Rundungsfunktion zu definieren ist.

Setzen wir weiter in obiger Definition (1) im Falle der Multiplikation für $a = -e$, so ergibt sich

$$\bigwedge_{b \in M} \square (-b) = \square (-e) \boxdot \square b \underset{(S3),\,(R1)}{=} (-e) \boxdot \square b = \underset{(R)}{\square} (-\square b) \underset{(S3),(R1)}{=} -\square b, \text{ d. h.}$$

$$(R3) \qquad \bigwedge_{a \in M} \square (-a) = -\square a.$$

Dies besagt, daß die Rundung eine antisymmetrische Funktion sein muß. Aus der Forderung (2) an einen Ordnungshomomorphismus folgt weiter sofort

$$(R2) \qquad \bigwedge_{a, b \in M} (a \leqq b \Rightarrow \square a \leqq \square b),$$

d. h. die Rundung muß auch monoton sein.

Die Bedingungen ($R1$), ($R2$), ($R3$) legen die Rundung keineswegs eindeutig fest. Man kann jedoch zeigen, daß sie zusammen mit den Eigenschaften (S) und (RG) die Struktur eines geordneten bzw. schwach geordneten Ringoides oder Vektoides invariant lassen. Der Nachweis dieser Aussage muß allerdings für alle in Abb. 1 angedeuteten Fälle letztlich individuell geführt werden. Ein hervorragendes Ergebnis besteht jedoch darin, daß er in allen Fällen gegeben werden kann.

Wir nehmen jetzt wieder an, daß es sich bei den Teilmengen S und T von $\mathbb{R}$ in Abb. 1 um Gleitkommasysteme handelt. Es bleibt dann noch die Frage offen, ob sich die Eigenschaften (S), ($R1$), ($R2$), ($R3$), (RG) in allen in Abb. 1 angegebenen Fällen auch durch schnelle Algorithmen auf einer Rechenanlage realisieren lassen. Auf den ersten Blick sieht es so aus, als ob eine Implementierung der Verknüpfungen nach der Formel (RG) unmöglich wäre, da das Resultat $a * b$ etwa im Falle eines Gleitkommasystems nicht in allen Fällen darstellbar ist. Ist beispielsweise im Dezimalsystem a von der Größenordnung 10^{50} und b von der Größenordnung 10^{-50}, so bräuchte man zur Darstellung von $a+b$ etwa 100 Dezimalstellen in der Mantisse, und auch die größten Rechenanlagen verfügen über keine so langen Register. Ähnliche Verhältnisse ergeben sich auch bei der Multiplikation von Gleitkommazahlen oder etwa auch bei der Multiplikation von Gleitkommamatrizen nach der Formel (RG). Man kann jedoch zeigen, daß in allen Fällen, in denen das Verknüpfungsergebnis $a * b$ auf der Rechenanlage nicht darstellbar ist, ein geeignetes Ersatzergebnis $a \tilde{*} b$ angegeben werden kann, welches darstellbar ist und die Eigenschaft $\square(a * b) = \square(a \tilde{*} b)$ besitzt. Es kann dann $a \tilde{*} b$ zur Definition von $a \boxast b$ verwendet werden nach der Formel

$$\bigwedge_{a,b \in T} a \boxast b := \square(a * b) = \square(a \tilde{*} b).$$

Der Nachweis dieser Aussage läßt sich in allen nichttrivialen Fällen durch detaillierte Angabe der betreffenden Algorithmen führen [1], [4], [6], [8]. Wir werden darauf weiter unten noch etwas genauer eingehen. Zuvor wollen wir noch die Klasse der verfügbaren Rundungen etwas vergrößern.

Eine Rundung $\square : M \to T$ heißt „gerichtet", wenn gilt

($R4$) $$\bigwedge_{a \in M} \square a \leqq a \quad \text{nach unten gerichtet,}$$

$$\vee \bigwedge_{a \in M} a \leqq \square a \quad \text{nach oben gerichtet.}$$

Zusammen mit der Monotonie erhält man damit die folgenden speziellen Rundungen

$\triangledown a$: monotone, nach unten gerichtete Rundung,

$\triangle a$: monotone, nach oben gerichtete Rundung.

Bezeichnet ferner $T = T(\beta, n, e1, e2)$ ein Gleitkommasystem mit der Basis β, n Ziffern in der Mantisse und mit kleinstem Exponenten $e1$ und größtem Exponenten $e2$ (siehe z. B. [6]), so werden auch die folgenden Rundungen häufig benutzt.

$$\bigwedge_{a \geqq o} \square_\beta a \leqq a \wedge \bigwedge_{a < o} \square_\beta a = -\square_\beta(-a) \quad \text{monotone Rundung nach innen,}$$

$$\bigwedge_{a \geqq o} a \leqq \square_o a \wedge \bigwedge_{a < o} \square_o a = -\square_o(-a) \quad \text{monotone Rundung nach außen.}$$

Es sei ferner

$$S_\mu(a) := \nabla a + \frac{(\triangle a - \nabla a)}{\beta} \cdot \mu, \quad \mu = 1(1)\beta - 1. \tag{3}$$

Damit erklären wir die Rundungen $\square_\mu : \mathbb{R} \to T,\ \mu = 1(1)\beta - 1$ durch

$$\begin{aligned}
&\bigwedge_{a \in [o,\, \beta^{e1-1})} \square_\mu a = o \\
&\bigwedge_{\beta^{e1-1} \leq a \leq B} \square_\mu a^{1} = \begin{cases} \nabla a & \text{für } a \in [\nabla a; S_\mu(a)) \\ \triangle a & \text{für } a \in [S_\mu(a); \triangle a] \end{cases} \\
&\bigwedge_{a > o} \square_\mu a = -\square_\mu(-a),
\end{aligned} \tag{4}$$

wobei $B := o, (\beta-1)(\beta-1)\ldots(\beta-1) \cdot \beta^{e2}$ die größte darstellbare Gleitkommazahl bezeichnet.

Ist β eine gerade Zahl, so bezeichnet $\square_{\beta/2}$ die Rundung zur nächstgelegenen Zahl aus T, und es ist $S_{\beta/2}(a) = (\nabla a + \triangle a)/2$.

Die Rundungen $\{\nabla, \triangle, \square_\mu,\ \mu = o(1)\beta\}$ sind nicht unabhängig voneinander[1]. Man weist leicht die folgenden Beziehungen nach:

$$\begin{aligned}
&\triangle a = -\nabla(-a), && \nabla a = -\triangle(-a) \\
&\square_o a = \operatorname{sign}(a) \cdot \triangle |a|, && \square_\beta a = \operatorname{sign}(a) \cdot \nabla |a|.
\end{aligned} \tag{5}$$

Alle Rundungen $\square_\mu,\ \mu = o(1)\beta$ sind ferner antisymmetrische Funktionen. Aus (3), (4), (5) folgt ferner, daß sie alle durch die monotone, nach unten gerichtete Rundung (bzw. die monotone, nach oben gerichtete Rundung) beschrieben werden können.

Eine strikte Realisierung der obigen Formeln (*S*) sowie (*R*1), (*R*2), (*R*3), (*R*4) für die Rundungen $\square : M \to N$ sowie (*RG*) führt in den Teilmengen auf die bereits erwähnten Strukturen der geordneten bzw. schwach geordneten Ringoide und Vektoide. Darüberhinaus ergeben sich die folgenden sinnvollen Verträglichkeitseigenschaften zwischen der Struktur in M und derjenigen in N. Dabei folgt aus der Eigenschaft (*Ri*) die Formel (*RGi*), $i = 1(1)4$:

(*RG*1) $\bigwedge_{a,b \in N} (a * b \in N \Rightarrow a \boxast b = a * b)$,

(*RG*2) $\bigwedge_{a,b,c,d \in N} (a * b \leq c * d \Rightarrow a \boxast b \leq c \boxast d)$,

(*RG*3) $\bigwedge_{a \in N} -a = \boxminus a := (-e) \boxdot a$, e neutrales Element der Multiplikation,

(*RG*4) $\bigwedge_{a,b \in N} a \overset{*}{\nabla} b \leq a * b$ bzw. $\bigwedge_{a,b \in N} a * b \leq a \overset{*}{\triangle} b$.

Die erste Eigenschaft stellt eine naheliegende Forderung an eine sinnvolle Rechnerarithmetik dar, die zweite besagt die Monotonie der Verknüpfungen

[1] Wir werden die Rundungen $\square_\mu,\ \mu = 1(1)\beta - 1$ nur im Bereich $|a| \leq B$ verwenden und verzichten daher darauf, sie auch außerhalb dieses Bereiches zu definieren.

und $(RG3)$ die Identität des Minusoperators in M und N. Die Eigenschaften $(RG4)$ werden insbesondere bei Intervallrechnungen benötigt.

Ein axiomatischer Aufbau der Räume in der dritten und vierten Spalte in Abb. 1 ist natürlich nur dann sinnvoll, wenn auch der Nachweis erbracht wird, daß die geforderten Grundannahmen im praktischen Falle einer Rechenanlage auch implementiert werden können. Dieser Nachweis wird im Falle von Gleitkommasystemen — dies entspricht der ersten Zeile in Abb. 1 — in [6] gegeben. Dabei gelingt es mühelos, diese Algorithmen so allgemein zu halten, daß sie auch für die gerichteten Rundungen sowie für alle Rundungen der Klasse $\{\nabla, \Delta, \square_\mu, \mu = o(1)b\}$ einwandfrei arbeiten. Es läßt sich dann zeigen, daß die Frage der Implementierung damit auch bereits in all denjenigen Fällen gelöst ist, in denen es sich um Intervallstrukturen handelt — 4., 5., 6. Zeile und 10., 11., 12. Zeile in Abb. 1. (Siehe dazu [7] und die dort angegebene Literatur, insbesondere [8] und [9], 5. Kapitel.)

Die Frage der Implementierung ist damit noch offen in denjenigen Fällen, in denen es sich um Gleitkommavektoren und -matrizen handelt — 2., 3. Zeile und 8., 9. Zeile in Abb. 1 — sowie im Falle der komplexen Gleitkommaarithmetik, 7. Zeile in Abb. 1.

Wir diskutieren jetzt kurz die Frage der Implementierung im Falle von Gleitkommavektoren und -matrizen. Es sei $\square : \mathbb{R} \to T$ eine Rundung. Definieren wir eine Abbildung durch

$$\bigwedge_{A=(a_{ij})\in M\mathbb{R}} \square A := (\square a_{ij}),$$

so ist auch $\square : M\mathbb{R} \to MT$ eine Rundung. Gilt die Eigenschaft $(R2)$ bzw. $(R3)$ bzw. $(R4)$ für die Rundung $\square : \mathbb{R} \to T$, so gilt $(R2)$ bzw. $(R3)$ bzw. $(R4)$ auch für die Rundung $\square : M\mathbb{R} \to MT$. Nach der Formel (RG) sind die Verknüpfungen $\boxast$, $* \in \{+, \cdot\}$, in MT zu definieren nach der Formel

$$(RG) \qquad \bigwedge_{A,B\in MT} A \boxast B := \square (A * B) \text{ für alle } * \in \{+, \cdot\}.$$

Ist $A = (a_{ij})$ und $B = (b_{ij})$, so erhält man im Falle der Addition

$$A \boxplus B := \square (A + B) = \square (a_{ij} + b_{ij}) = (a_{ij} \boxplus b_{ij}).$$

Darin bedeutet die Addition ganz rechts die Gleitkommaaddition in T, welche nach Voraussetzung nach (RG) implementiert ist, so daß hier kein Problem vorliegt.

Im Falle der Multiplikation erhalten wir

$$A \boxdot B := \square (A \cdot B) := \square \left(\sum_{\nu=1}^{r} a_{i\nu} b_{\nu j} \right),$$

wobei in der Summe ganz rechts die Addition und Multiplikation für reelle Zahlen auftreten. Berücksichtigt man jedoch, daß die a_{ij} und b_{ij} Gleitkommazahlen sind und daß die Produkte $a_{i\nu} b_{\nu j}$ im doppelt langen Akkumulator exakt berechnet werden können, so sieht man, daß das Problem reduziert werden kann auf die Implementierung der Formel

$$z := \square\left(\sum_{i=1}^{r} x_i\right), \tag{6}$$

wobei die x_i, $i=1(1)r$, $L=2n$-ziffrige Gleitkommazahlen und z eine n-ziffrige Gleitkommazahl bezeichnen. Dieses Problem wurde in [8] gelöst. In [1] ist eine wesentlich verbesserte Lösung angegeben. In beiden Arbeiten wird die Implementierung der Formel (6) behandelt für alle Rundungen $\square \in \{\nabla, \triangle, \square_\mu, \mu = o(1)b\}$.

Mit diesen Algorithmen für die Implementierung von Skalarprodukten ist die Frage der Implementierung nicht nur gelöst in den Fällen der 2., 3., 8. und 9. Zeile der Abb. 1, sondern auch bereits im Falle der Multiplikation von komplexen Gleitkommazahlen, 7. Zeile in Abb. 1.

Damit ist nur noch die Frage der Implementierung des komplexen Gleitkommaquotienten zu behandeln. In diesem Falle muß eine Formel der Form

$$\square\left(\frac{ab+cd}{ef+gh}\right)$$

realisiert werden. Dieser Fall wird in [4] behandelt. Dazu werden zunächst die Produkte doppelt lang exakt ausgeführt; dann werden Zähler, Nenner und schließlich deren Quotient auf dreifache Länge berechnet. In fast allen Fällen kann aus diesem Quotienten bereits das gewünschte Ergebnis abgelesen werden. Sonst kann man mit Hilfe von Abschätzungen zeigen, daß noch höchstens drei Gleitkommazahlen in Frage kommen. Das gesuchte Ergebnis kann aus diesen drei Zahlen mit Hilfe einfacher Testrechnungen ausgesucht werden. Die Laufzeitvergrößerung für eine Softwareimplementierung dieses Quotienten, verglichen mit der üblichen Berechnung des komplexen Quotienten (auf einer UNIVAC 1108), belief sich auf einen durchschnittlichen Faktor von 1,2. Betrachtet man die wesentlichen Verbesserungen einer solchen Implementierung im Hinblick auf eine Fehleranalyse (siehe unten) oder einer wesentlich besseren Durchsichtigkeit der Rechnerarithmetik, so zeigt dies deutlich, daß solche Algorithmen realisiert werden sollten.

Gerade im Falle der komplexen Gleitkommaarithmetik wollen wir noch einmal auf den besonderen Vorteil zu sprechen kommen, der sich ergibt, wenn man die Arithmetik in allen Zeilen der Abb. 1 nach der Formel (*RG*) implementiert. Abb. 2a gibt genau die Art an, wie die komplexen Gleitkommaverknüpfungen häufig realisiert werden. Die Verknüpfungen in $\mathbb{C}T$ werden beispielsweise erklärt durch die Gleitkommaoperationen in T und die üblichen Formeln für Verknüpfungen komplexer Zahlen. Eine Fehleranalyse für eine solche Arithmetik muß zunächst auf die einfachen Gleitkommaverknüpfungen zurückgehen, und im allgemeinen gibt es keine einfachen und offensichtlichen Verträglichkeitsbedingungen zwischen den Strukturen $\mathbb{C}T$ und $\mathbb{C}S$ bzw. $\mathbb{C}T$ und $\mathbb{C}$, für deren Abhängigkeit man sich eigentlich interessiert.

In Abb. 2b ist der Zusammenhang der Strukturen angegeben in dem Falle, daß man die komplexen Gleitkommaverknüpfungen nach der Formel (*RG*) definiert. Die Verknüpfungen in $\mathbb{C}S$ werden jetzt beispielsweise direkt durch

a)

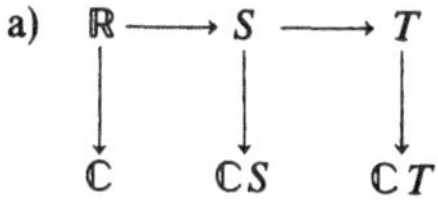

b)

$$\begin{array}{ccccc} \mathbb{R} & \longrightarrow & S & \longrightarrow & T \\ \downarrow & & & & \\ \mathbb{C} & \longrightarrow & \mathbb{C}S & \longrightarrow & \mathbb{C}T \end{array}$$

Abb. 2. Definition der komplexen Gleitkommaverknüpfungen

die Verknüpfungen in $\mathbb{C}$ erklärt. Dies hat eine größere Genauigkeit zur Folge (siehe unten) und erlaubt darüberhinaus auch eine einfachere Fehleranalysis. Ferner folgen aus den Rundungseigenschaften (Ri), $i = 1(1)4$ bzw. die Verträglichkeitseigenschaften (RGi) bzw. zwischen der Struktur in der Grundmenge und derjenigen in der Teilmenge.

Ähnliche Überlegungen gelten auch für alle anderen Zeilen der Abb. 1, beispielsweise für die Gleitkommamatrizen.

Wir wollen uns jetzt noch mit der Frage der Genauigkeit der so definierten Verknüpfungen etwas näher beschäftigen. Wir beginnen mit dem folgenden, leicht zu beweisenden Ergebnis:

Es sei $T = T(\beta, n, e1, e2)$ ein Gleitkommasystem und $\square : \mathbb{R} \to T$ eine monotone Rundung. $\delta(\square a) := a - \square a$ bezeichne den absoluten und $\varepsilon := \delta(\square a)/a$ den relativen Rundungsfehler. Dann gilt

$$\bigwedge_{a \in \mathbb{R}} \left(b^{e1-1} \leqq |a| \leqq B \Rightarrow \square a = a(1-\varepsilon) \text{ mit } |\varepsilon| < \varepsilon^* \Rightarrow |a - \square a| \leqq \varepsilon^* \cdot |a|\right).$$

Dabei ist

$$\varepsilon^* := \begin{cases} \frac{1}{2}\beta^{1-n} & \text{im Falle der Rundung zur nächstgelegenen Zahl aus } T \\ \beta^{1-n} & \text{sonst} \end{cases} \tag{7}$$

und $B := o,(\beta-1)(\beta-1)\ldots(\beta-1)\cdot\beta^{e2}$.

Definieren wir nun die Gleitkommaarithmetik durch die Formel (RG) und eine monotone und antisymmetrische Rundung, so erhält man sofort für alle Verknüpfungen $* \in \{+, -, \cdot, /\}$

$$\bigwedge_{a, b \in T} \left(\beta^{e1-1} \leqq |a * b| \leqq B \Rightarrow a \boxast b = (a * b)(1-\varepsilon) \text{ mit } |\varepsilon| < \varepsilon^* \Rightarrow \right.$$
$$\left. \Rightarrow |a * b - a \boxast b| \leqq \varepsilon^* \cdot |a * b|\right).$$

Dabei ist wieder ε^* durch (7) erklärt.

Dieses Ergebnis ist die Grundlage für die meisten Rundungsfehlerabschätzungen in der numerischen Mathematik. Solche Abschätzungen führen jedoch nur dann auf zuverlässige *Schranken*, wenn die Formel (RG) strikt implementiert ist.

Mit diesen Formeln leitet man Rundungsfehlerschranken in allen anderen Fällen der Abb. 1 unmittelbar her. Als Beispiel betrachten wir den Fall der Gleitkommamatrixverknüpfungen. Üblicherweise werden hier Fehlerabschätzungen im Sinne der Abb. 2a) angegeben. Wenn wir hingegen im Sinne der Abb. 2b) die Verknüpfungen nach der Formel (*RG*) definieren, erhalten wir identisch die gleichen Formeln wie im Falle der einfachen Gleitkommaarithmetik. Es sei wieder $\square : \mathbb{R} \to T$ eine monotone und antisymmetrische Rundung und eine Rundung $\square : M\mathbb{R} \to MT$ erklärt durch

$$\bigwedge_{A=(a_{ij})\in M\mathbb{R}} \square A := (\square\, a_{ij}).$$

Dann gilt

$$\bigwedge_{A=(a_{ij})\in M\mathbb{R}} \Big(\bigwedge_{i,j} \beta^{e1-1} \leqq |a_{ij}| \leqq B \Rightarrow \square A = \big(a_{ij}\cdot(1-\varepsilon_{ij})\big) \text{ mit } |\varepsilon_{ij}| < \varepsilon^* \Rightarrow$$
$$\Rightarrow |A - \square A| \leqq \varepsilon^* \cdot |A|\Big).$$

Dabei bezeichnet ε^* wieder die durch (7) erklärte Größe. Der Absolutbetrag ist komponentenweise definiert.

Sind nun in MT Verknüpfungen $\boxast$, $* \in \{+, \cdot\}$, erklärt durch die Formel (*RG*), und sind $X, Y \in MT$, so gilt mit den Abkürzungen $Z := (z_{ij}) := X*Y$ für alle Verknüpfungen $* \in \{+, -, \cdot\}$:

$$\bigwedge_{A,B\in MT} \Big(\bigwedge_{i,j} \beta^{e1-1} \leqq z_{ij} \leqq B \Rightarrow X \boxast Y = \big(z_{ij}\cdot(1-\varepsilon_{ij})\big) \text{ mit } |\varepsilon_{ij}| < \varepsilon^* \Rightarrow$$
$$\Rightarrow |X*Y - X \boxast Y| \leqq \varepsilon^* \cdot |X*Y|\Big). \tag{8}$$

Das ist die gleiche einfache Formel mit dem gleichen ε^*, welche wir auch im Falle der elementaren Gleitkommaverknüpfungen erhalten haben. Wegen ihrer wesentlich einfacheren Gestalt erlaubt sie auch eine wesentlich einfachere Fehleranalysis für die Gleitkommamatrixverknüpfungen als eine Fehleranalysis, welche im Sinne der Abb. 2a abgeleitet wird. Die Formel (8) ist ferner wesentlich genauer und sie liefert absolute Fehlerschranken, während man sonst nur Fehlerabschätzungen erhält. In [3] werden Fahlerschranken für den Gauß-Algorithmus zur Auflösung linearer Gleichungssysteme angegeben, welche auf der Formel (8) beruhen. Vergleiche dazu auch [2].

Literatur

[1] Bohlender, G.: Genaue Summation von Gleitkommazahlen. In diesem Band, S. 21—32.

[2] Forsythe, G. E., Moler, C. B.: Computer Solution of Linear Algebraic Systems. Englewood Cliffs, N. J.: Prentice-Hall 1967.

[3] Grüner, K.: Fehlerschranken für lineare Gleichungssysteme. In diesem Band, S. 47—56.

[4] Haas, H. Chr.: Implementierung der komplexen Gleitkommaarithmetik mit maximaler Genauigkeit. Diplomarbeit, Institut für Angewandte Mathematik, Universität Karlsruhe, S. 1—118, 1975.

[5] Knuth, D.: The Art of Computer Programming, Vol. 2. Addison-Wesley 1969.

[6] Kulisch, U.: Implementation and Formalization of Floating-Point Arithmetics, IBM T. J. Watson Research Center, Report Nr. R. C. 4608, Nov. 1973, S. 1—50, und Computing *14*, 323—348 (1975).

[7] Kulisch, U.: Über die beim numerischen Rechnen mit Rechenanlagen auftretenden Räume. In diesem Band, S. 107—119.
[8] Kulisch, U., Bohlender, G.: Formalization and Implementation of Loating-Point Matrix Operations. Report, Universität Karlsruhe, Sept. 1974, S. 1—35, und Computing *16*, 239—261 (1976).
[9] Lortz, B.: Eine Langzahlarithmetik mit optimaler einseitiger Rundung. Dr.-Dissertation, Universität Karlsruhe, 1971, S. 1—148.
[10] Yohe, J. M.: Roundings in Floating-Point Arithmetic. IEEE Transactions on Computers *C-22*, 577—586 (1973).

Prof. Dr. U. Kulisch
Institut für Angewandte Mathematik
Universität Karlsruhe
Englerstraße 2
D-7500 Karlsruhe
Bundesrepublik Deutschland

Computing, Suppl. 1, 107—119 (1977)

Über die beim numerischen Rechnen mit Rechenanlagen auftretenden Räume

U. Kulisch, Karlsruhe

Zusammenfassung

Es wird gezeigt, daß sich die beim numerischen Rechnen mit Rechenanlagen auftretenden Räume, das sind insbesondere die Gleitkommasysteme, Vektoren und Matrizen über Gleitkommasystemen, die Komplexifizierungen dieser Räume, sowie die Intervalle über diesen Mengen durch zwei abstrakte Strukturen beschreiben lassen. Diese lassen sich bei geeigneter Definition der Verknüpfungen erklären als invariante Strukturen bezüglich monotoner und antisymmetrischer Rundungen in ein symmetrisches Raster.

Die folgende Arbeit stellt eine Zusammenfassung dar, insbesondere von [5], [6], [7], [8], [15] und [16]. Eine ausführliche Darstellung findet sich in [9]. Die Arbeiten beschäftigen sich mit den Räumen, welche beim numerischen Rechnen mit Rechenanlagen auftreten in Abhängigkeit von einer geeignet definierten Rechnerarithmetik.

Aus der Literatur sind zahlreiche Ansätze bekannt, welche versuchen, das gerundete Rechnen formal zu beschreiben. Dabei orientiert man sich fast ausschließlich am Übergang von den reellen Zahlen zu den Gleitkommazahlen. Es zeigt sich jedoch, daß die reellen Zahlen zu viele spezielle Eigenschaften besitzen, um alle wesentlichen Annahmen bereits an diesem Modell ablesen zu können. Erst die Gesamtheit der in Abb. 1 in [12] aufgeführten Strukturen scheint den Rahmen abzugeben, in dem eine allgemeine Theorie des Rechnens in Teilsystemen möglich wird. Wesentliche Einsichten vermitteln dabei insbesondere die Strukturen der Intervallrechnung. Grob ausgedrückt zeigt sich nämlich, daß beispielsweise zwischen der Potenzmenge einer geordneten algebraischen Struktur und den Intervallen darüber mathematisch derselbe Zusammenhang besteht, wie beispielsweise zwischen den reellen Zahlen und einem System von Gleitkommazahlen.

Eine abstrakte Theorie des gerundeten Rechnens muß mit einer axiomatischen Erfassung der wesentlichen Eigenschaften der auftretenden Teilmengen beginnen. Dies erfolgt im Begriff des Rasters. Wir wollen diesen Begriff hier durch zwei einfache Beispiele erläutern. Alle in Abb. 1 in [12] auftretenden Mengen sind bezüglich gewisser Relationen geordnet. Betrachten wir etwa die Menge der Intervallvektoren der Dimension 2, i. Z. $\mathbb{I} V_2 \mathbb{R}$. Das sind Intervalle von zweidimensionalen reellen Vektoren. Geometrisch beschreibt ein solcher Vektor ein Rechteck in der x, y-Ebene mit Seiten, welche parallel zu den Achsen verlaufen. Solche Intervallvektoren sind spezielle Elemente der Potenzmenge $\mathbb{P} V_2 \mathbb{R}$ der reellen Vektoren, welche erklärt ist als die Menge aller Teilmengen reeller Vektoren. Zwischen beiden Mengen besteht der folgende Zusammenhang:

1. Zu jedem Element $a \in \mathbb{P} V_2 \mathbb{R}$ gibt es obere Schranken (bezüglich der Inklusion als Ordnungsrelation) in der Teilmenge $\mathbb{I} V_2 \mathbb{R}$ (Abb. 1).
2. Für jedes Element $a \in \mathbb{P} V_2 \mathbb{R}$ besitzt die Menge der oberen Schranken aus der Teilmenge $\mathbb{I} V_2 \mathbb{R}$ ein kleinstes Element (Abb. 1).

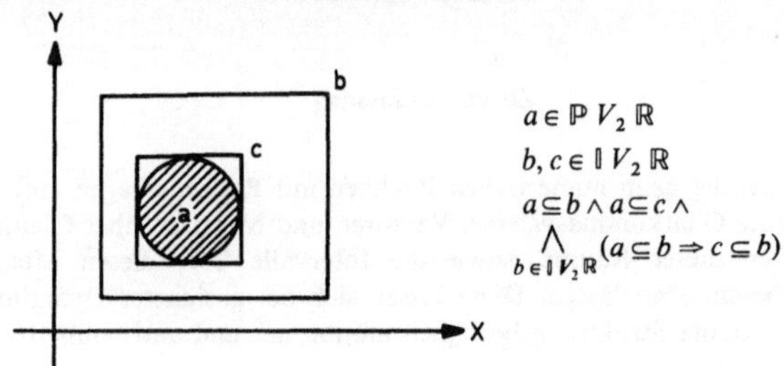

Abb. 1. Zur Illustration des Rasterbegriffes

Es zeigt sich, daß diese beiden Eigenschaften das Verhältnis einer beliebigen Menge im Tableau der Abb. 1 in [12] zu einer rechts davon stehenden Teilmenge charakterisieren. Betrachten wir jetzt etwa die Menge $\mathbb{R}$ der reellen Zahlen und eine endliche Teilmenge T von Gleitkommazahlen, so liegen wieder die beiden oben aufgeführten Eigenschaften vor:

1. Zu jedem Element $a \in \mathbb{R}$ gibt es obere Schranken (bezüglich der Ordnungsrelation $\leqq$ der reellen Zahlen) in der Teilmenge T (Abb. 2).
2. Für alle $a \in \mathbb{R}$ besitzt die Menge der oberen Schranken aus der Teilmenge T ein kleinstes Element (Abb. 2).

In diesem Falle gelten entsprechende Beziehungen auch für die Menge der unteren Schranken.

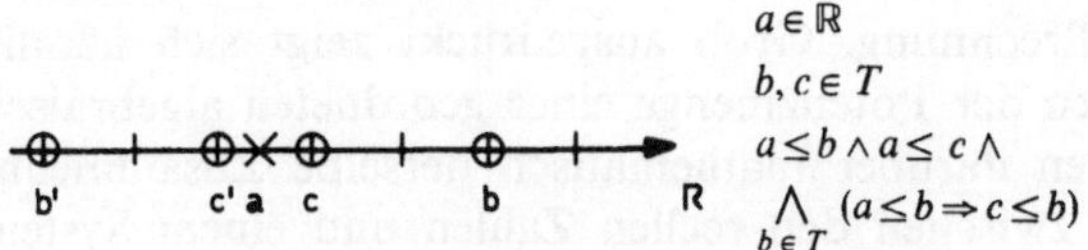

Abb. 2. Zur Illustration des Rasterbegriffes

Wir fassen diese Eigenschaften zusammen in der

Definition: Sei $\{M, \leqq\}$ eine geordnete Menge und bezeichne $L(a) := \{b \in M \mid b \leqq a\}$ bzw. $U(a) := \{b \in M \mid a \leqq b\}$ die Menge aller unteren bzw. oberen Schranken von a. Eine Teilmenge $T \subseteq M$ heißt ein unteres bzw. oberes Raster von M, falls

(S 1) $\bigwedge_{a\in M} L(a)\cap T\neq\emptyset$ bzw. $\bigwedge_{a\in M} U(a)\cap T\neq\emptyset$,

(S 2) $\bigwedge_{a\in M}\ \bigvee_{x\in L(a)\cap T}\ \bigwedge_{b\in L(a)\cap T} b\leqq x$ bzw. $\bigwedge_{a\in M}\ \bigvee_{x\in U(a)\cap T}\ \bigwedge_{b\in U(a)\cap T} x\leqq b$.

Ist $T\subseteq M$ sowohl unteres als auch oberes Raster, so heißt es Raster von M, [5].

In allen wesentlichen Anwendungen des Rasterbegriffs ist die zugrundeliegende Menge M nicht nur eine geordnete Menge, sondern ein vollständiger Verband. In diesem Fall können notwendige und hinreichende Bedingungen abgeleitet werden. Vergleiche [6].

Sei $\{M, \leqq\}$ ein vollständiger Verband mit dem größten Element $i(M)$ und dem kleinsten Element $o(M)$. Ist eine Teilmenge $T\subseteq M$ wieder ein vollständiger Verband, so heißt sie vollständiger Teilbund. Dann gilt

$$\bigwedge_{A\subseteq T,\, A\neq\emptyset} (\inf_T A\leqq\inf_M A \wedge \sup_M A\leqq\sup_T A).$$

Gilt in der ersten bzw. zweiten Ungleichung stets die Gleichheit, so heißt T ein vollständiger Infimum-Teilbund bzw. ein vollständiger Supremum-Teilbund. Eine Teilmenge, welche gleichzeitig ein vollständiger Infimum- und Supremum-Teilbund ist, heißt ein vollständiger Teilverband. Es gilt das folgende Kriterium:

Satz: *Eine Teilmenge $\{T, \leqq\}$ eines vollständigen Verbandes $\{M, \leqq\}$ ist ein unteres Raster (bzw. ein oberes Raster) von $\{M, \leqq\}$ genau dann, wenn*

(S 1′) $o(M)=o(T)$ (*bzw.* $i(M)=i(T)$) *und*

(S 2′) $\{T, \leqq\}$ *ein vollständiger Supremum-Teilbund (bzw. ein vollständiger Infimum-Teilbund) von* $\{M, \leqq\}$ *ist.*

$\{T, \leqq\}$ *ist genau dann ein Raster von* $\{M, \leqq\}$, *wenn* $o(M)=o(T)$, $i(M)=i(T)$ *und* $\{T, \leqq\}$ *ein vollständiger Teilverband von* $\{M, \leqq\}$ *ist.*

Den Beweis findet man in [6]. Man kann nun zeigen, daß alle Teilmengen in Abb. 1 von [12] obere Raster bzw. Raster der links daneben stehenden Mengen sind. Vergleiche [7], [8], [9].

Es läßt sich jetzt der Begriff der Rundung eines vollständigen Verbandes in ein Raster, der monotonen Rundung, der gerichteten Rundungen usw. ähnlich wie in [12] einführen. Die monotonen gerichteten Rundungen lassen sich durch die Formeln

$$\bigwedge_{a\in M} \nabla a=\sup(L(a)\cap T) \quad \text{bzw.} \quad \bigwedge_{a\in M} \Delta a=\inf(U(a)\cap T)$$

charakterisieren. Ferner lassen sich im Raster Verknüpfungen mittels Rundungen definieren. Siehe dazu [5] und [9].

Wir definieren nun die speziellen Strukturen des schwach-geordneten bzw. des geordneten Ringoids und leiten ihre wichtigsten Eigenschaften her. Wir werden später sehen, daß dies die Strukturen in Zeile 1, 3, 4, 6, 7, 9, 10, 12 der Abb. 1 von [12] unter den Voraussetzungen (*S* 1), (*S* 2), (*S*), (*R* 1), (*R* 2), (*R* 3) und (*R*), welche genau wie in [12] erklärt werden, beschreibt.

Definition: Eine nichtleere Menge R, in der eine Addition und eine Multiplikation definiert sind, heißt ein Ringoid, wenn gilt

(*D* 1) $\bigwedge_{a,b\in R} a+b=b+a,$

(*D* 2) $\bigvee_{o\in R}\bigwedge_{a\in R} a+o=a,$

(*D* 3) $\bigvee_{e\in R\setminus\{o\}}\bigwedge_{a\in R} a\cdot e=e\cdot a=a,$

(*D* 4) $\bigwedge_{a\in R} a\cdot o=o\cdot a=o,$

(*D* 5) es gibt ein Element $x\in R\setminus\{e\}$ so, daß

(a) $x\cdot x=e,$

(b) $\bigwedge_{a,b\in R} x\cdot(a\cdot b)=(x\cdot a)\cdot b=a\cdot(x\cdot b),$

(c) $\bigwedge_{a,b\in R} x\cdot(a+b)=x\cdot a+x\cdot b,$

(*D* 6) x ist eindeutig.

Ist in einem Ringoid ferner eine Division $/: R\times R\setminus N\to R$ erklärt, wobei $N\subseteq R$ mit der Eigenschaft $o\in N$ und $\bigwedge_{a\in N} x\cdot a\in N$, so heißt es ein Divisionsringoid falls

(*D* 7) $\bigwedge_{a\in R} a/e=a,$

(*D* 8) $\bigwedge_{a\in R\setminus N} o/a=o,$

(*D* 9) das Element x erfüllt außer (*D* 5) auch noch die folgende Eigenschaft

$$\bigwedge_{a\in R}\bigwedge_{b\in R\setminus N} x\cdot(a/b)=(x\cdot a)/b=a/(x\cdot b).$$

Ein Ringoid heißt schwach-geordnet, wenn $\{R,\leqq\}$ eine geordnete Menge[1] ist und

(*OD* 1) $\bigwedge_{a,b,c\in R} (a\leqq b\Rightarrow a+c\leqq b+c),$

(*OD* 2) $\bigwedge_{a,b\in R} (a\leqq b\Rightarrow x\cdot b\leqq x\cdot a).$

Ein schwach-geordnetes Ringoid bzw. Divisionsringoid heißt ein geordnetes Ringoid bzw. Divisionsringoid, wenn

(*OD* 3) $\bigwedge_{a,b,c\in R} (o\leqq a\leqq b\wedge c\geqq o\Rightarrow a\cdot c\leqq b\cdot c\wedge c\cdot a\leqq c\cdot b),$

(*OD* 4) $\bigwedge_{a,b,c\in R} (o<a\leqq b\wedge c>o\Rightarrow o\leqq a/c\leqq b/c\wedge c/a\geqq c/b\geqq o).$

Die Eindeutigkeit von x benutzen wir für die folgende

---

[1] $\{R,\leqq\}$ heißt geordnete Menge, wenn $\leqq$ eine reflexive (*O* 1), transitive (*O* 2) und antisymmetrische (*O* 3) Relation ist.

Definition: In einem Ringoid R definieren wir einen Minusoperator und eine Subtraktion durch

$$\bigwedge_{a \in R} -a := x \cdot a, \tag{1}$$

$$\bigwedge_{a, b \in R} a - b := a + (-b). \tag{2}$$

Einfache Folgerungen:

(1) $\underset{a=e}{\Rightarrow} x = -e$

$(D\,5\,a)$ $\Rightarrow (-e) \cdot (-e) = e$,

$(D\,5\,b)$ $\Rightarrow -(a \cdot b) = (-a) \cdot b = a \cdot (-b)$,

$(D\,5\,c)$ $\Rightarrow -(a+b) = (-a) + (-b)$,

$(OD\,2)$ $\Rightarrow (a \leqq b \Rightarrow -b \leqq -a)$.

In einem Ringoid gibt es im allgemeinen keine inversen Elemente bei der Addition. Trotzdem ist die Subtraktion keine unabhängige Operation; sie wird durch die Multiplikation und Addition definiert.

Satz: *In einem Ringoid R gelten die folgenden Eigenschaften:*

(*a*) $e \neq o, \; -e \neq o, \; -e \neq e$,

(*b*) $o - a = -a$,

(*c*) $-a = (-e) \cdot a = a \cdot (-e)$,

(*d*) $-(-a) = a$,

(*e*) $-(a-b) = -a + b = b - a$,

(*f*) $(-a) \cdot (-b) = a \cdot b$,

(*g*) *o bzw. e ist das einzige neutrale Element der Addition bzw. Multiplikation,*

(*h*) *o ist das einzige rechtsneutrale Element der Subtraktion.*

In einem Divisionsringoid erhalten wir ferner:

(*i*) $(-a)/(-b) = a/b$,

(*j*) $(-e)/(-e) = e$.

In einem schwach-geordneten Ringoid gilt:

(*k*) $a \leqq b \wedge c \leqq d \Rightarrow a + c \leqq b + d$,

(*l*) $a < b \Rightarrow -b < -a$.

In einem geordneten Ringoid bzw. geordneten Divisionsringoid erhalten wir:

(*m*) $o \leqq a \leqq b \wedge o \leqq c \leqq d \Rightarrow o \leqq a\,c \leqq b\,d \wedge o \leqq c\,a \leqq d\,b$,

(*n*) $a \leqq b \leqq o \wedge c \leqq o \Rightarrow o \leqq b\,d \leqq a\,c \wedge o \leqq d\,b \leqq c\,a$,

(o) $a \leqq b \leqq o \wedge o \leqq c \leqq d \Rightarrow a\,d \leqq b\,c \leqq o \wedge d\,a \leqq c\,b \leqq o$,

(p) $a > o \wedge b > o \Rightarrow a/b \geqq o$,

(q) $a < o \wedge b > o \Rightarrow a/b \leqq o \wedge b/a \leqq o$,

(r) $a < o \wedge b < o \Rightarrow a/b \geqq o$.

Der Beweis wird dem Leser überlassen, siehe [7], [9]. Der Satz kann folgendermaßen zusammengefaßt werden: In einem Ringoid gelten für den Minusoperator dieselben Regeln wie bei den reellen Zahlen. In einem geordneten Ringoid gelten für alle mit o vergleichbaren Elemente für Ungleichungen bezüglich $\leqq$ und $\geqq$ dieselben Regeln wie im Körper der reellen Zahlen.

Beispiele: Sei R ein Divisionsringoid.

Bezeichnet MR die Menge der $r \times r$-Matrizen mit Komponenten aus R und sind in MR Gleichheit, Addition und Multiplikation durch die üblichen Formeln für die Komponenten definiert, dann ist MR ebenfalls ein Ringoid.

Bezeichnet $\mathbb{P}R$ die Potenzmenge von R und sind in $\mathbb{P}R$ Operationen durch Formel (1) von [12], definiert, so wird auch $\mathbb{P}R$ wieder ein Divisionsringoid.

Bezeichnet $\mathbb{C}R$ die Menge der Paare von Elementen aus R und sind in $\mathbb{C}R$ Addition, Multiplikation und Division durch dieselben Formeln definiert wie bei den komplexen Zahlen, dann wird $\mathbb{C}R$ wieder zu einem Divisionsringoid.

Ist R ein schwach-geordnetes Divisionsringoid und ist in MR bzw. $\mathbb{C}R$ eine Ordnung komponentenweise erklärt, dann ist MR ein schwach-geordnetes Ringoid bzw. $\mathbb{C}R$ ein schwach-geordnetes Divisionsringoid.

Ist R darüber hinaus ein geordnetes Ringoid, so ist MR ebenfalls ein geordnetes Ringoid.

Beweise dieser Ergebnisse findet man in [7] und [9].

Ist in Abb. 1 von [12] R ein geordnetes Divisionsringoid, dann ist nach diesen Ergebnissen auch die Struktur in den ersten Elementen der Zeilen 3, 4, 6, 7, 9, 10 und 12 bekannt.

Wir betrachten nun die Sätze, welche es erlauben, die Strukturen auch auf die rechts davon stehenden Teilmengen zu übertragen.

Satz: *Seien R ein Ringoid mit den ausgezeichneten Elementen $\{-e, o, e\}$, $\{R, \leqq\}$ ein vollständiger Verband und $\{T, \leqq\}$ ein symmetrisches Raster* (S 1), (S 2), (S) (*bzw. ein symmetrisches unteres Raster bzw. ein symmetrisches oberes Raster*), $\square: R \to T$ *eine antisymmetrische Rundung* (R 1), (R 3) *und seien in T Operationen* $\boxed{*}$, $* \in \{+, \cdot\}$, *durch Formeln* (R) [12] *definiert. Dann folgt*:

1. *in T gelten die folgenden Eigenschaften*: (D 1), (D 2) *für o*, (D 3) *für e*, (D 4), (D 5) *für $-e$ und*

   (RG 1) $\bigwedge_{a, b \in T} (a * b \in T \Rightarrow a \boxed{*}\, b = a * b)$, $* \in \{+, -, \cdot\}$,

(*RG* 3) $\bigwedge_{a \in T} -a = (-e) \boxdot a$,

2. *falls* $\square : R \to T$ *monoton* (*R* 2) *ist* $\Rightarrow$

(*RG* 2) $\bigwedge_{a,b,c,d \in T} (a * b \leqq c * d \Rightarrow a \circledast b \leqq c \circledast d)$, $* \in \{+, -, \cdot\}$,

3. *falls* $\square : R \to T$ *nach unten bzw. nach oben gerichtet* (*R* 4) *ist* $\Rightarrow$

(*RG* 4) $\bigwedge_{a,b \in T} a \circledast b \leqq a * b$ bzw.

$\bigwedge_{a,b \in T} a * b \leqq a \circledast b$, $* \in \{+, -, \cdot\}$,

4. *falls R schwach-geordnet* (*OD* 1), (*OD* 2) *und* $\square : R \to T$ *monoton ist* $\Rightarrow$
T ist schwach geordnet, d. h. (*OD* 1), (*OD* 2) *gelten,*

5. *falls R geordnet* (*OD* 3) *und* $\square : R \to T$ *monoton ist* $\Rightarrow$
in T gilt (*OD* 3).

Satz: *Seien R ein Divisionsringoid mit den ausgezeichneten Elementen* $\{-e, o, e\}$, $\{R, \leqq\}$ *ein vollständiger Verband und* $\{T, \leqq\}$ *ein symmetrisches Raster (bzw. ein symmetrisches unteres Raster bzw. ein symmetrisches oberes Raster),* $\square : R \to T$ *eine antisymmetrische Rundung und seien in T Operationen* $\circledast$, $* \in \{+, \cdot, /\}$ *durch Formel* (*R*) *definiert. Dann folgt:*

1. *in T gelten die folgenden Eigenschaften:* (*D* 1), (*D* 2) *für o,* (*D* 3) *für e,* (*D* 4), (*D* 5) *für* $-e$, (*D* 7), (*D* 8), (*D* 9) *für* $-e$, (*RG* 1) *für* $* \in \{+, -, \cdot, /\}$ *und* (*RG* 3),
2. *falls* $\square : R \to T$ *monoton ist* $\Rightarrow$ (*RG* 2) *für* $* \in \{+, -, \cdot, /\}$,
3. *falls* $\square : R \to T$ *nach unten bzw. nach oben gerichtet ist* $\Rightarrow$ (*RG* 4) *für* $* \in \{+, -, \cdot, /\}$,
4. *falls R ein geordnetes Divisionsringoid und* $\square : R \to T$ *monoton ist* $\Rightarrow$ *in T gilt* (*OD* 4).

Alle Aussagen dieser Sätze lassen sich leicht nachweisen. Als Beispiel beweisen wir die Eigenschaften (*D* 5 *c*) und (*OD* 1):

(*D* 5 *c*): $(-e) \boxdot a \underset{(R)}{=} \square(-a) \underset{(R\,3)}{=} -\square a \underset{(R\,1)}{=} -a \underset{(S)}{\in} T.$ (3)

$$(-e) \boxdot (a \boxplus b) \underset{(R)}{=} \square((-e) \cdot \square(a+b)) \underset{(R\,3)}{=}$$

$$= \square(\square(-(a+b))) \underset{(R\,1)}{=} \square(-(a+b)) \underset{(D\,5\,c)_R}{=}$$

$$= \square((-a)+(-b)) \underset{(R)}{=} (-a) \boxplus (-b) \underset{(3)}{=}$$

$$= ((-e) \boxdot a) \boxplus ((-e) \boxdot b).$$

(*OD* 1): $a \leqq b \underset{(OD\,1)_R}{\Rightarrow} a+c \leqq b+c \underset{(R\,2)}{\Rightarrow} \square(a+c) \leqq \square(b+c) \Rightarrow$

$$\Rightarrow a \boxplus c \leqq b \boxplus c.$$

Die Beweise dieser beiden Eigenschaften zeigen bereits, daß unsere Annahmen (*S*), (*R* 1), (*R* 2), (*R* 3), (*R*) wirklich notwendig sind, um in *T* die gewünschte Struktur zu erhalten. Ändern wir diese Eigenschaften oder verwirklichen wir sie nicht strikt, so erhalten wir eine andere Struktur in der Teilmenge *T*.

Die letzten beiden Sätze zeigen, daß wir bei diesem Vorgehen in der Teilmenge *T* fast wieder die Struktur eines Ringoids erhalten. Die einzige Eigenschaft, welche nicht durch einen allgemeinen Satz nachgewiesen werden kann, ist (*D* 6). Der Nachweis dieser Eigenschaft muß in allen Fällen der Abb. 1 von [12] durch individuelle Betrachtungen geführt werden. Bezüglich dieser Beweise sei auf die Literatur [7], [8], [9], [10], [12], [16] verwiesen.

Wir skizzieren noch kurz den Beweis beim Übergang von den reellen Zahlen in ein symmetrisches Raster. Wie üblich nennen wir eine geordnete Menge linear geordnet, wenn (*O* 4) gilt:

(*O* 4) $\bigwedge_{a,b\in R} (a \leqq b \vee b \leqq a)$.

Satz: *Im Fall einer linear geordneten Menge* $\{R, \leqq\}$ *ist (D 6) keine unabhängige Annahme, d. h.* (*O* 1), (*O* 2), (*O* 3), (*O* 4), (*D* 1), (*D* 2), (*D* 3), (*D* 4), (*D* 5), (*OD* 1), (*OD* 2), (*OD* 3) $\Rightarrow$ (*D* 6).

Dieser Satz garantiert zusammen mit den beiden letzten Sätzen, daß die Struktur der Gleitkommazahlen *S* bzw. *T* als symmetrische Raster der reellen Zahlen ein linear geordnetes Divisionsringoid ist.

Wir wollen jetzt eine weitere abstrakte Struktur einführen, von der wir später sehen werden, daß sich damit weitere beim numerischen Rechnen auftretenden Räume beschreiben lassen.

Definition: Sei *R* ein Ringoid mit Elementen *a*, *b*, *c*, ... und den ausgezeichneten Elementen $\{-e, o, e\}$ und sei $\{V, +\}$ ein Gruppoid mit Elementen $\mathfrak{a}, \mathfrak{b}, \mathfrak{c}, \ldots$ und den Eigenschaften

(*V* 1) $\bigwedge_{\mathfrak{a},\mathfrak{b}\in V} \mathfrak{a}+\mathfrak{b}=\mathfrak{b}+\mathfrak{a}$,

(*V* 2) $\bigvee_{\mathfrak{o}\in V} \bigwedge_{\mathfrak{a}\in V} \mathfrak{a}+\mathfrak{o}=\mathfrak{a}$,

V heißt ein *R*-Vektoid $\{V, R\}$, falls eine Multiplikation $\cdot: R \times V \to V$ definiert ist, die mit der Abkürzung

$$\bigwedge_{\mathfrak{a}\in V} -\mathfrak{a} := (-e)\cdot\mathfrak{a},$$

die folgenden Eigenschaften erfüllt:

(*VD* 1) $\bigwedge_{a\in R} \bigwedge_{\mathfrak{a}\in V} (a\cdot\mathfrak{o}=\mathfrak{o} \wedge o\cdot\mathfrak{a}=\mathfrak{o})$,

(*VD* 2) $\bigwedge_{\mathfrak{a}\in V} e\cdot\mathfrak{a}=\mathfrak{a}$,

(*VD* 3) $\bigwedge_{a \in R} \bigwedge_{\mathfrak{a} \in V} -(a \cdot \mathfrak{a}) = (-a) \cdot \mathfrak{a} = a \cdot (-\mathfrak{a}),$

(*VD* 4) $\bigwedge_{\mathfrak{a}, \mathfrak{b} \in V} -(\mathfrak{a}+\mathfrak{b}) = (-\mathfrak{a}) + (-\mathfrak{b}).$

Ein R-Vektorid heißt multiplikativ, falls in V auch eine Multiplikation $\cdot: V \times V \to V$ erklärt ist mit den Eigenschaften:

(*V* 3) $\bigvee_{\mathfrak{e} \in V \setminus \{\mathfrak{o}\}} \bigwedge_{\mathfrak{a} \in V} \mathfrak{a} \cdot \mathfrak{e} = \mathfrak{e} \cdot \mathfrak{a} = \mathfrak{a},$

(*V* 4) $\bigwedge_{\mathfrak{a} \in V} \mathfrak{a} \cdot \mathfrak{o} = \mathfrak{o} \cdot \mathfrak{a} = \mathfrak{o},$

(*VD* 5) $\bigwedge_{\mathfrak{a}, \mathfrak{b} \in V} -(\mathfrak{a}\,\mathfrak{b}) = (-\mathfrak{a})\,\mathfrak{b} = \mathfrak{a}\,(-\mathfrak{b}).$

Ein R-Vektoid heißt schwach-geordnet $\{V, R, \leqq\}$, falls $\{V, \leqq\}$ eine geordnete Menge ist und

(*OV* 1) $\bigwedge_{\mathfrak{a}, \mathfrak{b}, \mathfrak{c} \in V} (\mathfrak{a} \leqq \mathfrak{b} \Rightarrow \mathfrak{a} + \mathfrak{c} \leqq \mathfrak{b} + \mathfrak{c}),$

(*OV* 2) $\bigwedge_{\mathfrak{a}, \mathfrak{b} \in V} (\mathfrak{a} \leqq \mathfrak{b} \Rightarrow -\mathfrak{b} \leqq -\mathfrak{a}).$

Ein schwach-geordnetes Vektoid heißt geordnet, falls R ein geordnetes Ringoid ist und

(*OV* 3) $\bigwedge_{a, b \in R} \bigwedge_{\mathfrak{a}, \mathfrak{b} \in V} (o \leqq a \leqq b \wedge \mathfrak{o} \leqq \mathfrak{a} \Rightarrow a \cdot \mathfrak{a} \leqq b \cdot \mathfrak{a} \wedge$
$o \leqq a \wedge \mathfrak{o} \leqq \mathfrak{a} \leqq \mathfrak{b} \Rightarrow a \cdot \mathfrak{a} \leqq a \cdot \mathfrak{b}).$

Ein multiplikatives Vektoid heißt schwach-geordnet, falls es ein schwach-geordnetes Vektoid ist. Ein multiplikatives Vektoid heißt geordnet, falls es ein geordnetes Vektoid ist und

(*OV* 4) $\bigwedge_{\mathfrak{a}, \mathfrak{b}, \mathfrak{c} \in V} (\mathfrak{o} \leqq \mathfrak{a} \leqq \mathfrak{b} \wedge \mathfrak{o} \leqq \mathfrak{c} \Rightarrow \mathfrak{a} \cdot \mathfrak{c} \leqq \mathfrak{b} \cdot \mathfrak{c} \wedge \mathfrak{c} \cdot \mathfrak{a} \leqq \mathfrak{c} \cdot \mathfrak{b}).$

Definition: In einem Vektoid definieren wir eine Subtraktion durch

$$\bigwedge_{\mathfrak{a}, \mathfrak{b} \in V} \mathfrak{a} - \mathfrak{b} := \mathfrak{a} + (-\mathfrak{b}).$$

Auch in einem Vektoid existieren im allgemeinen wieder keine inversen Elemente bezüglich der Addition. Trotzdem ist die Subtraktion keine unabhängige Operation; sie wird durch die Multiplikation mit Elementen aus R und durch die Addition definiert.

Satz: *In einem Vektoid $\{V, R\}$ gelten die folgenden Eigenschaften:*

(*a*) $\mathfrak{o}$ *ist das einzige neutrale Element der Addition,*

(*b*) $\mathfrak{o} - \mathfrak{a} = -\mathfrak{a},$

(*c*) $-(-\mathfrak{a}) = \mathfrak{a},$

(*d*) $-(\mathfrak{a} - \mathfrak{b}) = -\mathfrak{a} + \mathfrak{b} = \mathfrak{b} - \mathfrak{a},$

(*e*) $(-a)(-\mathfrak{a})=a\cdot\mathfrak{a}$,

(*f*) $-\mathfrak{a}=\mathfrak{o}\Leftrightarrow\mathfrak{a}=\mathfrak{o}$.

In einem multiplikativen Vektoid $\{V, R\}$ *erhalten wir ferner*

(*g*) $\mathfrak{e}$ *ist das einzige neutrale Element der Multiplikation,*

(*h*) $-\mathfrak{a}=(-\mathfrak{e})\cdot\mathfrak{a}=\mathfrak{a}\cdot(-\mathfrak{e})$,

(*i*) $(-\mathfrak{a})\cdot(-\mathfrak{b})=\mathfrak{a}\cdot\mathfrak{b}$.

In einem schwach-geordneten Vektoid gilt

(*j*) $\mathfrak{a}\leqq\mathfrak{b}\wedge\mathfrak{c}\leqq\mathfrak{d}\Rightarrow\mathfrak{a}+\mathfrak{c}\leqq\mathfrak{b}+\mathfrak{d}$,

(*k*) $\mathfrak{a}<\mathfrak{b}\Rightarrow-\mathfrak{b}<-\mathfrak{a}$.

In einem geordneten Vektoid bzw. geordneten multiplikativen Vektoid erhalten wir

(*l*) $o\leqq a\leqq b\wedge\mathfrak{o}\leqq\mathfrak{c}\leqq\mathfrak{d}\Rightarrow\mathfrak{o}\leqq a\,\mathfrak{c}\leqq b\,\mathfrak{d}$,

(*m*) $a\leqq b\leqq o\wedge\mathfrak{c}\leqq\mathfrak{d}\leqq\mathfrak{o}\Rightarrow\mathfrak{o}\leqq b\,\mathfrak{d}\leqq a\,\mathfrak{c}$,

(*n*) $a\leqq b\leqq o\wedge\mathfrak{o}\leqq\mathfrak{c}\leqq\mathfrak{d}\Rightarrow a\,\mathfrak{d}\leqq b\,\mathfrak{c}\leqq\mathfrak{o}$,

(*o*) $o\leqq a\leqq b\wedge\mathfrak{c}\leqq\mathfrak{d}\leqq\mathfrak{o}\Rightarrow b\,\mathfrak{c}\leqq a\,\mathfrak{d}\leqq\mathfrak{o}$,

(*p*) $\mathfrak{o}\leqq\mathfrak{a}\leqq\mathfrak{b}\wedge\mathfrak{o}\leqq\mathfrak{c}\leqq\mathfrak{d}\Rightarrow\mathfrak{o}\leqq\mathfrak{a}\,\mathfrak{c}\leqq\mathfrak{b}\,\mathfrak{d}\wedge\mathfrak{o}\leqq\mathfrak{c}\,\mathfrak{a}\leqq\mathfrak{d}\,\mathfrak{b}$,

(*q*) $\mathfrak{a}\leqq\mathfrak{b}\leqq\mathfrak{o}\wedge\mathfrak{o}\leqq\mathfrak{c}\leqq\mathfrak{d}\Rightarrow\mathfrak{a}\,\mathfrak{d}\leqq\mathfrak{b}\,\mathfrak{c}\leqq\mathfrak{o}\wedge\mathfrak{d}\,\mathfrak{a}\leqq\mathfrak{c}\,\mathfrak{b}\leqq\mathfrak{o}$,

(*r*) $\mathfrak{a}\leqq\mathfrak{b}\leqq\mathfrak{o}\wedge\mathfrak{c}\leqq\mathfrak{d}\leqq\mathfrak{o}\Rightarrow\mathfrak{o}\leqq\mathfrak{b}\,\mathfrak{d}\leqq\mathfrak{a}\,\mathfrak{c}\wedge\mathfrak{o}\leqq\mathfrak{d}\,\mathfrak{b}\leqq\mathfrak{c}\,\mathfrak{a}$.

Der Beweis wird dem Leser überlassen. Vergleiche [15], [9]. Der Satz kann folgendermaßen zusammengefaßt werden: In einem Vektoid gelten für den Minusoperator dieselben Regeln wie in einem reellen Vektorraum. In einem geordneten Vektoid gelten für alle mit $\mathfrak{o}$ vergleichbaren Elemente für Ungleichungen bezüglich $\leqq$ und $\geqq$ dieselben Regeln wie in einem reellen Vektorraum.

Beispiele: Sei $\{V, R\}$ ein Vektoid. Dann ist die Potenzmenge $\{\mathbb{P}V, \mathbb{P}R\}$ ebenfalls ein Vektoid, ebenso $\{\mathbb{P}V, R\}$.

Sei R ein Ringoid mit den ausgezeichneten Elementen $\{-\mathfrak{e}, o, e\}$. Bezeichnet $VR:=R\times\ldots\times R$ die Menge der Vektoren mit Komponenten aus R und sind in VR Gleichheit, Addition und Multiplikation mit Elementen aus R mit den üblichen Formeln für die Komponenten erklärt, so ist $\{VR, R\}$ ein Vektoid.

Bezeichnet MR die Menge der $r\times r$-Matrizen mit Komponenten aus R und sind in MR Gleichheit, Addition und Multiplikation sowie Multiplikation mit Elementen aus R mit den üblichen Formeln für die Komponenten erklärt, so ist $\{MR, R\}$ ein multiplikatives Vektoid.

Bezeichnet VR wieder die Menge der n-tupel über R und sind in VR Gleichheit, Addition und Multiplikation mit Elementen aus MR mit den üblichen Formeln für die Komponenten erklärt, so ist auch $\{VR, MR\}$ ein Vektoid.

Ist R ein schwach-geordnetes bzw. geordnetes Ringoid, dann sind sowohl $\{VR, R, \leqq\}$ als auch $\{VR, MR, \leqq\}$ schwach-geordnete bzw. geordnete Vektoide. $\{MR, R, \leqq\}$ ist ein schwach-geordnetes, bzw. geordnetes multiplikatives Vektoid.

Der Beweis dieser Ergebnisse wird dem Leser überlassen. Vergleiche [15] und [9].

Ist in Abb. 1 in [12] R ein geordnetes Ringoid, so ist mit diesen Ergebnissen auch die Struktur in den ersten Elementen der Zeilen 2, 3, 5, 6, 8, 9, 11 und 12 bekannt.

Wir betrachten nun die Sätze, welche es erlauben, diese Strukturen auf die rechts davon stehenden Teilmengen zu übertragen.

Satz: *Seien $\{V, R\}$ ein Vektoid und $\mathfrak{o}$ das neutrale Element, $\{V, \leqq\}$ ein vollständiger Verband und $\{T, \leqq\}$ ein symmetrisches Raster (S 1), (S 2), (S) (bzw. ein symmetrisches unteres bzw. ein symmetrisches oberes Raster), $\square : V \to T$ eine antisymmetrische Rundung (R 1), (R 3) und S ein Rasterringoid von R. In T werden eine Addition $\boxplus : T \times T \to T$ und eine Multiplikation $\boxdot : S \times T \to T$ durch Formel (R) [12] definiert. Dann gilt*

1. *$\{T, S\}$ ist ebenfalls ein Vektoid mit neutralem Element $\mathfrak{o}$ und*

(RG 1) $\bigwedge_{\mathfrak{a}, \mathfrak{b} \in T} (\mathfrak{a} + \mathfrak{b} \in T \Rightarrow \mathfrak{a} \boxplus \mathfrak{b} = \mathfrak{a} + \mathfrak{b})$

$\bigwedge_{a \in S} \bigwedge_{\mathfrak{a} \in T} (a \cdot \mathfrak{a} \in T \Rightarrow a \boxdot \mathfrak{a} = a \cdot \mathfrak{a})$,

(RG 3) $\bigwedge_{\mathfrak{a} \in T} \boxminus \mathfrak{a} = -\mathfrak{a}$,

2. *falls $\square : V \to T$ monoton (R 2) ist $\Rightarrow$*

(RG 2) $\bigwedge_{\mathfrak{a}, \mathfrak{b}, \mathfrak{c}, \mathfrak{d} \in T} (\mathfrak{a} + \mathfrak{b} \leqq \mathfrak{c} + \mathfrak{d} \Rightarrow \mathfrak{a} \boxplus \mathfrak{b} \leqq \mathfrak{c} \boxplus \mathfrak{d})$,

$\bigwedge_{a, b \in S} \bigwedge_{\mathfrak{a}, \mathfrak{b} \in T} (a \cdot \mathfrak{a} \leqq b \cdot \mathfrak{b} \Rightarrow a \boxdot \mathfrak{a} \leqq b \boxdot \mathfrak{b})$,

3. *falls $\square : V \to T$ nach unten bzw. nach oben gerichtet (R 4) ist $\Rightarrow$*

(RG 4) $\bigwedge_{\mathfrak{a}, \mathfrak{b} \in T} \mathfrak{a} \boxplus \mathfrak{b} \leqq \mathfrak{a} + \mathfrak{b}$ bzw. $\bigwedge_{\mathfrak{a}, \mathfrak{b} \in T} \mathfrak{a} + \mathfrak{b} \leqq \mathfrak{a} \boxplus \mathfrak{b}$,

$\bigwedge_{a \in S} \bigwedge_{\mathfrak{a} \in T} a \boxdot \mathfrak{a} \leqq a \cdot \mathfrak{a}$ bzw. $\bigwedge_{a \in S} \bigwedge_{\mathfrak{a} \in T} a \cdot \mathfrak{a} \leqq a \boxdot \mathfrak{a}$,

4. *falls $\{V, R, \leqq\}$ schwach-geordnet (OV 1), (OV 2) und $\square : V \to T$ monoton ist $\Rightarrow$ $\{T, S, \leqq\}$ ist schwach-geordnet, d. h. (OD 1), (OD 2) gelten,*

5. *falls $\{V, R, \leqq\}$ geordnet (OV 3) und $\square : V \to T$ monoton ist $\Rightarrow$ $\{T, S, \leqq\}$ ist geordnet, d. h. (OV 3) gilt.*

Satz: *Seien $\{V, R\}$ ein multiplikatives Vektoid mit neutralen Elementen $\mathfrak{o}$ und $\mathfrak{e}$, $\{V, \leqq\}$ ein vollständiger Verband und $\{T, \leqq\}$ ein symmetrisches Raster (bzw. ein symmetrisches unteres Raster bzw. ein symmetrisches oberes Raster), $\square : V \to T$ eine antisymmetrische Rundung und S ein Rasterringoid von R. In T seien Opera-*

tionen $\boxed{*}: T \times T \to T$, $* \in \{+, \cdot\}$, *und eine Multiplikation* $\boxdot: S \times T \to T$ *durch Formel* (*R*) [12] *definiert. Dann gilt*

1. $\{T, S\}$ *ist ein multiplikatives Vektoid mit neutralen Elementen* o *und* e *und es gelten* (*RG* 1) *und* (*RG* 3) *für alle Operationen,*
2. *falls* $\square: V \to T$ *monoton ist* $\Rightarrow$ (*RG* 2) *für alle Operationen,*
3. *falls* $\square: V \to T$ *nach unten bzw. oben gerichtet ist* $\Rightarrow$ (*RG* 4) *für alle Operationen,*
4. *falls* $\{V, R, \leqq\}$ *schwach-geordnet und* $\square: V \to T$ *monoton ist* $\Rightarrow$ $\{T, S, \leqq\}$ *ist ein schwach-geordnetes multiplikatives Vektoid,*
5. *falls* $\{V, R, \leqq\}$ *ein geordnetes multiplikatives Vektoid und* $\square: V \to T$ *monoton ist* $\Rightarrow$ $\{T, S, \leqq\}$ *ist ebenso ein geordnetes multiplikatives Vektoid.*

Alle Aussagen dieser Sätze lassen sich leicht nachweisen. Die Beweise zeigen, daß unsere Annahmen (*S* 1), (*S* 2), (*S*), (*R* 1), (*R* 2), (*R* 3), (*R*) bzw. (*R* 4) tatsächlich notwendig sind um die gewünschte Struktur in *T* zu erhalten. Falls wir diese Eigenschaften ändern oder sie nicht strikt realisiert werden, ändert sich auch die Struktur in der Teilmenge *T*.

Die letzten beiden Sätze zeigen, daß die Struktur eines schwach-geordneten oder geordneten Vektoides invariant ist bezüglich monotoner, antisymmetrischer Rundungen in symmetrische Raster, sofern die Operationen in der Teilmenge durch Formel (*R*) erklärt werden. Damit sind insbesondere alle Strukturen in Abb. 1 von [12] in den Zeilen 2, 3, 5, 6, 8, 9, 11 und 12 beschrieben.

Zum Schluß seien noch einige Worte über Intervallstrukturen gesagt. Diese stellen einen sehr interessanten Teil der ganzen Theorie dar. Er kann jedoch hier nicht behandelt werden. Vergleiche dazu [8], [9]. In jeder der in Abb. 1 in [12] auftretenden Intervallmengen sind zwei Ordnungsrelationen erklärt. Bezüglich $\leqq$ sind die Strukturen geordnet bzw. schwach-geordnet im komplexen Fall und die Rundung ist antisymmetrisch und monoton. Dies garantiert schließlich, daß wir auch im oberen Raster dieselben Strukturen erhalten. Die zweite Ordnungsrelation ist die Inklusion $\subseteq$. Bezüglich dieser ist das obere Raster erklärt. Die Rundung ist antisymmetrisch, monoton und bezüglich der Inklusion nach oben gerichtet.

Bezüglich der Inklusion sind ferner alle Operationen monoton, d. h. die Eigenschaft

$$\bigwedge_{A, B, C, D} (A \subseteq B \wedge C \subseteq D \Rightarrow A * C \subseteq B * D)$$

gilt für alle Operationen $* \in \{+, -, \cdot, /\}$ und nicht nur für die Addition.

Auf den ersten Blick scheinen einige der in Abb. 1 in [12] auftretenden Intervallräume unrealistisch zu sein. Tatsächliche Intervallrechnungen werden nicht in der Menge der Intervalle von Vektoren oder Matrizen $\mathbb{I}V\mathbb{R}$, $\mathbb{I}M\mathbb{R}$ bzw. $\mathbb{I}V\mathbb{C}$, $\mathbb{I}M\mathbb{C}$ durchgeführt, sondern in der Menge der Vektoren oder Matrizen, deren Komponenten Intervalle sind: $V\mathbb{I}\mathbb{R}$, $M\mathbb{I}\mathbb{R}$ bzw. $V\mathbb{I}\mathbb{C}$, $M\mathbb{I}\mathbb{C}$. Man kann jedoch zeigen, daß die Räume $IV\mathbb{R}$ und $V\mathbb{I}\mathbb{R}$, $\mathbb{I}M\mathbb{R}$ und $M\mathbb{I}\mathbb{R}$, $\mathbb{I}V\mathbb{C}$ und $V\mathbb{I}\mathbb{C}$, $\mathbb{I}M\mathbb{C}$ und $M\mathbb{I}\mathbb{C}$ isomorph sind bezüglich ihrer algebraischen Struktur und der

Ordnungsrelation $\leqq$. Vergleiche [9]. Dies zeigt schließlich, daß die hergeleiteten Strukturen auch für Intervalle die tatsächlich auftretenden Sachverhalte beschreiben.

Literatur

[1] Apostolatos, N., Christ, H., Santo, H., Wippermann, H.: Rounding Control and the Algorithmic Language ALGOL-68. Report, Universität Karlsruhe, Rechenzentrum, Juli 1968, S. 1—9.

[2] Christ, H.: Realisierung einer Maschinenintervallarithmetik auf beliebigen ALGOL-60-Compilern. Elektronische Rechenanlage *10*, 217—222 (1968).

[3] Herzberger, J.: Metrische Eigenschaften von Mengensystemen und einige Anwendungen. Dr.-Dissertation, Universität Karlsruhe, 1969, S. 1—49.

[4] Knuth, D.: The Art of Computer Programming, Vol. 2. Addison-Wesley 1969.

[5] Kulisch, U.: An Axiomatic Approach to Rounded Computations. Mathematics Research Center, The University of Wisconsin, Madison, Wisconsin, Technical Summary Report Nr. 1020, Nov. 1969, p. 1—29, und Num. Math. *18*, 1—17 (1971).

[6] Kulisch, U.: On the Concept of a Screen. Mathematics Research Center, The University of Wisconsin, Madison, Wisconsin, Technical Summary Report Nr. 1084, July 1970, S. 1—12, und ZAMM *53*, 115—119 (1973).

[7] Kulisch, U.: Rounding Invariant Structures. Mathematics Research Center, The University of Wisconsin, Madison, Wisconsin, Technical Summary Report Nr. 1103, Sept. 1970, S. 1—47.

[8] Kulisch, U.: Interval Arithmetic over Completely Ordered Ringoids. The University of Wisconsin, Madison, Wisconsin, Technical Summary Report Nr. 1105, Sept. 1970, S. 1—56.

[9] Kulisch, U.: Grundlagen des Numerischen Rechnens — Mathematische Begründung der Rechnerarithmetik, S. 1—467. Mannheim-Wien-Zürich: Bibliographisches Institut 1976.

[10] Kulisch, U.: Implementation and Formalization of Floating-Point Arithmetics. IBM T. J. Watson Research Center, Report Nr. R. C. 4608, Nov. 1973, p. 1—50, und Computing *14*, 323—348 (1975).

[11] Kulisch, U.: Über die Arithmetik von Rechenanlagen, in: Jahrbuch Überblicke Mathematik 1975, S. 68—108. Mannheim-Wien-Zürich: Wissenschaftsverlag des Bibliographischen Instituts.

[12] Kulisch, U.: Ein Konzept für eine allgemeine Theorie der Rechnerarithmetik. In diesem Band, S. 95—105.

[13] Lortz, B.: Eine Langzahlarithmetik mit optimaler einseitiger Rundung, Dr.-Dissertation, Universität Karlsruhe, 1971, S. 1—148.

[14] Rutishauser, H.: Versuch einer Axiomatik des Numerischen Rechnens. Kurzvortrag, GAMM-Tagung, Aachen 1969.

[15] Ullrich, Ch.: Rundungsinvariante Strukturen mit äußeren Verknüpfungen. Dr.-Dissertation, Universität Karlsruhe, 1972, S. 1—67.

[16] Ullrich, Ch.: Über die beim numerischen Rechnen mit komplexen Zahlen und Intervallen vorliegenden mathematischen Strukturen. Computing *14*, 51—65 (1975).

[17] Wilkinson, J. H.: Rundungsfehler. Berlin-Heidelberg-New York: Springer 1969.

Prof. Dr. U. Kulisch
Institut für Angewandte Mathematik
Universität Karlsruhe
Englerstraße 2
D-7500 Karlsruhe
Bundesrepublik Deutschland

Computing, Suppl. 1, 121—128 (1977)

Fehlererfassung mit partiellen Mengen

H. Ratschek, Düsseldorf

Zusammenfassung

Einige Konsequenzen werden besprochen, die sich aus Zusammenhängen zwischen der Intervallarithmetik und der Theorie der partiellen Mengen ergeben. Der Satz von Klaua, die Intervallarithmetik sei bezüglich einer verallgemeinerten Gleichheit ein verallgemeinerter Körper, wird zum Anlaß genommen, zu beliebigen Relationsstrukturen geeignete Einschließungsstrukturen zu definieren und eine Klasse von Formeln mit der Eigenschaft anzugeben, daß aus der Gültigkeit der Formel in der Relationsstruktur ihre Gültigkeit in der Einschließungsstruktur folgt.

1. Einleitung

Bei einer numerischen Rechnung erhält man als Ergebnis anstelle des exakten gesuchten Wertes, etwa x, meist einen Näherungswert ξ. Es gibt verschiedene Methoden, um den entstehenden Fehler $|x-\xi|$ unter Kontrolle zu bringen; eine sehr zweckmäßige ist die Intervallrechnung, bei der das exakte Ergebnis x schließlich in ein Intervall $[\xi-\delta_1, \xi-\delta_2]$ eingeschlossen erscheint. Um auch Vektoren, Matrizen, Funktionen, usw. einschließen zu können, werden Intervallarithmetik und Intervalle entsprechend verallgemeinert, etwa zu Intervallen über Vektor- und Matrizenräumen, Intervallen über halbgeordneten, über metrischen und normierten Räumen, Intervallen über vektoriell normierten Räumen, usw. Doch auch die Intervallarithmetik hat Grenzen, z. B. wenn im R^2 (R sei die Menge der reellen Zahlen) der Schnittpunkt zweier fehlerbehafteter Geraden dargestellt werden soll, oder wenn eine Würfeloberfläche zu beschreiben ist, die durch ihre fehlerbehafteten Eckpunkte gegeben ist; denn in diesen Fällen sind keine Punkte oder Vektoren, sondern (fast) beliebige Mengen zu charakterisieren. Für derartige allgemeine Fälle eignet sich die wohl auf Klaua [5], [6] zurückführende Fehlererfassung mit partiellen Mengen, denen eine dreiwertige Enthaltenseinsbeziehung zugrunde liegt.

Zur Konstruktion von partiellen Mengen führt der folgende Gedankengang. Betrachtet man eine Menge M und ein Objekt a, kann zweierlei eintreten:

1. $a \in M$,
2. $a \notin M$.

Sind aber die Grenzen von M nicht genau bekannt, sondern nur Abschätzungen vorhanden, liegen drei Möglichkeiten vor:

1. $a \in M$,
2. $a \notin M$,
3. eine Entscheidung, ob $a \in M$ ist, kann nicht getroffen werden.

Eine *partielle Menge A* ist definiert als Mengenpaar

$$A = \langle A', A'' \rangle \text{ mit Mengen } A', A'' \text{ und } A' \subset A''.$$

Bei der Interpretation der partiellen Menge A läßt man sich von der Überlegung leiten, daß A' aus den Elementen besteht, die sicher zu A gehören, $\{x: x \notin A''\}$ aus den Elementen besteht, die sicher nicht zu A gehören, und $A'' \backslash A'$ aus den Elementen besteht, für die keine Entscheidung über die Zugehörigkeit zu A möglich ist.

Das *Intervall* der partiellen Menge A sei definiert durch

$$|A| = \{X: A' \subset X \subset A''\}.$$

Die enge Verwandtschaft zur Intervallarithmetik liegt auf der Hand: Kennt man eine Menge M nicht genau, sondern nur ihr „Fehlerintervall", d. h. man kennt eine partielle Menge A mit $M \in |A|$, dann ist die partielle Menge A eine approximative Darstellung der Menge M im Sinne einer äußeren und inneren Einschließung.

Die Theorie der partiellen Mengen wurde von Klaua axiomatisch erfaßt. Wesentlich ist, daß diese Theorie, wie man der Definition der partiellen Mengen entnimmt, im Rahmen einer klassischen axiomatischen Mengenlehre definierbar ist, z. B. in der Zermelo-Fraenkelschen Mengenlehre. In der Theorie der partiellen Mengen können ebenso wie in der klassischen Mengenlehre reelle Zahlen eingeführt werden, die partielle reelle Zahlen heißen und Paare reeller Zahlen sind. Klaua zeigte, daß die zugehörige Arithmetik partieller reeller Zahlen zur Intervallarithmetik mit den üblichen intervallarithmetischen Verknüpfungen isomorph ist, vgl. [6].

Die Leistungsfähigkeit des Konzeptes der partiellen Mengen zeigt das folgende Beispiel, bei dem eine Äquivalenzrelation, die durch eine fehlerbehaftete Klasseneinteilung induziert wird, konstruktiv erfaßt wird:

Beispiel: Sei $X = [t_0, t_3)$ eine halboffene Strecke, die in drei halboffene Teilstrecken $X_i = [t_i, t_{i+1})$, $i = 0, 1, 2$, zerlegt wird. Diese Zerlegung von X induziert eine Äquivalenzrelation ϱ auf X durch

$$(a, b) \in \varrho \Leftrightarrow a, b \in X_i \text{ für irgendein } i.$$

Sind die Eckpunkte t_i nicht exakt gegeben, sondern für sie nur aus Rechnungen, Messungen oder Beobachtungen entstandene Fehlerintervalle T_i vorhanden, so ist es nur beschränkt möglich, die Relation ϱ zu beschreiben. Für die Teilstrecken X_i sind nur innere und äußere Eingrenzungen vorhanden, etwa X_i' und X_i'' (vgl. Abb. 1), so daß die Teilstrecken X_i durch die partiellen Mengen $\langle X_i', X_i'' \rangle$ darstellbar sind.

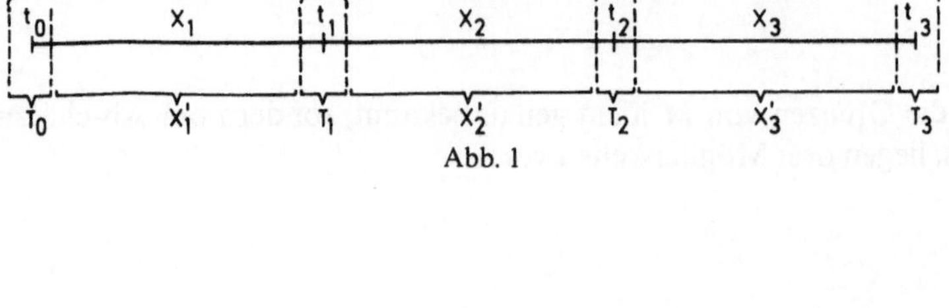

Abb. 1

Die Relationen ϱ' und ϱ'' seien definiert durch

$$(a, b) \in \varrho' \Leftrightarrow a, b \in X'_i \text{ für irgendein } i,$$
$$(a, b) \in \varrho'' \Leftrightarrow a, b \in X''_i \text{ für irgendein } i.$$

Es ist ϱ' reflexiv, symmetrisch und transitiv auf $X'_1 \cup X'_2 \cup X'_3$ und ϱ'' reflexiv und symmetrisch, nicht aber transitiv auf $X''_1 \cup X''_2 \cup X''_3$. Ferner gilt $\varrho' \subset \varrho \subset \varrho''$, denn $(a, b) \in \varrho'$ bedeutet, daß a und b aus der inneren Eingrenzung derselben Teilstrecke sind, damit liegen a und b auch in derselben Teilstrecke, d. h. $(a, b) \in \varrho$, usw. Das Paar $\langle \varrho', \varrho'' \rangle$ bildet also eine partielle Menge, und $\varrho \in |\langle \varrho', \varrho'' \rangle|$ ist die schärfste über ϱ erzielbare Aussage, wenn die gesamte verfügbare Information ausgenützt wird.

2. Die verallgemeinerte Gleichheit

Zur äußeren Abschätzung der Äquivalenzrelation ϱ des Beispiels in Abschnitt 1 wird die reflexive symmetrische, aber nicht transitive Relation ϱ'' herangezogen. Ein derartiger Relationstyp spielt in angewandten Bereichen eine Rolle, z. B. im Gebiete der mathematischen Psychologie [9] oder beim Studium von Toleranzen [10], also immer dort, wo fehlerbehaftete Aussagen zu finden sind. Eine wichtige Relation dieses Typs ist die *verallgemeinerte Gleichheit* $=_{\#}$, etwa in [5] definiert für beliebige Mengen A und B durch

$$A =_{\#} B \Leftrightarrow A \cap B \neq \emptyset .$$

Der Zusammenhang zwischen verallgemeinerter und gewöhnlicher Gleichheit ist sehr eng. Heuristisch könnte man sagen, daß ebenso, wie Intervalle zur Approximation von Zahlen dienen, die verallgemeinerte Gleichheit als Approximation der gewöhnlichen Gleichheit in dem folgenden Sinne angesehen werden kann, wenn $I(R)$ die Menge der reellen kompakten Intervalle bedeutet:

Sei A bzw. B das Fehlerintervall von x bzw. y (d. h. $x \in A$, $y \in B$ mit $A, B \in I(R)$) und sei $A \neq_{\#} B$ die Negation von $A =_{\#} B$, d. h. $A \cap B = \emptyset$. Dann gilt:

$$\begin{aligned} &\text{a) } \textit{Ist } A =_{\#} B, \textit{ so kann } x = y \textit{ sein},\\ &\text{b) } \textit{ist } A \neq_{\#} B, \textit{ so ist } x \neq y. \end{aligned} \tag{1}$$

Die Schlüsse (1) sind ein zentrales Verbindungsglied zwischen exakter und fehlerbehafteter Arithmetik. Derartige Verbindungsglieder sind notwendig, da das Rechnen mit Intervallen (oder anderen Näherungswerten mit Fehlereingrenzung) meist nicht Selbstzweck ist, sondern zur Erzielung möglichst konkreter Aussagen über die exakten Zahlen dient.

Die übliche Gleichheit in $I(R)$ ist hingegen weniger geeignet, die Gleichheit in R zu approximieren, denn der Gehalt von (1) wird verändert bzw. falsch, wenn in (1) die verallgemeinerte durch die gewöhnliche Gleichheit ersetzt wird. Zwar ist der Schluß

ist $A = B$, so kann $x = y$ eintreten

richtig, doch ist $A =_{\#} B$ das allgemeinste Implikans φ, für das der Schluß

$$\textit{ist } \varphi, \textit{ so kann } x=y \textit{ eintreten}$$

richtig ist.

Keine der beiden Gleichheiten in $I(R)$ ist aber imstande, die für eine direkte Objektbestimmung explizit interessierende Behauptung aufzustellen:

$$\textit{Ist } A=B, \textit{ so ist } x=y \text{ bzw. } \textit{ist } A=_{\#} B, \textit{ so ist } x=y.$$

Diese zwei Implikationen werden erst dann wahr, wenn A und B Punktintervalle sind, und dann sind beide Relationen identisch, vgl. [6]. Dieses Argument unterstreicht die Bedeutsamkeit intervallarithmetischer gegen ein Punktintervall konvergierender Iterationsverfahren (oder schlechthin von Iterationsverfahren, deren Fehlergrenzen gegen 0 konvergieren).

Die Eigenschaften der verallgemeinerten Gleichheit sind nicht an die Bereiche R und $I(R)$ gebunden, sondern gelten für jede Menge M (statt R) und jede Teilklasse der Potenzmenge $P(M)$ (statt $I(R)$).

Im Hinblick auf die logische Maximalität der Aussagen (1) erhebt sich die folgende methodische Frage: Wenn man eine Teilklasse der Potenzmenge von R, etwa $I(R)$, zur Beschreibung und Einschließung von reellen Zahlen heranzieht, bei welchen Untersuchungen ist es sinnvoll, die gewöhnliche Gleichheit zu verwenden, bei welchen die verallgemeinerte?

Mittels der verallgemeinerten Gleichheit läßt sich ein Satz von Klaua aussprechen, der aufgrund der bekannt komplizierten Struktur der Intervallarithmetik zunächst verblüffend wirkt. Hierbei heißt ein algebraisches System $\mathfrak{M}=\langle M, +, \cdot\rangle$ ein *verallgemeinerter Körper* [6], wenn M ein Mengensystem ist und in $\mathfrak{M}$ alle Gesetze gelten, die aus den Körperaxiomen hervorgehen, wenn die gewöhnliche durch die verallgemeinerte Gleichheit ersetzt wird.

Satz (Klaua [6]): *Das System* $\langle I(R), +, \cdot\rangle$ *ist ein verallgemeinerter Körper.*

(Die Verknüpfungen in $I(R)$ sind hierbei wie üblich erklärt:

$$A * B=\{a * b \colon a \in A, b \in B\} \text{ für } A, B \in I(R) \text{ und } * \in \{+, -, \cdot, :\}.$$

$A:B$ ist nicht erklärt, wenn $0 \in B$ ist.) Man kann z. B. für Intervalle $A, B, C, X \in I(R)$ ohne Mühe zeigen:

$$AX=_{\#} B \Leftrightarrow X=_{\#} B:A \text{ für } A \neq_{\#} 0,$$
$$A(B+C)=_{\#} AB+AC, \text{ usw.}$$

3. Fehlereinschließungsstrukturen

In diesem Abschnitt soll der Satz von Klaua analysiert werden. Dieser Satz macht eine Aussage über in R gültige Sätze (Körperaxiome), die auch in $I(R)$ unter Austausch der Gleichheit gültig bleiben. Es wird gezeigt, daß dieses Übertragungsprinzip nicht davon abhängig ist, daß

a) R der Bereich der „exakten“ Zahlen,

b) $I(R)$ der Bereich der einschließenden Mengen ist und

c) Addition und Multiplikation die betrachteten Verknüpfungen sind, sondern im wesentlichen abhängig von der Form des zu übertragenden Satzes ist, wenn nur der Bereich der einschließenden Mengen gewisse natürliche Minimalforderungen erfüllt. Um die Wirkungsweise des Übertragungsprinzips zu studieren, benötigt man

a) einen Bereich der „exakten" Größen,
b) einen Bereich von einschließenden Mengen,
c) eine Sprache zur Darstellung der zu übertragenden Sätze.

Als Bereich der exakten Größen diene eine beliebige Relationsstruktur $\mathfrak{U}=\langle U,(f_i)_{i\in I},(P_j)_{j\in J},=\rangle$ mit der Trägermenge U, den Funktionen f_i, den Relationen P_j und der Gleichheitsrelation $=$. Sei $P(U)$ die Potenzmenge von U und $F(U)\subset P(U)$. Die Relationsstruktur $\mathfrak{F}(\mathfrak{U})=\langle F(U),(f_i^{\#})_{i\in I},(P_j^{\#})_{j\in J},=_{\#}\rangle$ vom gleichen Typ wie $\mathfrak{U}$ heißt eine *Einschließungsstruktur* von $\mathfrak{U}$, wenn

1. zu jedem $x\in U$ existiert ein $X\in F(U)$ mit $x\in X$;
2. ist f_i von der Stellenzahl n_i, so ist $f_i^{\#}(X_1,\ldots,X_{n_i})=\{f_i(x_1,\ldots,x_{n_i}): x_\nu\in X_\nu\ (\nu=1,\ldots,n_i)\}$;
3. ist P_j von der Stellenzahl n_j, so gilt $P_j^{\#}(X_1,\ldots,X_{n_j})$ genau dann, wenn Elemente $x_\nu\in X_\nu\ (\nu=1,\ldots,n_j)$ existieren, die $P_j(x_1,\ldots,x_{n_j})$ erfüllen.

   $\mathfrak{F}(\mathfrak{U})$ heißt *separativ*, wenn
4. zu jedem $x,y\in U$ mit $x\neq y$ Mengen $X,Y\in F(U)$ mit $x\in X$, $y\in Y$ und $X\neq_{\#}Y$ existieren.

Durch 1. wird gewährleistet, daß zu jeder exakten Größe x auch eine Einschließungsmenge zur Verfügung steht, wie es in der Intervallarithmetik und auch innerhalb gewisser Schranken in der Maschinenintervallarithmetik der Fall ist. Die Funktionen $f_i^{\#}$ werden nach 2. aus den f_i nach dem gleichen Schema wie die Operationen der Intervallarithmetik aus den Operationen in R abgeleitet, um die exakten Werte unter Kontrolle zu behalten; speziell also

$$\text{für } x_\nu\in X_\nu\ (\nu=1,\ldots,n_i) \text{ ist } f_i(x_1,\ldots,x_{n_i})\in f_i^{\#}(X_1,\ldots,X_{n_i}).$$

Aus diesem Grunde schreiben wir wie in der Intervallrechnung auch f_i anstelle $f_i^{\#}$. Nach 3. werden die Relationen $P_j^{\#}$ aus den P_j nach dem gleichen Schema wie $=_{\#}$ aus $=$ abgeleitet, insbesonders gilt für $x_\nu\in X_\nu\ (\nu=1,\ldots,n_j)$:

a) *ist* $P_j^{\#}(X_1,\ldots,X_{n_j})$, *so kann* $P_j(x_1,\ldots,x_{n_j})$ *sein,*
b) *gilt* $P_j^{\#}(X_1,\ldots,X_{n_j})$ *nicht, so gilt* $P_j(x_1,\ldots,x_n)$ *nicht,*

vgl. (1). Auch hier schreiben wir, da Verwechslungen nicht zu befürchten sind, P_j anstelle $P_j^{\#}$. Die Separativität (Punkt 4) bedeutet, daß zwei verschiedene exakte Größen durch den Fehlerbereich „unterschieden" werden können. Separativ z. B. ist $I(R)$ für R, jedoch nicht mehr die Menge der Maschinenintervalle, das sind Intervalle, deren Eckpunkte Maschinenzahlen sind.

Beispiele von Trägermengen von Einschließungsstrukturen für $\langle R,+,\cdot,=\rangle$ sind:

1. $I(R)$ (separativ),
2. Menge der Intervalle $[m,n]$ mit ganzzahligem m und n,

3. Menge der Intervalle $[r, s]$ mit rationalem r und s (separativ),
4. Menge der symmetrischen Intervalle $[-x, x]$,
5. Menge der offenen Intervalle (x, y) (separativ),
6. Menge der endlichen Teilmengen von R (separativ),
7. $\{\{x\}: x \in R\} \cup \{R\}$ (separativ), usw.

Als Sprache zur Darstellung der Gesetze, die von $\mathfrak{U}$ auf $\mathfrak{F}(\mathfrak{U})$ zu übertragen sind, wählen wir die Sprache L der elementaren Prädikatenlogik ohne Gleichheit. Neben Individuenvariablen besitzt L Funktionssymbole $(\bar{f}_i)_{i \in I}$, Prädikatensymbole $(\bar{P}_j)_{j \in J}$ und das spezielle Prädikatensymbol $\equiv$. Die Symbole $\bar{f}_i$ bzw. $\bar{P}_j$ werden durch die Funktionen f_i bzw. Relationen P_j interpretiert und das Symbol $\equiv$ durch $=$ in $\mathfrak{U}$ und durch $=_{\#}$ in $\mathfrak{F}(\mathfrak{U})$.

Ist φ eine geschlossene Formel von L, dann bedeutet $\mathfrak{U} \models \varphi$ bzw. $\mathfrak{F}(\mathfrak{U}) \models \varphi$ wie üblich, daß φ in $\mathfrak{U}$ bzw. in $\mathfrak{F}(\mathfrak{U})$ wahr ist, d. h. daß $\mathfrak{U}$ bzw. $\mathfrak{F}(\mathfrak{U})$ ein Modell von φ ist. (Die genaue Erklärung der logischen Begriffe findet man z. B. in [3].)

Die Analyse des Satzes von Klaua führt auf das folgende Problem. Für welche Formeln φ von L gilt:

a) Aus $\mathfrak{U} \models \varphi$ folgt $\mathfrak{F}(\mathfrak{U}) \models \varphi$ (für alle Relationsstrukturen $\mathfrak{U}$ und Einschließungsstrukturen $\mathfrak{F}(\mathfrak{U})$)? (2)

b) Aus $\mathfrak{U} \models \varphi$ folgt $\mathfrak{F}(\mathfrak{U}) \models \varphi$ (für alle Relationsstrukturen $\mathfrak{U}$ und separativen Einschließungsstrukturen $\mathfrak{F}(\mathfrak{U})$)? (3)

Wir nennen eine Formel φ, die (2) bzw. (3) erfüllt, *übertragbar* bzw. *separativ übertragbar*. Diese Unterscheidung ist notwendig, da nicht alle Körperaxiome übertragbar, wohl aber separativ übertragbar sind. Die Separativität der Intervallarithmetik erweist sich beim Satz von Klaua als unerläßlich. Eine Formel φ heißt *positiv*, wenn φ aus atomaren Formeln lediglich unter Benutzung von Quantoren und der logischen Symbole $\vee$ (Disjunktion) und $\wedge$ (Konjunktion) aufgebaut ist, vgl. [3].

Satz: *Jede positive Formel von L ist übertragbar.*

Der Beweis ist mittels vollständiger Induktion nach dem Aufbau der Formel durchführbar, wobei man sich nicht auf geschlossene Formeln beschränkt.

Beispiele:

1. Folgende Körperaxiome sind übertragbar ($+$ und $\cdot$ seien die Funktionssymbole für Addition und Multiplikation):
   a) kommutative und assoziative Gesetze, distributives Gesetz,
   b) Auflösbarkeit von additiven Gleichungen:
   $$(\forall a)(\forall b)(\exists x)\, a + x \equiv b,$$
   c) Auflösbarkeit von multiplikativen Gleichungen:
   $$(\forall a)\, [(a + a \equiv a) \vee (\forall b)(\exists x)\, a x \equiv b].$$
   (Der Ausdruck $a + a \equiv a$ bedeutet, daß a das Nullelement bezeichnet. Dies kann auch durch Zulassung von Individuenkonstanten ausgedrückt werden.)

2. Da logische Axiome in jeder Struktur gelten und daher übertragbar sind, ist jede geschlossene Formel übertragbar, wenn sie logisch äquivalent zu einer positiven Formel ist.
3. Das Körperaxiom $(\exists x)(\exists y)\, x \not\equiv y$ ist nicht übertragbar, d. h. es existiert eine Relationsstruktur $\mathfrak{U}$ und eine Einschließungsstruktur $\mathfrak{F}(\mathfrak{U})$, so daß dieses Axiom in $\mathfrak{U}$, nicht aber in $\mathfrak{F}(\mathfrak{U})$ gilt. Es genügt, $U = R$ und $F(U) = \{R\}$ zu setzen.
4. Reflexivität und Symmetrie zweistelliger Relationen sind übertragbar, nicht aber Transitivität oder Antisymmetrie. Ordnungsaxiome und Äquivalenzrelation sind daher nicht übertragbar.
5. Die Eigenschaft eines Körpers, von der Charakteristik p (Primzahl) zu sein, ist nicht übertragbar.
6. Verbandsaxiome und einige spezielle Eigenschaften von Verbänden (distributiv, komplementär) sind übertragbar.

Die Gestalt separativ übertragbarer Formeln ist kompliziert; wir erwähnen daher lediglich das einzige Körperaxiom, das nicht übertragbar sondern nur separativ übertragbar ist:

Satz: *Die Formel* $(\exists x)(\exists y)\, x \not\equiv y$ *ist separativ übertragbar.*

Bemerkung: Nicht separativ übertragbar sind bereits die Formeln $(\forall x)(\exists y)\, x \not\equiv y$ oder $(\exists x)(\exists y)(\exists z)\,[x \not\equiv y \wedge x \not\equiv z \wedge y \not\equiv z]$.

Anhand dieser Sätze und Beispiele scheint uns der Hintergrund des Satzes von Klaua ausreichend dargelegt zu sein.

4. Andere Übertragungsformen

Die Analyse des Satzes von Klaua führte auf ein spezielles Übertragungsschema von Formeln von Relations- in Einschließungsstrukturen mit verallgemeinerter Gleichheit. Auch andere Übertragungsprinzipien haben ihre Berechtigung und beginnen für Anwendungen in der Fehlerrechnung interessant zu werden.

Albrecht [1] studiert die Übertragung arithmetischer Ausdrücke von U auf Systeme $F(U) \subset P(U)$, wenn $\equiv$ in $F(U)$ als Gleichheit interpretiert wird. Hierbei werden abhängige Intervalle berücksichtigt und auftretende Rundungsprozesse topologisch erfaßt.

Nickel [8] interessiert sich für halbgeordnete Mengen $\langle U, \leq \rangle$ und wählt als Einschließungsbereich die Menge $I(U)$ der Intervalle über $\langle U, \leq \rangle$; die Interpretation von $\equiv$ in $I(U)$ ist die Gleichheit. Untersucht werden verschiedene Übertragungsformen von Ordnungsrelationen, Verbandsoperationen und zusätzlichen Funktionen. Auch das Problem der Rückübertragung wird angeschnitten, d. h. wann aus der Gültigkeit einer Formel φ in $I(U)$ die Gültigkeit von φ in U folgt. Um möglichst starke Aussagen in U zu erhalten, wird zum Teil eine andere Interpretation der Funktions- und Prädikatensymbole in $I(U)$ zugrundegelegt. Wird etwa die Relation $\leq$ auf $I(U)$ definiert durch

$$A \leq B, \text{ wenn } a \leq b \text{ für alle } a \in A, b \in B \; (A, B \in I(R)),$$

kann geschlossen werden: Ist A bzw. B das Fehlerintervall von a bzw. b (d. h. $a \in A$, $b \in B$) und ist $A \leq B$, so gilt $a \leq b$. Auch hier findet man eine im Wesen ähnliche Aussage bei der Objektkennzeichnung mit partiellen Mengen: Ist die Ordnungsrelation P durch eine partielle Menge $\langle P', P'' \rangle$ in der Form $P \in |\langle P', P'' \rangle|$ gegeben, so gilt: Aus $(x, y) \in P'$ folgt $(x, y) \in P$.

Mit anwendungsorientierten Übertragungen befaßt sich Bierbaum [2], und zwar werden präzise Vorschriften für die Übertragung eines Algol-Programms in ein „numerisch konvergentes" Triplex-Algol-Programm besprochen (Triplex-Algol ist ein Compiler, der das Rechnen mit Intervallen zuläßt).

Ein weiteres Hilfsmittel zur Untersuchung von Eigenschaften auf fehlerbehafteten Strukturen liefert das Konzept der *Toleranz* [10], das ist eine reflexive und symmetrische Relation. Zum Beispiel geht eine Äquivalenzrelation bei der Übertragung auf Einschließungsstrukturen nach den Regeln des Abschnittes 3 in eine Toleranz über. Zelinka definiert *Toleranzalgebren* als algebraische Strukturen, auf denen eine mit den Operationen verträgliche Toleranz erklärt ist [11].

Kulisch [7] charakterisiert Übertragungseigenschaften von Strukturen auf Rechnerstrukturen, ohne unbedingt Einschließungen zu benutzen, wobei die Verträglichkeit mit Rundungsprozessen im Vordergrund der Überlegungen steht.

Jahn [4] beschäftigt sich mit der Übertragung von Verbandseigenschaften auf Systeme mehrwertiger Mengen und auf Intervallräume, in denen mehrwertige Operationen erklärt sind.

Literatur

[1] Albrecht, R.: Grundlagen einer Theorie gerundeter algebraischer Verknüpfungen in topologischen Vereinen. In diesem Band, S. 1—14.

[2] Bierbaum, F.: Einsatz der Intervallarithmetik bei der numerischen Konvergenz von Algol-60-Programmen. In: Interval mathematics (Nickel, K., Hrsg.), S. 160—168. Berlin: 1975.

[3] Chang, C. C., Keisler, H. J.: Model theory. Amsterdam: 1973.

[4] Jahn, K.-U.: Intervall-wertige Mengen. Math. Nachr. *68*, 115—132 (1975).

[5] Klaua, D.: Partielle Mengen mit mehrwertigen Grundbeziehungen. Monatsb. Deutsch. Akad. Wiss. Berlin *11*, 573—584 (1969).

[6] Klaua, D.: Partielle Mengen und Zahlen. Monatsb. Deutsch. Akad. Wiss. Berlin *11*, 585—599 (1969).

[7] Kulisch, U.: Ein Konzept für eine allgemeine Theorie der Rechnerarithmetik. In diesem Band, S. 95—105.

[8] Nickel, K.: Verbandstheoretische Grundlagen der Intervall-Mathematik. In: Interval mathematics (Nickel, K., Hrsg.), S. 251—262. Berlin: 1975.

[9] Suppes, P., Zinnes, J. L.: Basic measurement theory. In: Handbook of mathematical psychology, Vol. I (Luce, R. D., Bush, R. R., Galanter, E., Hrsg.), S. 1—76. New York: 1967.

[10] Zeeman, E. C.: The topology of the brain and visual perception. In: The topology of 3-manifolds and related topics (Fort, M. K., Hrsg.), S. 240—256. Englewood Cliffs, N. J.: 1962.

[11] Zelinka, B.: Tolerance in algebraic structures. Czech. Math. J. *20*, 179—183 (1970).

Prof. Dr. H. Ratschek
Mathematisches Institut
Universität Düsseldorf
Universitätsstraße 1
D-4000 Düsseldorf
Bundesrepublik Deutschland

Computing, Suppl. 1, 129—134 (1977)

Zum Begriff des Rasters und der minimalen Rundung

Chr. Ullrich, Karlsruhe

Zusammenfassung

Es wird der von Apostolatos verallgemeinerte Begriff des Rasters (genannt A-Raster) näher untersucht und dem bisher üblichen Begriff des Rasters gegenübergestellt. Bei der Betrachtung von Rundungen in A-Rastern ergeben sich wesentliche Konsequenzen. So existiert keine monotone, gerichtete Rundung einer geordneten Menge in ein A-Raster. Monotonieaussagen für eine in einem A-Raster mittels einer gerichteten Rundung erzeugten Arithmetik sind also mit den bisher bekannten Eigenschaften nicht mehr möglich. Als Verallgemeinerung der monotonen Rundung wird daher der Begriff der minimalen Rundung eingeführt.

Als Verallgemeinerung des von U. Kulisch gegebenen Rasterbegriffes (siehe [3]) wird von N. Apostolatos in [1] die folgende Definition für ein Raster gegeben, welches wir im folgenden stets als A-Raster bezeichnen wollen.

Definition 1: Es sei $\{M, \leqq\}$ eine geordnete Menge und $L(a)$ (bzw. $U(a)$) die Menge der unteren (bzw. oberen) Schranken von $a \in M$. Dann heißt eine Teilmenge T von M ein „unteres A-Raster" (bzw. „oberes A-Raster") von $\{M, \leqq\}$, falls gilt

$$(S\,1) \qquad \bigwedge_{a \in M} L(a) \cap T \neq \emptyset \qquad (\text{bzw. } U(a) \cap T \neq \emptyset)$$

$$(S\,2) \qquad \bigwedge_{a \in M} \bigvee_{x \in L(a) \cap T} \bigwedge_{b \in L(a) \cap T} (x \leqq b \Rightarrow x = b) \qquad (\text{bzw. } x \geqq b \Rightarrow x = b)$$

d. h. in $L(a) \cap T$ (bzw. $U(a) \cap T$) existiert ein maximales (bzw. minimales) Element. Ist $\{T, \leqq\}$ sowohl unteres als auch oberes A-Raster von $\{M, \leqq\}$, so nennen wir $\{T, \leqq\}$ ein A-Raster von $\{M, \leqq\}$.

Offensichtlich ist im Fall der linearen Ordnung $\{M, \leqq\}$ der Begriff des A-Rasters mit dem des Rasters identisch. Ist dagegen $\{M, \leqq\}$ eine geordnete Menge, so ist jedes Raster auch A-Raster, denn nach der Definition des Rasters existiert in $L(a) \cap T$ das größte (bzw. in $U(a) \cap T$ das kleinste) Element, welches natürlich die Forderung (S 2) erfüllt. Für eine gewisse Teilmenge aller A-Raster gilt damit in vollständigen Verbänden dieselbe Charakterisierung wie für Raster (siehe [3]):

Satz 1: *Es sei $\{M, \leqq\}$ ein vollständiger Verband und $T \subseteq M$ eine Teilmenge von $\{M, \leqq\}$. Dann ist $\{T, \leqq\}$ ein unteres (bzw. oberes) A-Raster, falls gilt*

(*S* 1′) $o(M)=o(T)$ (bzw. $i(M)=i(T)$)

(*S* 2′) $\{T, \leqq\}$ *ist ein vollständiger* $\sqcup$*-Teilbund von* $\{M, \leqq\}$
(*bzw.* $\{T, \leqq\}$ *ist ein vollständiger* $\sqcap$*-Teilbund von* $\{M, \leqq\}$).

Bemerkung: Im obigen Satz können wir die Voraussetzungen nicht auf die ausschließliche Forderung von (*S* 1′) abschwächen. Als Gegenbeispiel wählen wir die linear geordnete Menge $\{\mathbb{R}, \leqq\}$ der reellen Zahlen und als Teilmenge $\{T, \leqq\}$ die Menge $(\mathbb{Z}\backslash\{1\}) \cup (0;1)$ der ganzen Zahlen ungleich Eins vereinigt mit dem offenen Intervall $(0;1)$. Durch die Hinzunahme von $-\infty$ und ∞ seien beide Mengen in der üblichen Weise vervollständigt. Dann ist $\{T, \leqq\}$ wohl ein vollständiger Verband aber kein unteres *A*-Raster, da in der Menge $L(1) \cap T$ kein maximales (genauer größtes) Element existiert.

Weiter gilt der folgende

Satz 2: *Ein unteres (bzw. oberes) A-Raster* $\{T, \leqq\}$ *von* $\{M, \leqq\}$ *ist stets unteres (bzw. oberes) A-Raster von* $\{N, \leqq\}$ *mit* $T \subseteq N \subseteq M$.

Beweis:

(*S* 1): $L_M(a) \cap T := \{x \in M \mid x \leqq a\} \cap T \neq \emptyset \Rightarrow \bigvee_{x_0 \in T} x_0 \leqq a \Rightarrow L_N(a) \cap T \neq \emptyset.$

(*S* 2): Es ist für alle $a \in N$ $L_M(a) \cap T \subseteq L_N(a) \cap T$. Sei nun $z \in L_M(a) \cap T$. Dann gilt $z \leqq a \wedge z \in T$ und damit $z \in L_N(a) \cap T$, d. h. $L_M(a) \cap T = L_N(a) \cap T$. Nach Voraussetzung existiert aber in $L_M(a) \cap T$ ein maximales Element.

Für obere *A*-Raster verläuft der Nachweis analog.

Der Vollständigkeit halber sei noch vermerkt, daß die zweistellige Relation „unteres Raster von" (bzw. „oberes Raster von") die Potenzmenge $\mathbb{P}M$ einer geordneten Menge $\{M, \leqq\}$ ordnet.

Zum besseren Verständnis der beiden Rasterbegriffe betrachten wir noch das folgende einfache Beispiel: In der Menge $\{\mathbb{R}^2, \leqq\}$ der wie üblich geordneten Paare reeller Zahlen bildet die Menge $\{\mathbb{Z}^2, \leqq\}$ ein Raster. Nimmt man zu $\mathbb{Z}^2$ ein Element $a=(a_1, a_2) \in \mathbb{R}^2\backslash\mathbb{Z}^2$ hinzu, so bildet $\mathbb{Z}^2 \cup \{a\}$ kein Raster mehr, da z. B. die Menge $L((a_1, [a_2]+1)) \cap T$ die beiden maximalen Elemente $([a_1], [a_2]+1)$ und a enthält (Abb. 1).

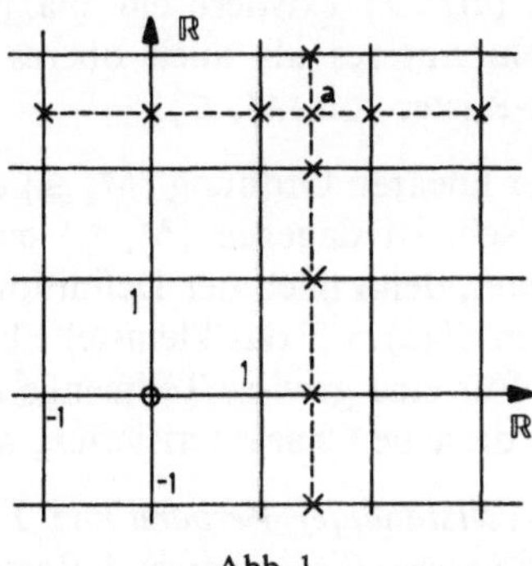

Abb. 1

Möchte man die Rastereigenschaft wieder erhalten, so sind zusätzlich alle Punkte $(a_1, z), (z, a_2)$ für alle $z \in \mathbb{Z}$ hinzuzunehmen, während $\mathbb{Z}^2 \cup \{a\}$ jedoch weiterhin ein A-Raster von $\{\mathbb{R}^2, \leqq\}$ bildet. Das A-Raster erlaubt darüberhinaus grundsätzlich die Hinzunahme von abgeschlossenen Intervallen $[a; b]$ mit $a, b \in \mathbb{R}^2$ und offenen Intervallen $(c; d)$ mit $c, d \in \mathbb{Z}^2$.

Konkrete arithmetische Probleme sind zunächst in einem abstrakten mathematischen Raum gegeben. Die Erzeugung der zugehörigen Arithmetik über der tatsächlich für die Berechnung zur Verfügung stehenden Menge der Maschinenzahlen einer Rechenanlage kann aus Gründen der Strukturerhaltung in befriedigender Weise mit Hilfe monotoner Rundungen vorgenommen werden (siehe [5] und dortige Literaturverweise). Dabei heißt eine Abbildung $\square$ einer geordneten Menge $\{M, \leqq\}$ in dessen unteres (bzw. oberes) Raster $\{T, \leqq\}$ eine „Rundung" (wir verwenden dieselben Begriffe im folgenden auch für A-Raster), falls gilt

$$(R\,1) \qquad \bigwedge_{a \in T} \square\, a = a \qquad \text{(optimal)},$$

und die Rundung heißt „monoton", falls gilt

$$(R\,2) \qquad \bigwedge_{a, b \in M} (a \leqq b \Rightarrow \square\, a \leqq \square\, b).$$

Bei allen Betrachtungen für untere und obere Raster spielen die monotonen, gerichteten Rundungen, d. h. die monotonen Rundungen mit der Eigenschaft

$$(R\,3) \qquad \bigwedge_{a \in M} \square\, a \leqq a \qquad (\text{bzw. } a \leqq \square\, a) \qquad \text{(nach unten (bzw. oben) gerichtet)}$$

eine ausgezeichnete Rolle. Insbesondere sind diese durch die Eigenschaften (R_i), $i = 1, 2, 3$ eindeutig bestimmt und ermöglichen damit die Erzeugung einer Intervallarithmetik zu dem jeweils vorliegenden Raum. In dem hier betrachteten Fall der A-Raster spielen diese Abbildungen jedoch keine Rolle, denn es gilt der

Satz 3: *Es sei $\{T, \leqq\}$ ein unteres (bzw. oberes) A-Raster und kein unteres (bzw. oberes) Raster von $\{M, \leqq\}$. Dann existiert keine monotone, nach unten (bzw. oben) gerichtete Rundung von M in T.*

Beweis: Wir nehmen an, $\square$ sei eine monotone, nach unten gerichtete Rundung von M in T. Für jedes Element $a \in M$ gilt dann wegen $(R\,3)$ $\square\, a \in L(a) \cap T$ und nach $(R\,1)$, $(R\,2)$ $\bigwedge_{b \in L(a) \cap T} \square\, b = b \leqq \square\, a$, d. h. $\square\, a$ ist größtes Element in $L(a) \cap T$. Nach Voraussetzung existiert jedoch im Widerspruch hierzu mindestens ein $a_0 \in M$ so, daß die Menge $L(a_0) \cap T$ ein mit dem nach $(S\,2)$ existierenden maximalen Element vergleichbares Element b enthält.

Dennoch muß man in einem A-Raster nicht völlig auf Monotonieaussagen verzichten. Als Verallgemeinerung von Eigenschaft $(R\,2)$ geben wir die folgende

Definition 2: Eine Rundung heißt „minimal", falls die Eigenschaft

$$(R\,2') \qquad \bigwedge_{a, b \in M} (a\, R\, \square\, b\; R\, \square\, a \Rightarrow \square\, a = \square\, b), \quad R \in \{\leqq, \geqq\}$$

erfüllt ist.

Bemerkungen

1. Jede monotone Rundung ist minimal, denn es ist wegen (R 1) und (R 2) für alle $a, b \in M$

$$\square\, a\, R\, \square\, b\, R\, a \Rightarrow \square\,(\square\, a) = \square\, a\, R\, \square\,(\square\, b) = \square\, b\, R\, \square\, a \Rightarrow \square\, b = \square\, a,\ R \in \{\leqq, \geqq\}.$$

Umgekehrt ist nicht jede minimale Rundung monoton. Man betrachte hierzu als Beispiel den durch die Menge $V = \{a, b, c, d, e, f\}$ und die Ordnungsbeziehungen $a \geqq b \geqq d \geqq f$, $a \geqq c \geqq e \geqq f$ gebebenen endlichen Verband $\{V, \leqq\}$ mit dem Raster (bzw. A-Raster) $T = \{a, d, e, f\}$ und der Rundung $\square$ mit $\square\, b = e$ und $\square\, c = d$. Dann ist die Eigenschaft (R 2') trivialerweise erfüllt und es ist z. B. $\square\, c = d \parallel \square\, e = e$, d. h. die Rundung ist nicht monoton.

2. In einem unteren (bzw. oberen) Raster ist eine nach unten (bzw. oben) gerichtete minimale Rundung stets monoton.

Beweis: Es sei $\square$ eine nach unten gerichtete, minimale Rundung der geordneten Menge $\{M, \leqq\}$ in ein unteres Raster $\{T, \leqq\}$ von M. Wegen (R 3) ist $\square\, a \in L(a) \cap T$ und $\square\, b \in L(b) \cap T$. Ferner existieren nach (S 2) die Elemente $i(L(a) \cap T)$ und $i(L(b) \cap T)$, so daß nach Eigenschaft (R 2') $\square\, a$ bzw. $\square\, b$ mit $i(L(a) \cap T)$ bzw. $i(L(b) \cap T)$ übereinstimmen. Die Monotonie erhält man nun sofort in der folgenden Weise.

$$a \leqq b \Rightarrow L(a) \subseteq L(b) \Rightarrow L(a) \cap T \subseteq L(a) \cap T \Rightarrow i(L(a) \cap T) \leqq i(L(b) \cap T).$$

Im Falle der nach oben gerichteten Rundung verläuft der Nachweis entsprechend.

Es sei noch darauf hingewiesen, daß jedoch die monotonen Rundungen nicht durch die gerichteten, minimalen Rundungen erschöpft sind.

3. In einem unteren (bzw. oberen) A-Raster existiert mindestens eine minimale, nach unten (bzw. oben) gerichtete Rundung, die wir dadurch erhalten, daß wir jedem $a \in M$ ein nach (S 2) in $L(a) \cap T$ (bzw. $U(a) \cap T$) existierendes maximales (bzw. minimales) Element als Bild zuordnen.

4. Die in Satz 3 und den vorangehenden Bemerkungen gemachten Aussagen ergeben also für Raster und echte A-Raster verschiedene Inklusionsaussagen in der Potenzmenge der Rundungen, die wir zur besseren Übersicht in zwei Diagrammen wiedergeben (Abb. 2).

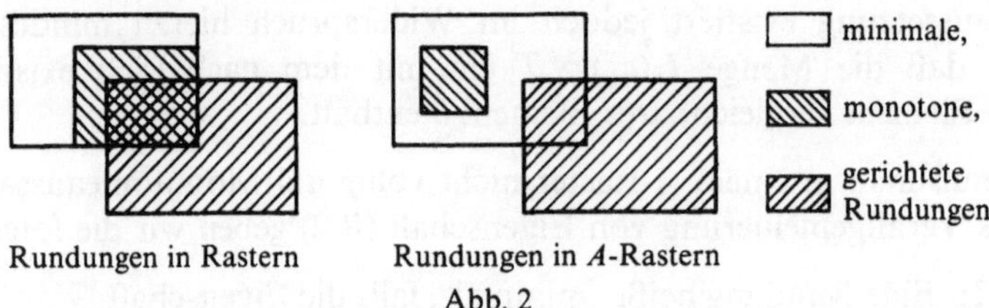

Abb. 2

In [1] wird bereits darauf hingewiesen, daß die Definition des A-Rasters für die Praxis besser geeignet ist. Darüberhinaus wird nun durch diesen Begriff und den der minimalen Rundung auch die Möglichkeit der abstrakten Konstruktion von

Intervallarithmetiken erschlossen, welche man aufgrund der bisher verwendeten Begriffe nicht erzeugen konnte. In [6] wird hiermit z. B. ein gemeinsames Konzept für die Erzeugung von komplexen Kreisarithmetiken aufgezeigt. Allerdings wirkt sich das Fehlen monotoner, gerichteter Rundungen nachteilig aus. Obwohl der Übergang zur Kreisarithmetik in inklusionsgeordneten Räumen vollzogen wird, erhält man nicht allgemein die Inklusionsmonotonie für die einzelnen Verknüpfungen, da die Übertragung dieser Eigenschaft gerade durch die monotonen Rundungen geleistet wird.

Wir betrachten abschließend die folgenden

Beispiele

1. Es sei $\{M, \subseteq\}$ die geordnete Menge aller beschränkten Teilmengen des $\mathbb{R}^2$ und $\{T, \subseteq\}$ die Teilmenge aller abgeschlossenen Mengen der Form

$$K = \langle x, r\rangle := \{y \in \mathbb{R}^2 \mid \| x-y \| \leqq r\} \subseteq \mathbb{R}^2$$

bezüglich einer Norm $\| \cdot \|$ in $\mathbb{R}^2$ (spezieller Hypernormball mit Mittelpunkt x und Toleranz r, vgl. [2]). Für die Euklid-Norm bildet K den abgeschlossenen Kreis um x mit Radius r. Man sieht sofort ein, daß $\{T, \subseteq\}$ in diesem Fall ein echtes oberes A-Raster von $\{M, \subseteq\}$ bildet. So sind z. B. die Kreise $\langle (0,0)^T, 1\rangle$, $\langle (1/2, 1/2)^T, \sqrt{2}/2\rangle$ obere Schranken des im ersten Quadranten gelegenen Teiles E_1 des Einheitskreises und wegen ihrer Unvergleichbarkeit minimale Elemente in $U(E_1) \cap T$. Eine Abbildung $\square$ von $\{M, \subseteq\}$ in $\{T, \subseteq\}$ definieren wir durch $\square A := \{y \in \mathbb{R}^2 \mid \| x-y \| \leqq r$ und x, r so, daß $A \subseteq \square A$ und r minimal$\}$ für alle $A \in \{M, \subseteq\}$. Die Abbildung $\square$ ist optimal, nach oben gerichtet und wegen der Eindeutigkeit des minimalen Einschließungskreises auch minimal. Nach Satz 3 ist daher $\square$ nicht monoton. So gilt z. B. $\langle (0,0)^T, 1\rangle \supseteq E_1$ und $\square \langle (0,0)^T, 1\rangle = \langle (0,0)^T, 1\rangle \not\supseteq \square E_1 = \langle (1/2, 1/2)^T, \sqrt{2}/2\rangle$.

2. Wählt man in Beispiel 1 für die Norm $\| \cdot \|$ speziell die Maximumnorm, so bildet $\{T, \subseteq\}$ die Menge der achsenparallelen Rechtecke in $\{\mathbb{R}^2, \subseteq\}$. Bekanntlich besitzt $\{T, \subseteq\}$ die Eigenschaft eines oberen Rasters, jedoch nicht die eines unteren Rasters von $\{M, \subseteq\}$ (vgl. [4]). $\{T, \subseteq\}$ erfüllt aber die Bedingungen für ein unteres A-Raster, denn es ist die Menge der unteren Schranken zu einem Element $A \in M$ nichtleer (man ziehe die Intervalle $\langle a, o\rangle$, $a \in A$ heran) und es existiert wegen der Beschränktheit von A zu jedem $B \in L(A) \cap T$ ein $X \in L(A) \cap T$ mit $B \subseteq X$ und X maximal. Die Menge der maximalen Elemente in $L(A) \cap T$ ist im allgemeinen nicht endlich, wie man sich anhand der einem Kreis eingeschriebenen Rechtecke klarmacht.

Literatur

[1] Apostolatos, N.: Einige Ergänzungen zu dem Begriff des Rasters. ZAMM *54*, 517—518 (1974).
[2] Fischer, H.: Hypernormbälle als abstrakte Schrankenzahlen. Computing *12*, 67—73 (1974).
[3] Kulisch, U.: On the Concept of a Screen. ZAMM *53*, 115—119 (1973).

[4] Kulisch, U.: An Axiomatic Approach to Rounded Computations. Num. Math. *18*, 1—17 (1971).
[5] Ullrich, Ch.: Über die beim numerischen Rechnen mit komplexen Zahlen und Intervallen vorliegenden mathematischen Strukturen. Computing *14*, 51—65 (1975).
[6] Ullrich, Ch.: Zur Konstruktion komplexer Kreisarithmetiken. In diesem Band, S. 135—150.

Dr. Chr. Ullrich
Institut für Angewandte Mathematik
Universität Karlsruhe
Englerstraße 2
D-7500 Karlsruhe
Bundesrepublik Deutschland

Computing, Suppl. 1, 135—150 (1977)

Zur Konstruktion komplexer Kreisarithmetiken

Chr. Ullrich, Karlsruhe

Zusammenfassung

In der vorliegenden Arbeit wird eine theoretische Begründung für die Konstruktion komplexer Kreisarithmetiken auf Grund der Verallgemeinerung und Verschärfung eines in [6] bewiesenen Satzes gegeben. Unser Vorgehen erhält eine Reihe wichtiger Eigenschaften der algebraischen und Ordnungsstruktur in der Potenzmenge der komplexen Zahlen. Insbesondere lassen sich (gegebenenfalls unter geeigneten Voraussetzungen) verschiedene Assoziativ- und Distributivgesetze für die so eingeführte Addition, Multiplikation und Division komplexer Kreise zeigen. Als negatives Ergebnis erhalten wir jedoch, daß die für numerische Zwecke wichtige Inklusionsmonotonie sich für die Multiplikation und damit auch für die Division nicht allgemein zeigen läßt. Abschließend werden die bisher in der Literatur bekannten Kreisarithmetiken in dieses allgemeine Konzept eingefügt.

1. Einleitung

Für die Intervallrechnung in der komplexen Zahlenebene gewannen in der letzten Zeit neben der Rechteckarithmetik verstärkt komplexe Kreisarithmetiken an Bedeutung. Die Gründe hierfür dürften hauptsächlich darin zu suchen sein, daß einmal für die Ausgangsgrößen zur Rechnung meist Abschätzungen in Form komplexer Kreise vorliegen und andererseits die Inversen komplexer Kreise exakt angegeben werden können, während im Fall der Rechteckarithmetik auf jeden Fall mit einer Obermenge der Inversen weiterzurechnen ist (vgl. [8]).

Verschiedene komplexe Kreisarithmetiken werden in [2], [3] und [4] behandelt. Wie sich dort zeigt, reicht die Angabe der Ergebniskreise zu den einzelnen Verknüpfungen nicht aus, da natürlich die entstandenen Räume verschiedene algebraische und Ordnungseigenschaften besitzen können. So nimmt der Nachweis solcher Eigenschaften bzw. die Angabe von Gegenbeispielen jeweils einen breiten Raum in diesen Arbeiten ein. In der vorliegenden Note wollen wir nun für die Erzeugung dieser komplexen Kreisarithmetiken ein gemeinsames Konzept angeben, durch welches ein Großteil dieser Arbeit bereits vorab geleistet wird.

2. Hilfsmittel

Wir verwenden den in [1] gegebenen verallgemeinerten Begriff des Rasters: In einer geordneten Menge $\{M, \leqq\}$ heißt eine Teilmenge $\{T, \leqq\}$ unteres (bzw. oberes) A-Raster von $\{M, \leqq\}$, falls für jedes a aus M die Menge $L(a) \cap T$

(bzw. $U(a) \cap T$) der in T gelegenen unteren (bzw. oberen) Schranken nichtleer ist und mindestens ein maximales (bzw. minimales) Element besitzt. Ist $\{T, \leqq\}$ sowohl unteres als auch oberes A-Raster von $\{M, \leqq\}$, so heißt $\{T, \leqq\}$ ein A-Raster von $\{M, \leqq\}$. Weiter führen wir einen Symmetriebegriff für A-Raster in der folgenden Weise ein:

Definition 1: Es sei $\{R, +, \cdot\}$ ein Ringoid[1], $\{M, \leqq\}$ eine geordnete Menge mit $M \subseteq R$ und $\{T, \leqq\}$ ein unteres A-Raster (bzw. ein oberes A-Raster bzw. ein A-Raster) von $\{M, \leqq\}$. Dann heißt $\{T, \leqq\}$ „symmetrisch bezüglich $\{R, +, \cdot\}$", falls gilt

$$(S3) \qquad \bigwedge_{a \in T} -a \in T. \qquad \square$$

Entsprechend [5] sei eine Rundung eine Abbildung $\square$ einer geordneten Menge $\{M, \leqq\}$ in dessen unteres (bzw. oberes) A-Raster $\{T, \leqq\}$, für die gilt

$$(R1) \qquad \bigwedge_{a \in T} \square\, a = a. \qquad \text{(optimal)}$$

Mit der Eigenschaft

$$(R2) \qquad \bigwedge_{a, b \in M} (a \leqq b \Rightarrow \square\, a \leqq \square\, b) \qquad \text{(monoton)}$$

heißt eine Rundung $\square : M \to T$ monoton und minimal, falls ($R2'$) gilt (siehe [11]):

$$(R2') \qquad \bigwedge_{a, b \in M} (aR\, \square\, bR\, \square\, a \Rightarrow \square\, a = \square\, b),\ R \in \{\leqq, \geqq\}. \qquad \text{(minimal)}$$

Ferner heißt eine Rundung $\square : M \to T$ nach unten (bzw. nach oben gerichtet, falls gilt:

$$\bigwedge_{a \in M} \square\, a \leqq a \ \left(\text{bzw. } \bigwedge_{a \in M} a \leqq \square\, a\right). \qquad \text{(gerichtet)}$$

Definition 2: Es sei $\{R, +, \cdot\}$ ein Ringoid, die geordnete Menge $\{M, \leqq\}$ eine symmetrische Teilmenge von R und $\{T, \leqq\}$ ein symmetrisches unteres A-Raster (bzw. ein symmetrisches oberes A-Raster bzw. ein symmetrisches A-Raster) von $\{M, \leqq\}$. Dann heißt eine Rundung $\square : M \to T$ „$\{R, +, \cdot\}$ — antisymmetrisch", falls gilt

$$(R4) \qquad \bigwedge_{a \in M} \square\,(-a) = -\square\,(a). \qquad \square$$

Mit diesen Begriffen können wir nun Lemma 8 in [6] in der folgenden Weise verallgemeinern und von nicht notwendigen Voraussetzungen befreien:

Satz 1: *Es sei $\{R, N, +, \cdot, /\}$ ein Divisionsringoid mit den ausgezeichneten Elementen $\{-e, o, e\}$, die geordnete Menge $\{M, \leqq\}$ eine symmetrische Teilmenge von R und $\{T, \leqq\}$ ein symmetrisches unteres A-Raster (bzw. ein symmetrisches oberes A-Raster bzw. ein symmetrisches A-Raster) von $\{M, \leqq\}$ bezüglich $\{R, N, +, \cdot, /\}$ mit der Eigenschaft $o, e \in T$. Für die Menge M gelte $M \supseteq \cup \{T * T \mid * \in \{+, \cdot, /\}\} =$*

[1] Alle nicht weiter erklärten Begriffe findet man in [6].

$= \{x \in R \mid x = a * b$ *für alle* $a, b \in T$ *und für alle* $* \in \{+, \cdot, /\}\}$ *und es seien durch eine* $\{R, N, +, \cdot, /\}$*-antisymmetrische Rundung* $\square : M \to T$ *drei zweistellige innere Verknüpfungen* $\boxed{*} : T \times T \to T$, $* \in \{+, \cdot\}$ *und* $\boxed{/} : T \times T\backslash(T \cap N) \to T$ *erklärt durch die Vorschrift*

$$\bigwedge_{a, b \in T} a \boxed{*} b := \square\,(a * b), \quad * \in \{+, \cdot\}$$

und (1)

$$\bigwedge_{a \in T} \bigwedge_{b \in T\backslash T \cap N} a \boxed{/} b := \square\,(a / b).$$

Dann gilt:

(A) $\{T, T \cap N, \boxed{+}, \boxed{\cdot}. \boxed{/}\}$ *ist ein Rastersemidivisionsringoid von* $\{R, N, +, \cdot, /\}$ *bezüglich der Ordnungsrelation* $\leqq$, *d. h. außer den Eigenschaften des Semiringoids gilt in* T *für alle* $* \in \{+, \cdot, /\}$

(*RG*1) $$\bigwedge_{a, b \in T} (a * b \in T \Rightarrow a \boxed{*} b = a * b)^2. \qquad (Optimalität)$$

Es ist o *das neutrale Element der Addition,* e *das neutrale Element der Multiplikation in* $\{T, T \cap N, \boxed{+}, \boxed{\cdot}, \boxed{/}\}$, *und das Element* $-e \in T$ *erfüllt das Axiom (D5), d. h. es gilt*

(a) $$(-e) \cdot (-e) = e$$

(b) $$\bigwedge_{a, b \in T} (-e) \cdot (a \cdot b) = ((-e) \cdot a) \cdot b = a \cdot ((-e) \cdot b)$$

(c) $$\bigwedge_{a, b \in T} (-e) \cdot (a + b) = (-e) \cdot a + (-e) \cdot b.$$

(B) $\{T, T \cap N, \boxed{+}, \boxed{\cdot}, \boxed{/}\}$ *ist ein monotones (bzw. minimales) Rastersemidivisionsringoid von* $\{R, N, +, \cdot, /\}$ *bezüglich der Ordnungsrelation* $\leqq$, *d. h. es gilt neben* (A) *zusätzlich für alle* $* \in \{+, \cdot, /\}$

(*RG*2) $$\bigwedge_{a, b, c, d \in T} (a * b \leqq c * d \Rightarrow a \boxed{*} b \leqq c \boxed{*} d)^{2} \quad (Monotonie)$$

bzw.

(*RG*2') $$\bigwedge_{a, b, c, d \in T} (a * b \; R \; c \boxed{*} d \; R \; a \boxed{*} b \Rightarrow c \boxed{*} d = a \boxed{*} b)^{2}, \quad (Minimalität)$$

falls die Rundung $\square$ *zusätzlich monoton (bzw. minimal) ist.*

(C) *Ist die Rundung* $\square : M \to T$ *nach unten (bzw. nach oben) gerichtet, so ist* $\{T, T \cap N, \boxed{+}, \boxed{\cdot}, \boxed{/}\}$ *ein unteres (bzw. oberes) Rastersemidivisionsringoid, d. h. es ist neben* (A) *für alle* $* \in \{+, \cdot, /\}$

(*RG*3) $$\bigwedge_{a, b \in T} a \boxed{*} b \leqq a * b \quad (\text{bzw. } a * b \leqq a \boxed{*} b)^{2}.$$

Beweis: In den Fällen, in welchen die Eigenschaften (*R*1), (*R*2) und (*R*3) für die Rundung $\square$ vorausgesetzt sind, verläuft der Nachweis analog dem von

[2] Bei der Division / ist stets $b \in T\backslash T \cap N$ zu beachten.

Lemma 8 in [6]. Man beachte lediglich, daß alle Elemente, auf welche die Rundung anzuwenden ist, aus der Verknüpfung je zweier Elemente des Rasters T entstanden sind. Insbesondere gilt ja für die Elemente $a \in T \; \square \, a = a$ aufgrund der Optimalität von $\square$. In (B) erhält man Eigenschaft ($RG2'$) sofort mittels der Optimalität ($R1$) und der Minimalität ($R2'$) der Rundung $\square$ und Definition (1):

$$a * b \, Rc \boxast d \, Ra \boxast b \underset{(R1),(1)}{\Rightarrow} a * b \, R \, \square \, (c * d) \, R \, \square \, (a * b) \underset{(R2')}{\Rightarrow}$$

$$\Rightarrow \square \, (c * d) = \square \, (a * b) \underset{(R1),(1)}{\Rightarrow} c \boxast d = a \boxast b.$$

Bemerkungen

1. Das Element $-e \in T$ legt in $\{T, T \cap N, \boxplus, \boxdot, \boxslash\}$ mittels der üblichen Definition $\boxminus a := (-e) \boxdot a$ einen Operator fest, der mit der Einschränkung des Minusoperators von $\{R, N, +, \cdot, /\}$ auf T übereinstimmt:

$$\bigwedge_{a \in T} \boxminus a = (-e) \boxdot a = \square \, ((-e) \cdot a) = \square \, (-a) \underset{(R4)}{=} - \square \, a \underset{(R1)}{=} -a \in T.$$

Für die hierdurch definierte Subtraktion gilt also ebenso Eigenschaft (1):

$$\bigwedge_{a, b \in T} a \boxminus b = a \boxplus (\boxminus b) = \square \, (a + (-b)) = \square \, (a - b).$$

2. In einem Rastersemidivisionsringoid $\{T, T \cap N, \boxplus, \boxdot, \boxslash\}$ von $\{R, N, +, \cdot, /\}$ folgt ($RG2'$) stets aus ($RG2$), denn es gilt wegen ($RG1$) $e * c = c \in T \Rightarrow$ $\Rightarrow e * c = e \boxast c$ für alle $c \in T$ und der Antisymmetrie von R

$$a * b \, Rc \boxast d \, R \, a \boxast b \Rightarrow a * b \, R \, (c \boxast d) * e \wedge c \boxast d \, R \, a \boxast b \Rightarrow$$

$$\Rightarrow a \boxast b \, R \, (c \boxast d) \boxast e = c \boxast d \wedge c \boxast d \, R \, a \boxast b \Rightarrow a \boxast b \, R \, c \boxast d.$$

Umgekehrt folgt im allgemeinen ($RG2$) jedoch nicht aus ($RG2'$), was die späteren Beispiele bestätigen. (Man vergleiche auch den in [11] gegebenen Zusammenhang der Eigenschaften ($R2$) und ($R2'$).)

3. Intervallstrukturen über komplexen Divisionsringoiden

In [9] findet man die abstrakte Konstruktion der Rechteckintervallarithmetik über dem komplexen Divisionsringoid $(\mathbb{C}R, \bar{N}, +, \cdot, /, \leqq\}$, die man durch die Anwendung der monotonen, nach oben gerichteten Rundung auf die Potenzmenge $\{\mathbb{P}\mathbb{C}R, \subseteq\}$ von $\mathbb{C}R$ erhält. Hierbei können im wesentlichen die in [6] bereitgestellten Sätze angewendet werden. Zur Konstruktion komplexer Kreisarithmetiken müssen wir jedoch den Begriff des oberen Rasters durch den des oberen A-Rasters ersetzen. Nach [11] existiert dann keine monotone, gerichtete Rundung in ein echtes A-Raster, so daß wir im folgenden lediglich die Gerichtetheit der Rundung voraussetzen, um zumindest die für eine Intervallrechnung wichtige Einschließungseigenschaft zu sichern. Wir erhalten den folgenden

Satz 2: *Es sei $\{R, N, +, \cdot, /, \leqq\}$ ein linear geordnetes Divisionsringoid mit den ausgezeichneten Elementen $\{-e, o, e\}$ und $\{\mathbb{C}R, \bar{N}, +, \cdot, /, \leqq\}$ das schwach geordnete Divisionsringoid der komplexen Erweiterung von $\{R, N, +, \cdot, /, \leqq\}$ (siehe [9],*

[10]). *Ferner sei* $\{\mathbb{P}\mathbb{C}R, N', +, \cdot, /\}$ *das Divisionsringoid in der Potenzmenge* $\mathbb{P}\mathbb{C}R$ *über* $\mathbb{C}R$ *mit* $N' := \{\Phi \in \mathbb{P}\mathbb{C}R \mid \Phi \in \tilde{N} \neq \emptyset\}$ *und den neutralen Elementen* $\{\{(-e, o)\}, \{(o, o)\}, \{(e, o)\}\}$. $\{\mathbb{I}\mathbb{C}R, \subseteq\}$ *sei ein symmetrisches oberes A-Raster einer symmetrischen Teilmenge* $\{M, \subseteq\}$ *von* $\mathbb{P}\mathbb{C}R$ *bezüglich* $\{\mathbb{P}\mathbb{C}R, +, \cdot\}$ *mit* $M \supseteq \supseteq \cup \{\mathbb{I}\mathbb{C}R * \mathbb{I}\mathbb{C}R \mid * \in \{+, \cdot, /\}\}$ *und der Eigenschaft* $\{(o, o)\}, \{(e, o)\} \in \mathbb{I}\mathbb{C}R$. *Mittels einer* $\{\mathbb{P}\mathbb{C}R, +, \cdot\}$*-antisymmetrischen, nach oben gerichteten Rundung* $\square : M \to \mathbb{I}\mathbb{C}R$ *seien in* $\mathbb{I}\mathbb{C}R$ *drei zweistellige Verknüpfungen* $\boxed{*} : \mathbb{I}\mathbb{C}R \times \mathbb{I}\mathbb{C}R \to \mathbb{I}\mathbb{C}R$, $* \in \{+, \cdot, /\}$ *definiert gemäß Vorschrift* (1) *mit der Ausnahmemenge* $\bar{N}' := = \{\Phi \in \mathbb{I}\mathbb{C}R \mid \Phi \in N'\} = \mathbb{I}\mathbb{C}R \cap N'$ *für die Division.*

Dann ist $\{\mathbb{I}\mathbb{C}R, \bar{N}', \boxplus, \boxdot, \boxed{/}\}$ *ein oberes Rasterdivisionsringoid von* $\{\mathbb{P}\mathbb{C}R, N', +, \cdot, /\}$ *bezüglich der Inklusion mit den ausgezeichneten Elementen* $\{\{(-e, o)\}, \{(o, o)\}, \{(e, o)\}\}$. *Ist die Rundung* $\square$ *zusätzlich minimal, so gilt in* $\{\mathbb{I}\mathbb{C}R, \bar{N}', \boxplus, \boxdot, \boxed{/}\}$ *die Eigenschaft*

$$\bigwedge_{\Phi, \Psi, \Omega \in \mathbb{I}\mathbb{C}R} (\Phi * \Psi \subseteq \Omega \subseteq \Phi \boxed{*} \Psi \Rightarrow \Omega = \Phi \boxed{*} \Psi), \quad * \in \{+, \cdot, /\}^3, \tag{2}$$

d. h. die Verknüpfungen $\boxed{*}$, $* \in \{+, \cdot, /\}$ *liefern in dem Sinne eine „bestmögliche" Einschließung der Ergebnisse in der Potenzmenge, als kein Element* $\Psi \in \mathbb{I}\mathbb{C}R$ *echt zwischen beiden liegen kann.*

Beweis: Für das Divisionsringoid $(\mathbb{P}\mathbb{C}R, \bar{N}', +, \cdot, /\}$ sind die Voraussetzungen von Satz 1 mit der Inklusion als Ordnungsrelation erfüllt. Nach Satz 1(A) ist daher $\{\mathbb{I}\mathbb{C}R, \bar{N}', \boxplus, \boxdot, \boxed{/}\}$ ein Rastersemidivisionsringoid von $\{\mathbb{P}\mathbb{C}R, N', +, \cdot, /\}$ bezüglich der Inklusion mit $\{o, o\}$ als neutralem Element der Addition und $\{(e, o)\}$ als neutralem Element der Multiplikation. Ferner erfüllt das Element $\{(-e, o)\}$ das Axiom $(D5)$. Nach (C) ist $\{\mathbb{I}\mathbb{C}R, \bar{N}', \boxplus, \boxdot, \boxed{/}\}$ ein oberes Rastersemidivisionsringoid, d. h. es gilt

$$(RG3) \qquad \bigwedge_{\Phi, \Psi \in \mathbb{I}\mathbb{C}R} \Phi * \Psi \subseteq \Phi \boxed{*} \Psi, \quad * \in \{+, \cdot, /\}^3.$$

Wir zeigen weiter, daß das Element $\{(-e, o)\} \in T$ als einziges Element ungleich $\{(e, o)\}$ das Axiom $(D5)$ in $\{\mathbb{I}\mathbb{C}R, \boxplus, \boxdot\}$ erfüllt:

Sei $\Phi \neq \{(-e, o)\}$ ein weiteres Element, welches die Eigenschaften $(D5)$ besitzt. Wegen $(D5a)$ $\Phi \boxdot \Phi = \{(e, o)\}$ gilt dann aufgrund der Definition der Multiplikation und der Gerichtetheit der Rundung

$$\{(e, o)\} = \square\, (\Phi \cdot \Phi) \supseteq \Phi \cdot \Phi = \{\phi \cdot \phi' \mid \phi, \phi' \in \Phi\} = \{(e, o)\},$$

d. h.

$$\bigwedge_{\phi, \phi' \in \Phi} \phi \cdot \phi' = (e, o),$$

insbesondere also

$$\bigwedge_{\phi \in \Phi} \phi \cdot \phi = (e, o\}.$$

Wie wir dem Beweis zu Satz 2 in [13] entnehmen können, sind alle Elemente in $\mathbb{C}R$ mit dieser Eigenschaft von der Form $\phi = (x, o)$. Wegen $\phi \cdot \phi = = (x \cdot x - o \cdot o, x \cdot o + o \cdot x) = (x \cdot x, o) = (e, o)$ erfüllt x das Axiom $(D5a)$ in

---

[3] Für die Division ist stets $\Omega \in \mathbb{I}\mathbb{C}R \backslash \bar{N}'$ zu beachten.

$\{R, N, +, \cdot, /, \leqq\}$. In einem linear geordneten Divisionsringoid $\{R, N, +, \cdot, /, \leqq\}$ existieren jedoch genau zwei Elemente, welche ($D5$a) erfüllen, nämlich e und $-e$. Wegen $(-e, o) \cdot (e, o) = (-e, o)$ kann nur eines dieser Elemente in Φ liegen; nach Voraussetzung ist also $\Phi = \{(e, o)\}$.

Die Eigenschaft (2) erhält man unmittelbar aus ($RG2'$) (Satz 1(B)) und ($RG3$).

Satz 2 hat den Vorteil, daß neben der Konstruktion komplexer Kreisarithmetiken, für welche ein Großteil der algebraischen Eigenschaften der Struktur in der Potenzmenge $\mathbb{P}\mathbb{C}R$ erhalten bleiben und außer den Einschließungseigenschaften ($RG3$) eventuell auch die Minimalität ($RG2'$) erfüllt ist, ebenso der Übergang zur üblichen komplexen Rechteckarithmetik beschrieben wird ([7], [9]). Aufgrund der Rastereigenschaft der Rechteckintervalle ist dort eine minimale, nach oben gerichtete Rundung monoton (vgl. [11]). Damit läßt sich die für numerische Zwecke wichtige Teilmengeneigenschaft bezüglich aller Verknüpfungen in $\{\mathbb{I}\mathbb{C}R, \bar{N}', \boxplus, \boxdot, \boxslash\}$ sichern. In dem hier betrachteten Fall komplexer Kreisarithmetiken ist dagegen der Nachweis dieser Eigenschaft in jedem Einzelfall neu zu erbringen.

4. Komplexe Kreisarithmetiken

Bisher haben wir zur Herleitung aller Aussagen lediglich Eigenschaften des zugrunde liegenden linear geordneten Divisionsringoides $\{R, N, +, \cdot, /, \leqq\}$ verwendet. Ebensowenig wurde von einer speziellen Gestalt der Elemente von $\mathbb{I}\mathbb{C}R$ Gebrauch gemacht. Zur Herleitung weiterer Eigenschaften der gemäß Satz 2 konstruierten Arithmetiken wollen wir im folgenden den Körper $\{\mathbb{R}, \{0\}, +, \cdot, /, \leqq\}$ der reellen Zahlen und als Intervallraum die Kreisscheiben in der komplexen Zahlenebene voraussetzen. Komplexe Zahlen wollen wir in der gebräuchlicheren Schreibweise $\alpha = a_1 + i a_2$ mit $i^2 = -1$ bezeichnen. Weiter sei $\{\mathbb{P}\mathbb{C}, \subseteq\}$ die Potenzmenge über der Menge $\mathbb{C}$ der komplexen Zahlen mit der Inklusion als Ordnungsrelation. Bekanntlich bildet $\{\mathbb{P}\mathbb{C}, N, +, \cdot, /\}$ ein Divisionsringoid mit der Ausnahmemenge $N := \{\Phi \in \mathbb{P}\mathbb{C} \mid 0 \in \Phi\}$, wobei die Operationen in $\mathbb{P}\mathbb{C}$ definiert sind durch

$$\Phi * \Psi := \{\phi * \psi \mid \phi \in \Phi, \psi \in \Psi\}, * \in \{+, \cdot, /\}$$

(mit $\Psi \in \mathbb{P}\mathbb{C} \backslash N$ für die Division).

Zu einem Element $\phi \in \mathbb{C}$ und einer nichtnegativen reellen Zahl r_ϕ bezeichnet man die Menge von komplexen Zahlen

$$\Phi = \langle \phi, r_\phi \rangle := \{\alpha \in \mathbb{C} \mid |\alpha - \phi| \leqq r_\phi\} \in \mathbb{P}\mathbb{C}$$

als Kreisscheibe, Kreisintervall oder auch als komplexes Intervall, falls eine Verwechslung mit einem anderen Intervallbegriff in $\mathbb{P}\mathbb{C}$ ausgeschlossen ist. Die Menge aller Kreisintervalle bezeichnen wir mit $K\mathbb{C}$.

Ohne Beweis verwenden wir im weiteren verschiedene Aussagen über die Verknüpfung komplexer Kreisscheiben im Divisionsringoid der Potenzmenge

$\mathbb{P}\mathbb{C}$ (vgl. etwa [4]): Seien $\Phi = \langle\phi, r_\phi\rangle$, $\Psi = \langle\psi, r_\psi\rangle \in K\mathbb{C}$, $\alpha \in \mathbb{C}$ gegeben. Dann gilt:

$$\Phi + \Psi = \{\alpha + \beta \mid \alpha \in \Phi, \beta \in \Psi\} = \langle\phi + \psi, r_\phi + r_\psi\rangle \in K\mathbb{C}, \tag{3}$$

$$\alpha \cdot \Phi = \{\alpha \cdot \beta \mid \beta \in \Phi\} \qquad = \langle\alpha \cdot \phi, |\alpha| \cdot r_\phi\rangle \in K\mathbb{C}. \tag{4}$$

Mit $0 \notin \Phi$ erhalten wir ferner

$$\alpha / \Phi = \{\alpha / \beta \mid \beta \in \Phi\} = \left\langle \frac{\alpha \cdot \bar{\phi}}{|\phi|^2 - r_\phi^2}, \frac{|\alpha| \cdot r_\phi}{|\phi|^2 - r_\phi^2} \right\rangle \in K\mathbb{C}. \tag{5}$$

Insbesondere ist aufgrund von (5) der Reziprokwert $1/\Phi$ einer Kreisscheibe Φ wiederum ein Kreis, falls $0 \notin \Phi$:

$$\Phi^{-1} := 1/\Phi = \left\langle \frac{\bar{\phi}}{|\phi|^2 - r_\phi^2}, \frac{r_\phi}{|\phi|^2 - r_\phi^2} \right\rangle \in K\mathbb{C}. \tag{5'}$$

Der Quotient zweier Kreisscheiben Φ, Ψ läßt sich also grundsätzlich auch als Produkt der Kreisscheiben Φ und $1/\Psi$ ausdrücken:

$$\Phi/\Psi = \{\alpha/\beta \mid \alpha \in \Psi, \beta \in \Psi\} = \{\alpha \cdot (1/\beta) \mid \alpha \in \Phi, \beta \in \Psi\} = \Phi \cdot (1/\Psi) = \Phi \cdot \Psi^{-1}. \tag{6}$$

Die Beziehungen (3) und (6) erleichtern uns die Anwendung von Satz 2 wesentlich. Für die Menge $\{K\mathbb{C}, \subseteq\}$ der Kreisscheiben haben wir zunächst nur nachzuweisen, daß sie ein symmetrisches oberes A-Raster der Menge $K\mathbb{C} \cdot K\mathbb{C}$ bezüglich $\{\mathbb{P}\mathbb{C}, +, \cdot\}$ bildet. Wir formulieren hierzu den

Satz 3: *Es sei $\mathbb{C}$ der Körper der komplexen Zahlen, $\mathbb{P}\mathbb{C}$ die Potenzmenge von $\mathbb{C}$ und $K\mathbb{C}$ die Menge der Kreisscheiben über $\mathbb{C}$. Dann ist $\{K\mathbb{C}, \subseteq\}$ ein oberes A-Raster von $\{K\mathbb{C} \cdot K\mathbb{C}, \subseteq\}$ mit der Eigenschaft $\{0\}, \{1\} \in K\mathbb{C}$. Ferner ist $\{K\mathbb{C}, \subseteq\}$ symmetrisch bezüglich $\{P\mathbb{C}, +, \cdot\}$ und es gilt*

$$\bigwedge_{\Phi \in K\mathbb{C}} -\Phi = -\langle\phi, r_\phi\rangle = \langle -\phi, r_\phi\} \in K\mathbb{C}. \tag{7}$$

Beweis: ($S1$): Die Menge $U(\Phi \cdot \Psi) \cap K\mathbb{C}$ der in $K\mathbb{C}$ gelegenen oberen Schranken eines Produktes $\Phi \cdot \Psi \in K\mathbb{C} \cdot K\mathbb{C}$ ist nicht leer, denn es ist z. B. $\Phi \cdot \Psi$ Teilmenge des Kreises um den Nullpunkt mit dem Radius

$$(|\phi| + r_\phi) \cdot (|\psi| + r_\psi) = |\phi| \cdot |\psi| + |\phi| \cdot r_\psi + |\psi| \cdot r_\phi + r_\phi \cdot r_\psi.$$

($S2$): Sei nun Φ ein Element aus $K\mathbb{C} \cdot K\mathbb{C}$. Da Φ beschränkt ist, existiert $\sup_{\alpha \in \Phi} |\alpha - \xi| = : d(\Phi, \xi)$ für jedes Element $\xi \in \mathbb{C}, |\xi| < \infty$. $d(\Phi, \xi)$ hängt stetig von ξ ab, nimmt also für mindestens ein $\hat{\xi}$ sein Minimum an. Der Kreis $\hat{X} = \langle\hat{\xi}, d(\Phi, \hat{\xi})\rangle$ enthält also Φ und besitzt den kleinstmöglichen Inhalt. Damit ist $\hat{X}$ minimales Element in $U(\Phi) \cap K\mathbb{C}$ (vgl. etwa [4]).

Schließlich gilt für alle $\Phi \in K\mathbb{C}$

$$-\Phi = -\langle\phi, r_\phi\rangle = -\{\alpha \in \mathbb{C} \mid |\alpha - \phi| \leqq r_\phi\} = \{-\alpha \in \mathbb{C} \mid |\alpha - \phi| \leqq r_\phi\} =$$
$$= \{\alpha \in C \mid |-\alpha - \phi| = |\alpha + \phi| \leqq r_\phi\} = \langle -\phi, r_\phi\rangle \in K\mathbb{C}$$

und es stimmen die Elemente $\langle 0,0\rangle, \langle 1,0\rangle \in K\mathbb{C}$ mit den 1-elementigen Mengen $\{0\}, \{1\} \in \mathbb{P}\mathbb{C}$ überein.

Bemerkung: Man beachte, daß der flächenkleinste, Φ umfassende Kreis eindeutig bestimmt ist. Sind nämlich Φ_1, Φ_2 zwei Kreise mit dieser Eigenschaft, so gilt $\Phi \subseteq \Phi_1 \cap \Phi_2$, und der Kreis um $\Phi_1 \cap \Phi_2$ ist eine obere Schranke von Φ mit kleinerer Fläche als Φ_1 bzw. Φ_2 im Widerspruch zur Voraussetzung.

Aufgrund der Symmetrie von $K\mathbb{C}$ und der Gültigkeit von (D5b) in $\{\mathbb{P}\mathbb{C}, +, \cdot\}$ ist $K\mathbb{C} \cdot K\mathbb{C}$ eine symmetrische Teilmenge von $P\mathbb{C}$.

Wir erhalten also zu Satz 2 das folgende

Korollar 4: *Es sei* $\{\mathbb{C}, \{0\}, +, \cdot, /\}$ *das Divisionsringoid der komplexen Zahlen,* $\{\mathbb{P}\mathbb{C}, N, +, \cdot, /\}$ *dasjenige in der Potenzmenge von* $\mathbb{C}$ *und* $\{K\mathbb{C}, \subseteq\}$ *die geordnete Menge der Kreisscheiben in* $\{\mathbb{P}\mathbb{C}, \subseteq\}$. *Weiter sei* $\bigcirc : K\mathbb{C} \cdot K\mathbb{C} \to K\mathbb{C}$ *eine* $\{\mathbb{P}\mathbb{C}, +, \cdot\}$*-antisymmetrische, nach oben gerichtete Rundung von* $K\mathbb{C} \cdot K\mathbb{C}$ *in* $K\mathbb{C}$, *und es seien die Verknüpfungen* $\circledast : K\mathbb{C} \times K\mathbb{C} \to K\mathbb{C}$, $* \in \{+, \cdot, /\}$ *gemäß* (1) *definiert mit der Ausnahmemenge* $N' := \{\Phi \in K\mathbb{C} \mid |\phi| > r_\Phi\}$. *Dann ist* $\{K\mathbb{C}, N', \oplus, \odot, \varnothing\}$ *ein kommutatives oberes Rasterdivisionsringoid von* $\{\mathbb{P}\mathbb{C}, N, +, \cdot, /\}$ *bezüglich der Inklusion mit den ausgezeichneten Elementen* $\{\langle -1,0\rangle, \langle 0,0\rangle, \langle 1,0\rangle\}$. *Ist die Rundung* $\bigcirc$ *minimal, so gilt außerdem*

$$\bigwedge_{\Phi, \Psi, \Omega \in K\mathbb{C}} (\Phi * \Psi \subseteq \Omega \subseteq \Phi \circledast \Psi \Rightarrow \Omega = \Phi \circledast \Psi), \; * \in \{+, \cdot, /\}$$

($\Psi \in K\mathbb{C} \backslash N'$ *für die Division*).

Die Kommutativität der Multiplikation in $\{K\mathbb{C}, N', \oplus, \odot, \varnothing\}$ ergibt sich natürlich wegen (1) aus der entsprechenden Gesetzmäßigkeit in $\{\mathbb{P}\mathbb{C}, N, +, \cdot, /\}$. Wir bemerken noch, daß $\{\mathbb{C}, \{0\}, +, \cdot, /\}$ wegen der Optimalität der Rundung $\bigcirc$ und der Definition (1) der Verknüpfungen $\circledast$, $* \in \{+, \cdot, /\}$ isomorph ist dem Divisionsringoid $\{NK\mathbb{C}, \{\langle 0,0\rangle\}, \oplus, \odot, \varnothing\}$ der Punktkreisscheiben, d. h. der Kreisscheiben mit Radius 0, in $K\mathbb{C}$ und sich somit in $\{K\mathbb{C}, N', \oplus, \odot, \varnothing\}$ isomorph einbetten läßt. Im folgenden können wir also auf eine Unterscheidung der Elemente $\mathbb{C}$, der Punktkreisscheiben aus $K\mathbb{C}$ und der 1-elementigen Punktmengen aus $\mathbb{P}\mathbb{C}$ verzichten und die Schreibweisen ϕ, $\langle \phi, 0\rangle$ und $\{\phi\}$ gleichberechtigt nebeneinander verwenden.

5. Rechenregeln in $\{K\mathbb{C}, N', \oplus, \odot, \varnothing\}$

Das obige Korollar enthält bereits eine Reihe wichtiger Eigenschaften der in dieser Weise erzeugten komplexen Kreisarithmetiken. Neben der Kommutativität und der Existenz eindeutig bestimmter neutraler Elemente bezüglich Addition und Multiplikation liegen die üblichen Regeln für das Rechnen mit diesen neutralen Elementen und einem Minusoperator vor. Ferner schließen die in $\{K\mathbb{C}, N', \oplus, \odot, \varnothing\}$ gewonnenen Verknüpfungsergebnisse grundsätzlich diejenigen in $\{\mathbb{P}\mathbb{C}, N', +, \cdot, /\}$ berechneten ein. Es ist nun noch interessant, inwiefern sich auch Assoziativgesetze und das Distributivgesetz (bzw. Subdistributivgesetz) übertragen lassen.

Satz 5: *Es sei* $\{K\mathbb{C}, N', \oplus, \odot, \varnothing\}$ *eine gemäß Korollar* 4 *durch eine* $\{\mathbb{P}\mathbb{C}, +, \cdot\}$*-antisymmetrische, nach oben gerichtete Rundung* $\bigcirc$ *erzeugte komplexe Kreisarith-*

metik. Dann gilt für die Addition das Assoziativgesetz

$$\bigwedge_{\Phi_1, \Phi_2, \Phi_3 \in KC} (\Phi_1 \oplus \Phi_2) \oplus \Phi_3 = \Phi_1 \oplus (\Phi_2 \oplus \Phi_3), \tag{8}$$

das Semidistributivgesetz

$$\bigwedge_{\phi_1 \in C} \bigwedge_{\Phi_2, \Phi_3 \in KC} \phi_1 \odot (\Phi_2 \oplus \Phi_3) = \phi_1 \odot \Phi_2 \oplus \phi_1 \odot \Phi_3 \tag{9}$$

und das Subdistributivgesetz

$$\bigwedge_{\Phi_1 \in KC} \bigwedge_{\phi_2, \phi_3 \in C} \Phi_1 \odot (\phi_2 \oplus \phi_3) \subseteq \Phi_1 \odot \phi_2 \oplus \Phi_1 \odot \phi_3. \tag{9'}$$

Ferner gilt das Assoziativgesetz bezüglich der Multiplikation

$$(\Phi_1 \odot \Phi_2) \odot \Phi_3 = \Phi_1 \odot (\Phi_2 \odot \Phi_3), \tag{10}$$

falls $r_{\Phi_2} = 0$ *ist oder für* $r_{\Phi_2} > 0$ *zur Punktförmigkeit einer der beiden Faktoren* Φ_1, Φ_3 *zusätzlich die folgende Verträglichkeitseigenschaft gilt:*

$$(RM) \qquad \bigwedge_{\phi \in C} \bigwedge_{\Psi \in KC \cdot KC} \bigcirc(\phi \cdot \Psi) = \phi \cdot \bigcirc \Psi.$$

Beweis: Eigenschaft (8) erhält man unter Verwendung von (3) und der Optimalität der Rundung $\bigcirc$ unmittelbar aus der Assoziativität der Addition in $\mathbb{C}$, während (9) (bzw. (9′) wegen $|\phi_2 + \phi_3| \leqq |\phi_2| + |\phi_3|$) aus (3) und (4) folgt.

Die Beziehung (10) zeigen wir in der folgenden Weise: Sei zunächst $\Phi_1 = \{\phi_1\}$, dann gilt nach Definition der Multiplikation und Eigenschaft (RM)

$$\begin{aligned}(\{\phi_1\} \odot \Phi_2) \odot \Phi_3 &= (\{\phi_1\} \cdot \Phi_2) \odot \Phi_3 = \bigcirc(\{\phi_1 \cdot \alpha_2 \mid \alpha_2 \in \Phi_2\} \cdot \Phi_3) \\ &= \bigcirc\{\phi_1 \cdot \alpha_2 \cdot \alpha_3 \mid \alpha_2 \in \Phi_2, \alpha_3 \in \Phi_3\} = \phi_1 \cdot \bigcirc\{\alpha_2 \cdot \alpha_3 \mid \alpha_2 \in \Phi_2, \alpha_3 \in \Phi_3\} \\ &= \bigcirc(\phi_1 \cdot (\Phi_2 \odot \Phi_3) = \{\phi_1\} \odot (\Phi_2 \odot \Phi_3).\end{aligned}$$

Für $\Phi_3 = \{\phi_3\}$ verläuft der Nachweis analog. Im Fall $\Phi_2 = \{\phi_2\}$ erhält man die Aussage sofort aus der Definition der Multiplikation $\odot$, Eigenschaft (4) und der Assoziativität der Multiplikation in $\mathbb{C}$

$$\begin{aligned}(\Phi_1 \odot \{\phi_2\}) \odot \Phi_3 = \bigcirc\{(\alpha_1 \cdot \phi_2) \cdot \alpha_3 \mid \alpha_1 \in \Phi_1, \alpha_3 \in \Phi_3\} = \bigcirc\{\alpha_1 \cdot (\phi_2 \cdot \alpha_3) \mid \alpha_1 \in \Phi_1, \\ \alpha_3 \in \Phi_3\} = \Phi_1 \odot (\{\phi_2\} \odot \Phi_3).\end{aligned}$$

Unter den Voraussetzungen des Satzes 5 läßt sich nicht allgemein das Subdistributivgesetz

$$\bigwedge_{\Phi_1, \Phi_2, \Phi_3 \in KC} \Phi_1 \odot (\Phi_2 \oplus \Phi_3) \subseteq (\Phi_1 \odot \Phi_2) \oplus (\Phi_1 \odot \Phi_3)$$

zeigen. So kann in [4], S. 74 für die minimale Kreisarithmetik nur angegeben werden, daß der minimale Kreis bezüglich des Durchschnitts der Kreise $\Phi_1 \odot (\Phi_2 \oplus \Phi_3)$, $(\Phi_1 \odot \Phi_2) \oplus (\Phi_1 \odot \Phi_3)$ mit dem Kreis $\Phi_1 \odot (\Phi_2 \oplus \Phi_3)$ übereinstimmt. Es lassen sich jedoch aufgrund der Eigenschaften (3) und (4′) sofort Fälle für nicht punktförmige Φ_i, $i = 1, 2, 3$, angeben, in welchen das Subdistributivgesetz bzw. das Distributivgesetz gilt.. So weist man durch einfaches Nachrechnen für $\phi_1 = 0$ wegen $|\phi_2 + \phi_3| \leqq |\phi_2| + |\phi_3|$ die Beziehung

$$\Phi_1 \odot (\Phi_2 \oplus \Phi_3) \subseteq \Phi_1 \odot \Phi_2 \oplus \Phi_1 \odot \Phi_3$$

und für $\phi_2 = \phi_3 = 0$ die Gleichheit

$$\Phi_1 \odot (\Phi_2 \oplus \Phi_3) = \Phi_1 \odot \Phi_2 \oplus \Phi_1 \odot \Phi_3$$

nach. Die Semiassoziativität wird in [4] wiederum speziell für die minimale Kreisarithmetik nachgewiesen. Interessant ist noch, daß die Forderung der Punktförmigkeit für eines der Elemente Φ_i, $i = 1, 2, 3$ in (10) keineswegs notwendig ist. Wir verwenden zum Nachweis in Erweiterung der Eigenschaften (3), (4) und (5) die Tatsache, daß das Produkt zweier Kreise $\Phi = \langle 0, r_\phi \rangle$, $\Psi = \langle \Psi, r_\psi \rangle \in K\mathbb{C}$ grundsätzlich in $\{\mathbb{P}\mathbb{C}, +, \cdot\}$ wieder einen Kreis bildet:

$$\Phi \cdot \Psi = \{\alpha \cdot \beta \mid \alpha \in \Phi, \beta \in \Psi\} = \langle 0, r_\phi \cdot (|\psi| + r_\psi) \rangle \in K\mathbb{C}. \tag{4'}$$

Es gilt dann der

Satz 6: *Es seien* $\Phi_i \in K\mathbb{C}$, $i = 1, 2, 3$, *mit* $\phi_2 = 0$ *oder* $|\phi_1 \cdot r_{\phi_3}| = |r_{\phi_1} \cdot \phi_3|$, *und es gelte die Eigenschaft* (*RM*), *dann ist*

$$\Phi_1 \odot (\Phi_2 \odot \Phi_3) = (\Phi_1 \odot \Phi_2) \odot \Phi_3.$$

Beweis: Für $\phi_2 = 0$ gilt aufgrund von (4') und der Assoziativität der Multiplikation in $\{\mathbb{P}\mathbb{C}, +, \cdot\}$

$$\begin{aligned} \bigcirc(\Phi_1 \cdot \bigcirc(\Phi_2 \cdot \Phi_3)) &= \bigcirc(\Phi_1 \cdot (\Phi_2 \cdot \Phi_3)) = \bigcirc((\Phi_1 \cdot \Phi_2) \cdot \Phi_3) = \\ &= \bigcirc(\bigcirc(\Phi_1 \cdot \Phi_2) \cdot \Phi_3) = (\Phi_1 \odot \Phi_2) \odot \Phi_3. \end{aligned}$$

Im Fall $|\phi_1 \cdot r_{\phi_3}| = |r_{\phi_1} \cdot \phi_3|$ können wir analog dem entsprechenden Beweis für die optimal-abschätzende Multiplikation in [4] verfahren: Aus $|\phi_1 \cdot r_{\phi_3}| = |r_{\phi_1} \cdot \phi_3| = 0$ folgt entweder a) $\phi_1 = \phi_3 = 0$ oder b) $r_{\phi_1} = 0 \vee r_{\phi_3} = 0$. Für b) folgt die Assoziativität sofort aus Satz 5, während wir im Fall a) wiederum unter Verwendung von (4') und der Optimalität ($R1$) von $\bigcirc$ die Behauptung erhalten:

$$\begin{aligned} \Phi_1 \odot (\Phi_2 \odot \Phi_3) &= \bigcirc(\Phi_1 \cdot \bigcirc(\Phi_2 \cdot \Phi_3)) = \Phi_1 \cdot (\Phi_2 \cdot \Phi_3) = \\ &= (\Phi_1 \cdot \Phi_2) \cdot \Phi_3 = \bigcirc(\bigcirc(\Phi_1 \cdot \Phi_2) \cdot \Phi_3) = (\Phi_1 \odot \Phi_2) \odot \Phi_3. \end{aligned}$$

Sei also $|\phi_1 \cdot r_{\phi_3}| \neq 0$ und $\Psi := \langle 1, q \rangle \in K\mathbb{C}$ mit $q := \dfrac{r_{\phi_1}}{|\phi_1|} = \dfrac{r_{\phi_3}}{|\phi_3|}$.

Nach (4) ist dann $\Phi_1 = \phi_1 \odot \Psi = \phi_1 \cdot \Psi$, $\Phi_3 = \phi_3 \odot \Psi = \phi_3 \cdot \Psi$ und es folgt mit der Kommutativität der Multiplikation $\odot$ und Eigenschaft (10)

$$\begin{aligned} \Phi_1 \odot (\Phi_2 \odot \Phi_3) &= \Phi_1 \odot ((\phi_3 \odot \Psi) \odot \Phi_2) \\ &= \Phi_1 \odot (\phi_3 \odot (\Psi \odot \Phi_2)) \\ &= ((\phi_1 \odot \Psi) \odot \phi_3) \odot (\Psi \odot \Phi_2) \\ &= ((\phi_3 \odot \Psi) \odot \phi_1) \odot (\Psi \odot \Phi_2) \\ &= \Phi_3 \odot (\phi_1 \odot (\Psi \odot \Phi_2)) \\ &= ((\phi_1 \odot \Psi) \odot \Phi_2) \odot \Phi_3 = (\Phi_1 \odot \Phi_2) \odot \Phi_3. \end{aligned}$$

Schließlich ergeben sich auch für die Division $\oslash$ zusätzliche in einem Divisionsringoid nicht allgemein geltende Rechenregeln, welche wir in dem folgenden Satz zusammenfassen:

Satz 7: *In* $\{K\mathbb{C}, N', \oplus, \odot, \oslash\}$ *gelten die folgenden Regeln für die Division:*

a) $\bigwedge_{\Phi \in K\mathbb{C} \setminus N'} 1 \oslash (1 \oslash \Phi) = \Phi.$

b) $\bigwedge_{\Phi_1, \Phi_2 \in K\mathbb{C}} \bigwedge_{\phi_3 \in \mathbb{C}} (\Phi_1 \oplus \Phi_2) \oslash \phi_3 = (\Phi_1 \oslash \phi_3) \oplus (\Phi_2 \oslash \phi_3).$

$\bigwedge_{\Phi_1, \Phi_2 \in \mathbb{C}} \bigwedge_{\phi_3 \in K\mathbb{C}} (\phi_1 \oplus \phi_2) \oslash \Phi_3 \subseteq (\phi_1 \oslash \Phi_3) \oplus (\phi_2 \oslash \Phi_3).$

Ist die Eigenschaft (RM) erfüllt und besitzt zumindestens ein Φ_i den Radius Null, so gilt weiter:

c) $(\Phi_1 \odot \Phi_2) \oslash \Phi_3 = \Phi_1 \odot (\Phi_2 \oslash \Phi_3) = \Phi_2 \odot (\Phi_1 \oslash \Phi_3),$
$\Phi_1, \Phi_2 \in K\mathbb{C},\ \Phi_3 \in K\mathbb{C} \setminus N',$

d) $(\Phi_1 \oslash \Phi_2) \oslash \Phi_3 = (\Phi_1 \oslash \Phi_3) \oslash \Phi_2,\ \Phi_1 \in K\mathbb{C},\ \Phi_2, \Phi_3 \in K\mathbb{C} \setminus N'.$

Beweis: Wir erinnern zunächst daran, daß für Punktkreisscheiben $\Phi = \langle \phi, o \rangle$ stets $1 \oslash \Phi = 1 / \phi \in \mathbb{C}$ gilt.

a) Wegen $1 / \Phi \in K\mathbb{C}$ und der Optimalität $(R1)$ der Rundung $\bigcirc$ erhalten wir

$$1 \oslash (1 \oslash \Phi) = 1 / (1 / \Phi) = 1 / \{1 / \alpha \mid \alpha \in \Phi\} = \{\alpha \mid \alpha \in \Phi\} = \Phi.$$

b) $$(\Phi_1 \oplus \Phi_2) \oslash \phi \underset{(6)}{=} (\Phi_1 \oplus \Phi_2) \odot (1 / \phi) \underset{(9)}{=} (\Phi_1 \odot (1/\phi)) \oplus (\Phi_2 \odot (1 / \phi))$$
$$\underset{(6)}{=} \Phi_1 \oslash \phi \oplus \Phi_2 \oslash \phi.$$

Die zweite Eigenschaft beweist man entsprechend mit (9').

c) Nach Satz 5 gilt mit der Kommutativität der Multiplikation

$$\begin{aligned}(\Phi_1 \odot \Phi_2) \oslash \Phi_3 &= (\Phi_1 \odot \Phi_2) \odot \Phi_3^{-1} = \Phi_1 \odot (\Phi_2 \odot \Phi_3^{-1}) = \\ &= \Phi_1 \odot (\Phi_2 \oslash \Phi_3) = (\Phi_2 \odot \Phi_1) \odot \Phi_3^{-1} = \\ &= \Phi_2 \odot (\Phi_1 \odot \Phi_3^{-1}) = \Phi_2 \odot (\Phi_1 \oslash \Phi_3).\end{aligned}$$

d) Entsprechend d) folgern wir

$$(\Phi_1 \oslash \Phi_2) \oslash \Phi_3 \underset{(6)}{=} \Phi_3^{-1} \odot (\Phi_1 \odot \Phi_2^{-1}) = (\Phi_1 \odot \Phi_3^{-1}) \odot \Phi_2^{-1} =$$
$$\underset{(6)}{=} (\Phi_1 \oslash \Phi_3) \oslash \Phi_2.$$

Wie in Satz 6 und den vorangehenden Bemerkungen können wir auch in Satz 7b), c), d) in gewissen Fällen auf die Punktförmigkeit eines der Operanden Φ_i verzichten. Wir formulieren hierzu den

Satz 8: *Es gelten die folgenden Eigenschaften für komplexe Kreise in* $\{K\mathbb{C}, N', \oplus, \odot, \oslash\}$:

a) $(\Phi_1 \oplus \Phi_2) \oslash \Phi_3 = (\Phi_1 \oslash \Phi_3) \oplus (\Phi_2 \oslash \Phi_3)$ *für* $\Phi_1, \Phi_2 \in K\mathbb{C}, \Phi_3 \in K\mathbb{C}\backslash N'$ *und* $\phi_1 = \phi_2 = 0$.

b) $(\Phi_1 \odot \Phi_2) \oslash \Phi_3 = \Phi_1 \odot (\Phi_2 \oslash \Phi_3)$ *für* $\Phi_1, \Phi_2 \in K\mathbb{C}, \Phi_3 \in K\mathbb{C}\backslash N'$ *mit* $\phi_2 = 0$ *oder* $|\phi_1 \cdot r_{\phi_3}| = |r_{\phi_1} \cdot \phi_3|$ *und* (RM).

c) $(\Phi_1 \oslash \Phi_2) \oslash \Phi_3 = (\Phi_1 \oslash \Phi_3) \oslash \Phi_2$ *für* $\Phi_1 \in K\mathbb{C}, \Phi_2, \Phi_3 \in K\mathbb{C}\backslash N'$ *mit* $\phi_1 = 0$ *oder* $|\phi_2 \cdot r_{\phi_3}| = |r_{\phi_2} \cdot \phi_3|$ *und* (RM).

Beweis: Die Eigenschaft a) folgt mit (6) unmittelbar aus der entsprechenden Beziehung für die Multiplikation.

b): Aus (5') $1/\Phi = \langle \bar{\phi} / (|\phi|^2 - r_\phi^2), r_\phi / (|\phi|^2 - r_\phi^2) \rangle$ ergibt sich für $\Phi_4 := 1 \oslash \Phi_3$

$|\phi_1 \cdot r_{\phi_4}| = |\phi_1 \cdot r_{\phi_3} / (|\phi_3|^2 - r_{\phi_3}^2)| = |r_{\phi_1} \cdot \phi_3 / (|\phi_3|^2 - r_{\phi_3}^2)| = |r_{\phi_1} \cdot \bar{\phi}_4| = |r_{\phi_1} \cdot \phi_4|$.

Damit erhält man nach Satz 6

$(\Phi_1 \odot \Phi_2) \oslash \Phi_3 = (\Phi_1 \odot \Phi_2) \odot \Phi_3^{-1} = \Phi_1 \odot (\Phi_2 \odot \Phi_3^{-1}) = \Phi_1 \odot (\Phi_2 \oslash \Phi_3)$.

c): Mit $\phi_1 = 0$ oder $|\phi_2 \cdot r_{\phi_3}| = |r_{\phi_2} \cdot \phi_3|$ und (RM) erhält man nach b)

$(\Phi_1 \oslash \Phi_2) \oslash \Phi_3 = (\Phi_2^{-1} \odot \Phi_1) \oslash \Phi_3 = \Phi_2^{-1} \odot (\Phi_1 \oslash \Phi_3) = (\Phi_1 \oslash \Phi_3) \oslash \Phi_2$.

Bemerkung: 1. In einer durch eine minimale, nach oben gerichtete Rundung erzeugten Kreisarithmetik $\langle K\mathbb{C}, N', \oplus, \odot, \oslash \}$ sind die Kreise $\Phi_1^{-1} \odot \Phi_2^{-1}$, $(\Phi_1 \odot \Phi_2)^{-1}$ entweder unvergleichbar oder es liegt Gleichheit vor.

Beweis: Es ist

$$K\mathbb{C} \ni \{1/\alpha \mid \alpha \in \Phi_1 \odot \Phi_2\} \supseteq \{1/\alpha \mid \alpha \in \Phi_1 \cdot \Phi_2\} = \left\{\frac{1}{\alpha_1} \cdot \frac{1}{\alpha_2} \mid \alpha_1 \in \Phi_1, \alpha_2 \in \Phi_2\right\}$$

$$= \{\alpha_1 \cdot \alpha_2 \mid \alpha_1 \in \Phi_1^{-1}, \alpha_2 \in \Phi_2^{-1}\},$$

d. h. $(\Phi_1 \odot \Phi_2)^{-1} \supseteq \Phi_1^{-1} \cdot \Phi_2^{-1}$. Wegen der Minimalität der Rundung $\bigcirc$ ist also die Beziehung $\Phi_1^{-1} \odot \Phi_2^{-1} \supset (\Phi_1 \odot \Phi_2)^{-1}$ ausgeschlossen. Nehmen wir $\Phi_1^{-1} \odot \Phi_2^{-1} \subset (\Phi_1 \odot \Phi_2)^{-1}$ an, dann gilt nach Satz 7a) $(\Phi_1^{-1} \odot \Phi_2^{-1})^{-1} \subset \Phi_1 \odot \Phi_2$ und wegen

$$\begin{aligned}(\Phi_1^{-1} \odot \Phi_2^{-1})^{-1} &= 1 / \bigcirc(\Phi_1^{-1} \cdot \Phi_2^{-1}) \supseteq 1 / (\Phi_1^{-1} \cdot \Phi_2^{-1}) = \\ &= \{\alpha_1 \cdot \alpha_2 \mid \alpha_1 \in \Phi_1, \alpha_2 \in \Phi_2\} = \Phi_1 \cdot \Phi_2\end{aligned}$$

erhalten wir wiederum einen Widerspruch zur Minimalität von $\bigcirc$.

2. Es gilt nicht allgemein $\Phi_1^{-1} \odot \Phi_2^{-1} = (\Phi_1 \odot \Phi_2)^{-1}$. Gegenbeispiel: Im Fall der optimalen Kreisarithmetik (siehe Abschnitt 6) erhalten wir für $\Phi_1 = \Phi_2 = \langle 3, 1 \rangle$ die Inversen

$$\Phi_1^{-1} = \Phi_2^{-1} = \langle 3/8, 1/8 \rangle$$

und

$$\Phi_1^{-1} \odot_0 \Phi_2^{-1} = \langle 9(1 + x_0)/64, 3(1 + x_m)/32 \rangle$$

und

$$x_0 = 1/15,$$

d. h.

$$\Phi_1^{-1} \odot_0 \Phi_2^{-1} = \langle 3/20, 1/10 \rangle.$$

Andererseits ist

$$\Phi_1 \odot_0 \Phi_2 = \langle 9/1 + x_0), 6(1 + x_0)\rangle$$

mit

$$x_0 = 1/15$$

und damit

$$(\Phi_1 \odot_0 \Phi_2)^{-1} = \langle 48/5, 32/5\rangle^{-1} = \langle 3/16, 1/8\rangle.$$

6. Anwendungen

Wir wollen nun mit dem in Korollar 4 gegebenen Konstruktionsprinzip die bisher in der Literatur angegebenen komplexen Kreisarithmetiken erzeugen ([2], [3], [4]). Im Einzelfall haben wir also jeweils eine $\{\mathbb{PC}, +, \cdot\}$-symmetrische, nach oben gerichtete Rundung von $K\mathbb{C} \cdot K\mathbb{C}$ in $K\mathbb{C}$ nachzuweisen. Ferner ist von Interesse, ob diese Abbildung auch minimal ist, d. h. die Eigenschaft ($R2'$) erfüllt.

Die von Gargantini und Henrici in [2] gegebene sogenannte zentrierte Kreisarithmetik erhalten wir durch folgende Rundung:

Satz 9: *Die Abbildung* $\bigcirc_z : K\mathbb{C} \cdot K\mathbb{C} \to K\mathbb{C}$ *mit*

$$\bigcirc_z \Phi := \langle \phi_1 \cdot \phi_2, |\phi_1| r_{\phi_2} + |\phi_2| r_{\phi_1} + r_{\phi_1} r_{\phi_2}\rangle \tag{11}$$

für $\Phi = \Phi_1 \cdot \Phi_2 \in K\mathbb{C} \cdot K\mathbb{C}$ *ist eine* $\{\mathbb{PC}, +, \cdot\}$*-symmetrische, nach oben gerichtete Rundung.* $\bigcirc_z$ *ist nicht minimal.*

Beweis: ($R1$): Das Produkt $\Phi_1 \cdot \Phi_2$ bildet genau dann ein Element aus $K\mathbb{C}$, falls für mindestens ein $i \in \{1,2\}$ $\phi_i = 0$ oder $r_{\phi_i} = 0$ gilt. Gemäß (4) und (4′) ergibt (11) gerade $\bigcirc_z \Phi = \Phi$.

($R3$): Es ist für $\alpha_1 \in \Phi_1, \alpha_2 \in \Phi_2$

$$|\alpha_1 \cdot \alpha_2 - \phi_1 \cdot \phi_2| = |\phi_1 \alpha_2 - \phi_1 \phi_2 + \phi_2 \alpha_1 - \phi_2 \phi_1 + \alpha_1 \alpha_2 - \alpha_1 \phi_2 - \phi_1 \alpha_2 + \phi_1 \phi_2|$$

$$\leqq |\phi_1| \cdot |\alpha_2 - \phi_2| + |\phi_2| \cdot |\alpha_1 - \phi_1| + |\alpha_1 - \phi_1| \cdot |\alpha_2 - \phi_2|$$

und damit für alle $\Phi \in K\mathbb{C} \cdot K\mathbb{C}$ die Beziehung $\bigcirc_z \Phi \supseteq \Phi$ erfüllt.

($R4$):

$$\bigcirc_z(-(\Phi_1 \cdot \Phi_2)) \underset{(D5b)}{=}$$

$$= \bigcirc_z((-\Phi_1) \cdot \Phi_2) = \langle (-\phi_1) \cdot \phi_2, |-\phi_1| r_{\phi_2} + |\phi_2| r_{\phi_1} + r_{\phi_1} r_{\phi_2}\rangle$$

$$= \langle -(\phi_1 \cdot \phi_2), |\phi_1| r_{\phi_2} + |\phi_2| r_{\phi_1} + r_{\phi_1} r_{\phi_2}\rangle = -\bigcirc_z(\Phi_1 \cdot \Phi_2)$$

nach Satz 3.

Für die letzte Behauptung des Satzes geben wir ein Gegenbeispiel: Für $\Phi_1 = \Phi_2 = \langle 1,1\rangle$ ist $\bigcirc_z(\Phi_1 \cdot \Phi_2) = \langle 1,3\rangle$ und damit echte Obermenge des mittels der optimalen Kreisarithmetik berechneten Kreises $\langle 4/3, 8/3\rangle$ (siehe hierzu Satz 10).

Damit sind die Voraussetzungen für Korollar 4 erfüllt und wir erhalten ein kommutatives oberes Rasterdivisionsringoid $\{K\mathbb{C}, N', \oplus_z, \bigcirc_z, \oslash_z\}$. Im Sinne von ($RG2'$) bessere Einschließungen erhält man in den Fällen der optimalabschätzenden oder minimalen Kreisarithmetik (vgl. [3] und [4] und der optimalen Kreisarithmetik ([3]). Für die erzeugenden Rundungen gilt folgender

Satz 10: *Es seien Abbildung* $\bigcirc_m, \bigcirc_0 : K\mathbb{C} \cdot K\mathbb{C} \to K\mathbb{C}$ *definiert durch*

$$\bigcirc_m \Phi := \langle \phi_1 \phi_2 (1 + x_m), (3|\phi_1 \phi_2|^2 x_m^2 + 2(|\phi_1 \phi_2|^2 + |\phi_1|^2 r_{\phi_2}^2 + |\phi_2|^2 r_{\phi_1}^2) x_m + |\phi_1|^2 r_{\phi_2}^2 + |\phi_2|^2 r_{\phi_1}^2 + r_{\phi_1}^2 r_{\phi_2}^2)^{1/2} \rangle \tag{12}$$

mit $\Phi := \Phi_1 \cdot \Phi_2$, $\Phi_1, \Phi_2 \in K\mathbb{C}$ *und* x_m *die nichtnegative Nullstelle des Polynoms*

$$P(x) = 2|\phi_1 \phi_2|^2 x^3 + (|\phi_1 \phi_2|^2 + |r_{\phi_1} \phi_2|^2 + |r_{\phi_2} \phi_1|^2) x^2 - r_{\phi_1}^2 r_{\phi_2}^2,$$

falls grad $P \geqq 2$, *und* $x_m = 0$ *sonst, und*

$$\bigcirc_0 \Phi := \begin{cases} \langle o, r_{\phi_1} r_{\phi_2} \rangle, \text{ falls } \phi_1 = \phi_2 = 0 \\ \langle \phi_1 \phi_2 (1 + x_0), (|\phi_1| r_{\phi_2} + |\phi_2| r_{\phi_1})(1 + x_0) \rangle \text{ sonst} \end{cases} \tag{13}$$

mit $\Phi := \Phi_1 \cdot \Phi_2, \Phi_1, \Phi_2 \in K\mathbb{C}$ *und* $x_0 := r_{\phi_1} r_{\phi_2} / (|\phi_1 \phi_2| + |\phi_1| r_{\phi_2} + |\phi_2| r_{\phi_1})$. *Dann sind* $\bigcirc_m$ *und* $\bigcirc_0$ $\{\mathbb{P}\mathbb{C}, +, \cdot\}$*-antisymmetrische, nach oben gerichtete, minimale Rundungen von* $K\mathbb{C} \cdot K\mathbb{C}$ *in* $K\mathbb{C}$.

Beweis: ($R1$): Für $\phi_1 = 0$ gilt $P(x) = |r_{\phi_1} \phi_2|^2 x^2 - r_{\phi_1}^2 r_{\phi_2}^2$ und somit $x_m = r_{\phi_2} / |\phi_2|$. Daraus folgt in Übereinstimmung mit (4')

$$\bigcirc_m \Phi = \langle o, (2|\phi_2| r_{\phi_1}^2 r_{\phi_2} + |\phi_2|^2 r_{\phi_1}^2 + r_{\phi_1}^2 r_{\phi_2}^2)^{1/2} \rangle = \langle 0, |\phi_2| r_{\phi_1} + r_{\phi_1} r_{\phi_2} \rangle.$$

Gilt $r_{\phi_1} = 0$, so ist wegen

$$P(x) = 2|\phi_1 \phi_2|^2 x^3 + (|\phi_1 \phi_2|^2 + |r_{\phi_2} \phi_1|^2) x^2$$

$x_m = 0$ und $\bigcirc_m \Phi = \langle \phi_1 \phi_2, |\phi_1| r_{\phi_2} \rangle$ entsprechend (4).

In (13) erhält man für $0 = \phi_1 \neq \phi_2$ $\quad x_0 = r_{\phi_1} r_{\phi_2} / (|\phi_2| r_{\phi_1}) = r_{\phi_2} / |\phi_2|$ und daraus $\bigcirc_0 \Phi = \langle o, |\phi_2| r_{\phi_1} + |\phi_2| r_{\phi_1} \cdot r_{\phi_2} / |\phi_2| \rangle = \langle o, r_{\phi_1} (|\phi_2| + r_{\phi_2}) \rangle$ und für $r_{\phi_1} = o$ $x_0 = 0$ und damit wiederum $\bigcirc_0 \Phi = \langle \phi_1 \phi_2, |\phi_1| r_{\phi_2} \rangle$. Im Fall $\phi_1 = \phi_2 = 0$ ist die Behauptung nach Definition erfüllt.

($R2'$) und ($R3$) ergeben sich in beiden Fällen aufgrund der Konstruktion der Kreise, auf welche gerundet wird.

($R4$): Wir verwenden wiederum $-\Phi = -(\Phi_1 \cdot \Phi_2) = (-\Phi_1) \cdot \Phi_2$. Nach Satz 3 geht also ein Minuszeichen nur bei der Berechnung des Ergebnismittelpunktes ein, so daß offensichtlich sowohl $\bigcirc_m(-\Phi) = -\bigcirc_m \Phi$ als auch $\bigcirc_0(-\Phi) = -\bigcirc_0 \Phi$ gilt.

Nach Korollar 4 erhält man mittels der Rundungen $\bigcirc_m$ und $\bigcirc_0$ minimale, kommutative, obere Rasterdivisionsringoide $\{K\mathbb{C}, N', \oplus_m, \odot_m, \oslash_m\}$ und $\{K\mathbb{C}, N', \oplus_0, \odot_0, \oslash_0\}$, d. h. nach den hier betrachteten Eigenschaften sind beide gleichwertig. Man wird aber im allgemeinen dennoch der optimalen Kreisarithmetik den Vorzug geben, da sich hier zusätzlich die Inklusionsisotonie der Verknüpfungen zeigen läßt ([vgl. [3])

$$\bigwedge_{\Phi, \Omega, \Psi, \Delta \in K\mathbb{C}} (\Phi \subseteq \Omega \wedge \Psi \subseteq \Delta \Rightarrow \Phi \circledast_0 \Psi \subseteq \Omega \circledast_0 \Delta),$$

$* \in \{+, -, \cdot, /\}$ ($\Psi, \Delta \in K\mathbb{C} \backslash N'$ bei der Division), während diese Eigenschaft bei der minimalen Kreisarithmetik trivialerweise nur im Fall der Addition und Subtraktion gültig ist (vgl. [4]).

Schließlich gilt noch der folgende

Satz 11: *Die Rundungen* $\bigcirc_z$, $\bigcirc_m$ $\bigcirc_0 : K\mathbb{C} \cdot K\mathbb{C} \to K\mathbb{C}$ *erfüllen die Eigenschaft*

(*RM*) $$\bigwedge_{\phi \in \mathbb{C}} \bigwedge_{\Psi \in K\mathbb{C} \cdot K\mathbb{C}} \bigcirc(\phi \cdot \Psi) = \phi \cdot \bigcirc \Psi.$$

Beweis: Zunächst gilt $\phi \cdot (\Psi_1 \cdot \Psi_2) = (\phi \cdot \Psi_1) \cdot \Psi_2 = \langle \phi \cdot \psi_1, |\phi| r_{\psi_1} \rangle \cdot \Psi_2$.

a) $\bigcirc = \bigcirc_z : \bigcirc_z(\phi \cdot (\Psi_1 \cdot \Psi_2)) = \bigcirc_z((\phi \cdot \Psi_1) \cdot \Psi_2) \underset{(4),(11)}{=}$

$$= \langle (\phi \psi_1) \psi_2, |\phi \psi_1| r_{\psi_2} + |\psi_2| \cdot |\phi| r_{\psi_1} + |\phi| r_{\psi_1} r_{\psi_2} \rangle$$
$$= \langle \phi (\psi_1 \psi_2), |\phi| \cdot (|\psi_1| r_{\psi_2} + |\psi_2| r_{\psi_1} + r_{\psi_1} r_{\psi_2}) \rangle = \phi \cdot \bigcirc_z (\Psi_1 \cdot \Psi_2).$$

b) $\bigcirc = \bigcirc_m$: Für $(\phi \cdot \Psi_1) \cdot \Psi_2$ ist $P_{(\phi \cdot \Psi_1) \cdot \Psi_2}(x) = 2|\phi \psi_1 \psi_2|^2 x^3 + (|\phi \psi_1 \psi_2|^2 + |\phi \psi_1|^2 r_{\psi_2}^2 + |\psi_2|^2 \cdot |\phi|^2 r_{\psi_1}^2 - |\phi|^2 r_{\psi_1}^2 r_{\psi_2}^2 = |\phi|^2 P_{\Psi_1 \cdot \Psi_2}(x)$, d. h. die Nullstellen beider Polynome stimmen überein. Damit erhalten wir

$$\begin{aligned} \bigcirc_m(\phi \cdot (\Psi_1 \cdot \Psi_2)) &= \langle (\phi \psi_1) \psi_2 (1 + x_m), (3 |\phi \psi_1 \psi_2|^2 x_m^2 + 2(|\phi \psi_1 \psi_2|^2 + \\ &\quad + |\phi \psi_1|^2 r_{\psi_2}^2 + |\psi_2|^2 |\phi|^2 r_{\psi_1}^2) x_m + |\phi \psi_1|^2 r_{\psi_2}^2 + \\ &\quad + |\psi_2|^2 |\phi|^2 r_{\psi_1}^2 + |\phi|^2 r_{\psi_1}^2 r_{\psi_2}^2)^{1/2} \rangle \\ &= \langle \phi \psi_1 \psi_2 (1 + x_m), |\phi| (3 |\psi_1 \psi_2|^2 x_m^2 + 2(|\psi_1 \psi_2|^2 + \\ &\quad + |\psi_1|^2 r_{\psi_2}^2 + |\psi_2|^2 r_{\psi_1}^2) x_m + |\psi_1|^2 r_{\psi_2}^2 + \\ &\quad + |\psi_2|^2 r_{\psi_1}^2 + r_{\psi_1}^2 r_{\psi_2}^2)^{1/2} \rangle \\ &= \phi \cdot \bigcirc_m (\Psi_1 \cdot \Psi_2). \end{aligned}$$

c) $\bigcirc = \bigcirc_0$: Für $(\phi \cdot \Psi_1) \cdot \Psi_2$ und $\Psi_1 \cdot \Psi_2$ erhält man für x_0 wieder denselben Wert. Damit folgt entsprechend a) und b) die Behauptung aus (13).

Literatur

[1] Apostolatos, N.: Einige Ergänzungen zu dem Begriff des Rasters. ZAMM *54*, 517—518 (1974).

[2] Gargantini, J., Henrici, P.: Circular Arithmetic and the Determination of Polynomial Zeros. Num. Math. *18*, 305—320 (1972).

[3] Hauenschild, M.: Arithmetiken für komplexe Kreise. Computing *13*, 299—312 (1974).

[4] Krier, N.: Komplexe Kreisarithmetik. Dissertation, Universität Karlsruhe, 1973.

[5] Kulisch, U.: An axiomatic approach to rounded computations. Num. Math. *18*, 1—17 (1971).

[6] Kulisch, U.: Rounding invariant structures. MRC, University of Wisconsin, Technical Summary Report 1103, 1—47, Sept. 1970.

[7] Kulisch, U.: Interval arithmetic over completely ordered ringoids. MRC, University of Wisconsin, Technical Summary Report 1105, 1—55.

[8] Rokne, J., Lancaster, P.: Complex interval arithmetic. CACM *14*, 111—112 (1971).

[9] Ullrich, Chr.: Über die beim numerischen Rechnen mit komplexen Zahlen und Intervallen vorliegenden mathematischen Strukturen. Computing *14*, 51—65 (1975).
[10] Ullrich, Chr.: Gesichtspunkte zur komplexen Rechnerarithmetik. ZAMM *55*, T 266—T 268 (1975).
[11] Ullrich, Chr.: Zum Begriff des Rasters und der minimalen Rundung. In diesem Band, S. 129—134.

Dr. Chr. Ullrich
Institut für Angewandte Mathematik
Universität Karlsruhe
Englerstraße 2
D-7500 Karlsruhe
Bundesrepublik Deutschland

Satz: Austro-Filmsatz Richard Gerin, A-1020 Wien.: Paul Gerin, A-1021 Wien.